国家卫生和计划生育委员会“十二五”规划教材
全国高等医药教材建设研究会“十二五”规划教材

全国高等学校教材
供卫生检验与检疫专业用

仪器分析实验

主　编　黄沛力
副主编　张海燕　茅　力
编　者　（以姓氏笔画为序）
王　梅（广东药学院）
乔善磊（南京医科大学）
巩宏伟（吉林大学）
李　疆（北京市疾病预防控制中心）
肖　琴（中山大学）
张海燕（安徽医科大学）
茅　力（南京医科大学）
周兆平（大连医科大学）
施致雄（首都医科大学）
黄沛力（首都医科大学）

人民卫生出版社

图书在版编目（CIP）数据

仪器分析实验/黄沛力主编. —北京：人民卫生出版社，2014

ISBN 978-7-117-20084-4

Ⅰ. ①仪… Ⅱ. ①黄… Ⅲ. ①仪器分析-实验-高等学校-教材 Ⅳ. ①O657-33

中国版本图书馆 CIP 数据核字(2014)第 286290 号

人卫智网	**www. ipmph. com**	**医学教育、学术、考试、健康，购书智慧智能综合服务平台**
人卫官网	**www. pmph. com**	**人卫官方资讯发布平台**

仪器分析实验

主　　编：黄沛力
出版发行：人民卫生出版社（中继线 010-59780011）
地　　址：北京市朝阳区潘家园南里 19 号
邮　　编：100021
E - mail：pmph @ pmph.com
购书热线：010-59787592　010-59787584　010-65264830
印　　刷：北京铭成印刷有限公司
经　　销：新华书店
开　　本：787×1092　1/16　　**印张：**13
字　　数：324 千字
版　　次：2015 年 1 月第 1 版　2023 年 12 月第 1 版第 8 次印刷
标准书号：ISBN 978-7-117-20084-4
定　　价：25.00 元

全国高等学校卫生检验与检疫专业第2轮规划教材出版说明

为了进一步促进卫生检验与检疫专业的人才培养和学科建设，以适应我国公共卫生建设和公共卫生人才培养的需要，全国高等医药教材建设研究会于2013年开始启动卫生检验与检疫专业教材的第2版编写工作。

2012年，教育部新专业目录规定卫生检验与检疫专业独立设置，标志着该专业的发展进入了一个崭新阶段。第2版卫生检验与检疫专业教材由国内近20所开办该专业的医药卫生院校的一线专家参加编写。本套教材在以卫生检验与检疫专业（四年制，理学学位）本科生为读者的基础上，立足于本专业的培养目标和需求，把握教材内容的广度与深度，既考虑到知识的传承和衔接，又根据实际情况在上一版的基础上加入最新进展，增加新的科目，体现了"三基、五性、三特定"的教材编写基本原则，符合国家"十二五"规划对于卫生检验与检疫人才的要求，不仅注重理论知识的学习，更注重培养学生的独立思考能力、创新能力和实践能力，有助于学生认识并解决学习和工作中的实际问题。

该套教材共18种，其中修订12种（更名3种：卫生检疫学、临床检验学基础、实验室安全与管理），新增6种（仪器分析、仪器分析实验、卫生检验检疫实验教程：卫生理化检验分册/卫生微生物检验分册、化妆品检验与安全性评价、分析化学学习指导与习题集），全套教材于2015年春季出版。

第2届全国高等学校卫生检验与检疫专业规划教材评审委员会

全国高等学校卫生检验与检疫专业第2轮规划教材目录

1. 分析化学（第2版）
   主　编　毋福海
   副主编　赵云斌
   副主编　周　彤
   副主编　李华斌
2. 分析化学实验（第2版）
   主　编　张加玲
   副主编　邵丽华
   副主编　高　红
   副主编　曾红燕
3. 仪器分析
   主　编　李　磊
   主　编　高希宝
   副主编　许　茜
   副主编　杨冰仪
   副主编　贺志安
4. 仪器分析实验
   主　编　黄沛力
   副主编　张海燕
   副主编　茅　力
5. 食品理化检验（第2版）
   主　编　黎源倩
   主　编　叶蔚云
   副主编　吴少雄
   副主编　石红梅
   副主编　代兴碧
6. 水质理化检验（第2版）
   主　编　康维钧
   主　编　张翼翔
   副主编　潘洪志
   副主编　陈云生
7. 空气理化检验（第2版）
   主　编　吕昌银
   副主编　李　珊
   副主编　刘　萍
   副主编　王素华
8. 病毒学检验（第2版）
   主　编　裴晓方
   主　编　于学杰
   副主编　陆家海
   副主编　陈　廷
   副主编　曲章义
9. 细菌学检验（第2版）
   主　编　唐　非
   主　编　黄升海
   副主编　宋艳艳
   副主编　罗　红
10. 免疫学检验（第2版）
   主　编　徐顺清
   主　编　刘衡川
   副主编　司传平
   副主编　刘　辉
   副主编　徐军发
11. 临床检验基础（第2版）
   主　编　赵建宏
   主　编　贾天军
   副主编　江新泉
   副主编　胥文春
   副主编　曹颖平
12. 实验室安全与管理（第2版）
   主　编　和彦苓
   副主编　许　欣
   副主编　刘晓莉
   副主编　李士军
13. 生物材料检验（第2版）
   主　编　孙成均
   副主编　张　凯
   副主编　黄丽玫
   副主编　闫慧芳
14. 卫生检疫学（第2版）
   主　编　吕　斌
   主　编　张际文
   副主编　石长华
   副主编　殷建忠
15. 卫生检验检疫实验教程：卫生理化检验分册
   主　编　高　蓉
   副主编　徐向东
   副主编　邹晓莉
16. 卫生检验检疫实验教程：卫生微生物检验分册
   主　编　张玉妥
   副主编　汪　川
   副主编　程东庆
   副主编　陈丽丽
17. 化妆品检验与安全性评价
   主　编　李　娟
   副主编　李发胜
   副主编　何秋星
   副主编　张宏伟
18. 分析化学学习指导与习题集
   主　编　赵云斌
   副主编　白　研

前 言

仪器分析实验是卫生检疫与检疫专业本科生的一门基础课，它是与仪器分析理论课配套开设的实验课程，目的是使学生掌握各种分析仪器的基本原理、仪器组成部分和基本应用，为食品理化检验、水质理化检验、空气理化检验、生物材料检验和化妆品检验专业课程的学习打下良好的基础。随着实验技术的不断发展，实验教学尤为重要，经过第2届全国高等学校卫生检验与检疫专业规划教材评审委员会讨论，《仪器分析实验》单独成书，充分体现了仪器分析实验教学的重要性。

本书在根据理论课所讲授的仪器分析方法，选择实验内容的同时，增加了仪器结构与原理，仪器使用注意事项，使学生不必完全依附理论课的知识而进行实验。全书共14章，内容包括：仪器分析实验的基础知识、紫外-可见分光光度法、荧光分析法、原子光谱法、红外光谱法、激光拉曼光谱法、X-射线衍射分析法、动态光散射法、核磁共振波谱法、电位分析法、电导分析法、溶出伏安法、气相色谱法、高效液相色谱法、离子色谱法、高效毛细管电泳法、气相色谱-质谱联用法、液相色谱-质谱联用法和电感耦合等离子体-质谱联用法、综合设计性实验。全书共有67个实验，是结合各兄弟院校实验课程开设情况修订而成，并且增加了仪器性能检定实验，内容丰富，实用和可操作性强。可供教师与学生根据实际需要选择使用。

本书可以作为高等医学院校卫生检验与检疫专业的教材，也可作为预防医学专业、药学专业、临床检验专业和其他专业相关课程的教材，还可作为各级卫生相关部门实验室技术人员的参考资料。

本书编者都是多年从事仪器分析实验教学和科研工作的教师，具有丰富的教学和实践经验，编写过程中得到了参编院校领导和有关部门的大力支持和帮助，在此一并致以衷心的感谢。

为了进一步提高本书的质量，以供再版时修改，因而诚恳地希望各位读者、专家提出宝贵意见。

黄沛力

2014年10月

目 录

第一章　仪器分析实验基础知识

仪器分析实验是卫生检疫与检疫专业本科生的一门基础课，它是与仪器分析理论课配套开设的实验课程，目的是使学生掌握各种分析仪器的基本原理、基本仪器组成和应用。为食品理化检验、水质理化检验、空气理化检验、生物材料检验和化妆品检验专业课程的学习打下良好的基础。

第一节　仪器分析实验规则与注意事项

一、仪器分析实验规则

为了保证人员安全和实验设备的安全使用，要求学生在进行仪器分析实验时做到以下几点：

1. 进入实验室必须严格遵守实验室各项规章制度和操作规程。实验时关闭手机等通讯设备，保持实验室的整洁、安静，严禁喧哗、打闹、随地吐痰、乱扔垃圾、吃零食和吸烟。不得擅自翻动或使用柜内物品或他人物品。节约使用水、电和实验材料。

2. 实验室的仪器设备及附件等，未经实验室管理人员的同意，使用者不得擅自携带至室外。实验中按操作规程进行仪器操作和使用，如发现仪器设备出现故障或损坏，应立即报告，以便及时维修和更换，不得擅自拆修，以防发生意外。爱护仪器设备，特别是贵重仪器。实验结束后，应清点仪器数量，清洁仪器，按次序放好，做好仪器使用记录。

3. 使用化学试剂前应仔细辨认试剂标签，看清名称及浓度是否为本实验所需要。取出试剂后，立即将瓶塞盖好，放回原处，切勿盖错；未用完的试剂不得倒回瓶内；使用低沸点有机溶剂，如乙醚、石油醚、酒精等，应禁明火、远离火源，若需加热要用水浴加热，不可直接在火上加热；凡属发烟或产生有毒气体的实验，均应在通风柜内进行，以免对人体造成危害。若发生酸、碱灼伤事故，立即用大量自来水清洗。若发生起火事件，根据起火性质分别采用砂、水、CO_2 或 CCl_4 灭火器扑灭。

4. 实验结束后，废弃物处理方法要按照“化学实验室废弃物处理制度”执行。浓酸必须弃于小钵中，用水稀释后倒入水池中。有机类实验废液尽量回收，纯化处理后，反复使用。甲醇、乙醇及醋酸之类溶剂，需使用大量水稀释后倒入水池中。实验结束后，切断电源、水源，关闭门窗，经老师检查合格后，方能离开实验室。

二、分析仪器的校准与维护

分析仪器的准确与否，直接影响着分析结果的准确性和可靠性。因此，定期对分析仪器进行校准与维护，确保分析仪器始终处在良好稳定的工作状态是非常重要的。

1. 仪器校准确保了测试仪器的可靠性以及使用人员的安全性，是分析结果质量的保证，是测试结果准确可靠的基础。仪器校准是在规定条件下，通过与参比标准或参比仪器所产生数值的比较，证明仪器的测量值、记录值或者系统显示值在可接受限度内，并且校准量程应该在适合的测量范围内。仪器校准分为内部校准和外部校准：①内部校准是指实验室内部人员进行的校准活动，通常由具有资质的工程人员或实验室校准人员完成；②外部校准是由具有校准资质的外部机构进行的校准，包括国家权威机构或仪器的供应商等。

2. 仪器维护是设备技术管理的重要环节，其目的是为了延长仪器设备的使用寿命，保持其良好的性能及精度，是保障实验室教学和科学研究正常、顺利进行的基础。仪器维护可以分为预防性维护和维修：①预防性维护，是按照既定的程序定期对仪器部件进行检查、修理、更换，确保仪器正常运行，消除系统误差，降低仪器在实验中出现故障的可能，确保使用人员的安全；②维修，是指仪器使用过程中发生故障，或校准不合格时，需要对其进行调整，维修或更换相关部件，使仪器功能满足使用要求。对于实验室分析仪器，一些性能测试，如定性、定量的重现性，基线噪音，基线漂移的测试，准确度和重现性的测试均包含在仪器校准与维护的范畴内。

三、如何做好仪器分析实验

仪器分析实验的特点是实验几乎都要使用大型精密仪器，是理解课堂上所学到的理论知识最好的实践过程。通过实验学生加深了对各种仪器原理的掌握，了解各种仪器的结构、学会各种仪器的操作方法。由于仪器结构原理复杂，操作方法难以掌握，且仪器设备昂贵，实验过程中必须做到以下几点：

1. 上课前认真预习实验教材，掌握实验要求和实验原理，了解实验步骤和注意事项。做好实验安排，对将要进行的实验做到心中有数。

2. 进行实验前先检查仪器用品是否齐全，如有缺损应向教师提出，不许擅自动用他组仪器和用品。

3. 实验过程中保持安静，仔细观察实验现象，认真测量和记录原始数据，绝不能将数据记在单片纸或记在书上、手掌上等。

4. 按照正确的方法使用仪器设备，遵守仪器操作规程，在使用精密仪器时，当接线完成后要经实验指导教师检查，待许可后才能进行实验。

5. 实验结束后，应立即将使用过玻璃器皿洗刷干净，仪器复原，填写使用登记卡，整理实验台面。

6. 认真撰写实验报告，实验报告一般应包括：姓名、日期、温度、湿度、主要实验步骤、实验数据原始记录、实验结果，包括图、表、计算公式及实验结果，按时送交指导教师评阅。

四、分析中的质量控制与统计分析

分析实验室所定义的“质量控制”是指采取一系列措施尽量减小分析误差，使分析工作的质量控制在较好水平。通常包括：实验室仪器设备条件、环境条件和实验室的技术管理制度以及实验人员的素质。提高实验人员的素质主要包括：正确地记录实验数据的方法，科学地处理所得数据并正确报告出实验结果。

（一）实验数据的记录

1. 实验数据的记录应有专门的实验记录本，实验开始之前，应首先记录实验名称、实验日期、实验室气候条件（包括温度、湿度和天气状况等）、仪器型号、测试条件及同组人员姓名等。

2. 实验过程中应及时、准确地将数据记录在实验记录本上。不要先抄写在一张小纸条上或记在书上、手掌上，然后再抄到实验记录本上，步骤越多，出错的可能性越大。记录实验数据时，要本着实事求是和严谨的科学态度，切忌夹杂主观因素随意拼凑或伪造数据。

3. 应根据所用仪器的精度正确记录有效数字的位数。如用万分之一分析天平称重时，要求记录到0.0001g；实验过程中的每一个数据，都是测量结果，即使数据完全相同，也应认真记录下来。记录下来的众多数据，在进行计算之前应根据有效数字的运算规则，正确保留有效数字的位数，依照“四舍六入五单双”的规则进行修约。

4. 为了整齐、清洁，可以采用一定的表格形式记录数据。如发现数据算错、测错或读错而需要改动时，可将该数据用双斜线划去，在其上方书写正确的数字，并由更改人在数据旁签字。

5. 实验完毕后，将完整的实验数据记录交给实验指导教师检查并签字。

（二）实验数据的处理

实验数据的处理是将测量的数据经科学的数学运算，推断出某量值的真值或导出某些具有规律性结论的整个过程。通常包括：实验数据的表达、数据的统计学计算和结果的表达。

1. 实验数据表达　可用列表法、图示法和数学公式表达法显示实验数据间的相互关系、变化趋势等相关信息，清楚地反映出各变量之间的定量关系，以便进一步分析实验现象，得出规律性结论。①列表法：列表法是将有关数据及计算按一定的形式列成表格，具有简单明了、便于比较等优点；②图示法：是将实验数据各变量之间的变化规律绘制成图，简明、直观地表达出实验数据间的变化规律，容易看出数据中的极值点、转折点、周期性、变化率以及其他特性，便于分析研究；③数学公式表达法：在实验研究中，除了用表格和图形描述变量间的关系外，还常常把实验数据整理成数学表达式，以表达自变量和因变量之间的关系。在仪器分析实验中，应用最多是一级线性方程，表达物质的量与测量信号之间的定量关系。

2. 数据统计分析和结果表达　进行实际样品分析时，需要按照有效数字的运算规则进行计算和保留有效数字。主要涉及的计算有可疑值的取舍、平均值、标准偏差和相对标准偏差，分析数据的显著性检验等，有关计算参阅《分析化学》。根据测量仪器的精度和计算过程的误差传递规律，正确地表达分析结果，必要时还要表达其置信区间。不同状态的样品所用的单位不同，常用的表示方法分别为：①固体样品，单位为μg/g，ng/g，pg/g等；②液体样品，单位为g/L、mg/L、μg/L或μg/ml、ng/ml等；③气体样品，单位为mg/m^3。

（三）实验报告的书写

实验完毕，应用专门的实验报告本，根据预习和实验中的现象及数据记录等，及时而认真地写出实验报告。仪器分析实验报告一般包括以下内容。

1. 实验（编号）及实验名称

2. 实验目的

3. 实验原理 简要地用文字和化学反应式说明，对特殊仪器的实验装置，应画出实验装置图。

4. 仪器和试剂 列出实验中所使用的主要试剂和仪器。

5. 实验步骤 简明扼要地写出实验步骤流程，包括样品的前处理，实验条件的选择，标准曲线绘制，实验样品测定，实验数据处理。

6. 注意事项 列出顺利完成实验的几个关键问题。

7. 问题与讨论 包括解答实验教材上的思考题和对实验中的现象、产生的误差等尽可能地结合仪器分析中有关理论进行讨论和分析，以提高自己分析问题、解决问题的能力，为后续课程的学习打下一定的基础。

第二节 实验室安全知识

实验室安全包括人身安全及仪器、设备等公共财产的安全。在仪器分析实验中，经常使用腐蚀性的、易燃、易爆炸的或有毒的化学试剂；大量使用易损的玻璃仪器和某些精密分析仪器；使用煤气、水、电等。因此，在实验室安全方面主要应预防化学药品中毒、操作过程中的烫伤、割伤、腐蚀等人身安全和燃气、高压气体、高压电源、易燃易爆化学品等可能产生的火灾、爆炸事故以及自来水泄漏等事故。为确保实验的正常进行和人身安全，学生进入实验室必须严格遵守实验室的安全规则和了解安全急救措施。

一、实验室的一般安全规则

1. 实验室内严禁饮食、吸烟，一切化学药品禁止入口。实验中应注意不用手摸脸、眼等部位。实验完毕后，须洗手。

2. 水、电、煤气使用完毕后，应立即关闭。离开实验室时，应仔细检查水、电、煤气以及门、窗是否均已关好。

3. 避免浓酸、浓碱等强腐蚀性试剂溅在皮肤和衣服上。使用浓硝酸（HNO_3）、盐酸（HCl）、硫酸（H_2SO_4）、高氯酸（$HClO_4$）、氨水（$NH_3 \cdot H_2O$）时，均应在通风橱中操作，绝不允许直接加热。稀释浓硫酸时，应将浓硫酸慢慢地注入水中（边搅拌边加入），绝不能将水倒入硫酸中。装过强腐蚀性、易爆或有毒药品的容器，应由操作者及时洗净。

4. 使用四氯化碳（CCl_4）、乙醚（$C_4H_{10}O$）、苯（C_6H_6）、丙酮（C_3H_6O）、三氯甲烷（$CHCl_3$）等易挥发的、有毒或易燃的有机溶剂时，一定要远离火焰和热源。使用完后将试剂瓶塞严，放在阴凉处保存。低沸点的有机溶剂不能直接在火焰上或热源（煤气灯或电炉上）上加热，而应在水浴上加热。用过的试剂应倒入回收瓶中，不要倒入水槽中。

5. 汞盐、砷化物、氰化物等剧毒物品，使用时应特别小心。氰化物不能接触酸，因作用时产生剧毒的氢氰酸，氰化物废液应倒入碱性亚铁盐溶液中，使其转化为亚铁氰化物盐类，然后作废液处理。严禁直接倒入下水道或废液缸中。硫化氢气体有毒，涉及有关硫化氢气体的操作时，一定要在通风橱中进行。操作结束后，必须仔细洗手。

6. 热、浓的 $HClO_4$ 遇有机物常易发生爆炸。如果试样为有机物时，应先用浓硝酸加热，使之与有机物发生反应，有机物被破坏后，再加入 $HClO_4$。蒸发多余的 $HClO_4$ 时，切勿蒸干，避免发生爆炸。

7. 实验室应保持室内整齐、干净。一定要保持水槽清洁，不能将毛刷、抹布扔在水槽中。禁止将固体物、玻璃碎片及滤纸等扔入水槽内，以免造成下水道堵塞。废弃物应放入实验室指定放的地方。废酸、废碱等小心倒入废液缸（或塑料提桶内），切勿倒入水槽内，以免腐蚀下水管。

8. 实验完毕，应将实验台面整理干净，关闭水、电、气、门、窗，征得指导教师同意后方可离开实验室。

二、实验室水、电、气的安全使用

1. 实验室用水安全　使用自来水后要及时关闭阀门，尤其遇停水时打开阀门，要立即关闭，以防来水后跑水。离开实验室之前，应再检查自来水阀门是否完全关闭（使用冷凝器时突然停水较容易忘记关闭冷却水）。

2. 实验室用电安全　实验室用电有十分严格的要求，使用中必须注意以下几点：①所有电器必须由专业人员安装，不得任意另拉、另接电线用电；②在使用用电设备时，先详细阅读有关的说明书或请教指导教师，并严格按照要求去做；③所有用电设备的用电量应与实验室的供电及用电端口匹配，决不可超负荷运行，以免发生事故，切记，任何情况下发生用电问题（事故）时，首先关电源；④发生触电事故的应急处理：如遇触电事故，应立即切断电源或用绝缘物将电源线拨开（注意：千万不可徒手去拉触电者，以免抢救者也被电流击倒）。然后，立即将触电者抬至空气新鲜处，如电击伤害较轻则触电者短时间内可恢复知觉；若电击伤害严重或已停止呼吸，则应立即为触电者解开上衣并及时做人工呼吸和给氧，同时拨打急救电话120请求医疗急救。

3. 实验室用气安全　根据不同的实验任务，实验室中使用不同的压缩气体，气体钢瓶是存储压缩气体或液化气体的高压容器。钢瓶是用无缝合金钢或碳素钢管制成的圆柱形容器，器壁很厚，一般最高工作压力为15MPa。

实验室中常用的压缩气体及气体钢瓶的标志见表1-1。

表1-1　常见气体钢瓶的颜色与标记

钢瓶名称	外表颜色	字样	字样颜色	横条颜色
氧气瓶	天蓝	氧	黑	
氢气瓶	深绿	氢	红	红
氮气瓶	黑	氮	黄	棕
纯氩气瓶	灰	纯氩	绿	
氦气瓶	灰	氦	白	
压缩空气瓶	黑	压缩空气	白	
乙炔气瓶	白	乙炔	红	
二氧化碳气瓶	黑	二氧化碳	黄	黄
氯气瓶	草绿	氯	白	白

使用压缩气（钢瓶）时应注意以下几方面：①使用时为了降低压力并保持压力平稳，必须装置减压阀，各种气体钢瓶的减压阀不能混用；②压缩气体钢瓶有明确的外部标志，

正确识别气体种类，切勿误用，以免造成事故；③搬运及存放压缩气体钢瓶时，一定要将钢瓶上的安全帽旋紧。搬运气瓶时，要用特殊的运输工具，不得将手扶在气门上，以防气门被打开。储存时不得将钢瓶放在烈日下暴晒或靠近高温，以免引起钢瓶爆炸。气瓶直立放置时，要用铁链等进行固定；④易燃气体（如甲烷、氢气等）钢瓶，必须放在室外阴凉处，避免太阳直晒，严禁直接放在室内使用，钢瓶严禁靠近明火，与明火相距不小于10m，否则必须采取有效的保护措施。采暖期间，气瓶与暖气片距离不小于1m；⑤开启压缩气体钢瓶的气门开关及减压阀时，旋开速度不能太快，而应逐渐打开，以免气流过急冲出，发生危险；⑥瓶内气体不得用尽，剩余残压一般要保持在0.05MPa以上，可燃气体应保留在0.2～0.3MPa或更高的气压。否则将导致空气或其他气体进入钢瓶，再次充气时将影响气体的纯度，甚至发生危险。

三、实验室用火（热源）安全

1. 用火（热源）的规定及要求　①使用燃气热源装置，应经常对管道或气罐进行检漏，避免发生泄漏引起火灾；②使用易挥发可燃试剂（如乙醚、丙酮、乙醇等）时，要尽量防止其挥发，要保持室内通风良好。绝不能在明火附近倾倒、转移这类易燃溶剂。需要加热易燃试剂时，必须使用水浴、油浴或电热套，绝对不可使用明火；③若加热温度有可能达到被加热物质的沸点，则必须加入沸石（或碎瓷片），以防暴沸伤人，实验人员在加热期间不应离开实验现场；④用于加热的装置必须是规范厂家的产品，不可随意使用简便的器具代替；⑤要定期检查电器设备、电源线路是否正常，要遵守安全用电规程，防止因电火花、短路、超负荷引起线路起火；⑥室内必须配置灭火器材，灭火器材固定放置在便于取用的地点，并要定期检查其性能。

2. 灭火的基本措施　一旦在实验过程发生火灾，一定要保持沉着、冷静，千万不要惊慌。首先要切断电源和燃气源，扑灭火源，移走可燃物。起火范围小可以立即用合适的灭火器材进行灭火，若火势有蔓延趋势，必须立即报警。常用的灭火器及其适用范围见表1-2。

表1-2　常用灭火器

灭火器类型	主要成分	适用范围
酸碱式灭火器	H_2SO_4 和 $NaHCO_3$	非油类及电器失火的一般火灾
泡沫式灭火器	$Al_2(SO_4)_3$ 和 $NaHCO_3$	一般物质着火，有机溶剂、油类着火；
二氧化碳灭火器	CO_2	电器、贵重仪器、设备、资料着火；小范围的油类、忌水化学药品着火
四氯化碳灭火器	CCl_4	电器着火
干粉灭火器	$NaHCO_3$、润滑剂、防潮剂	油类、有机物、遇水燃烧的物质着火
1211 灭火器	CF_2ClBr	高压电器设备、精密仪器、电器着火

对于普通可燃物，一般可用沙子、湿布、石棉布等盖灭。衣服着火时，应立即离开实

验室，可用湿布覆盖压灭，或躺倒滚灭，或用水浇灭。

用水灭火应注意：①有些化学药品比水轻，会浮于水，随水流动，可能会扩大火势；②药品能与水反应（如金属钠），引起燃烧，甚至爆炸，导致灾上加灾；③在敞口容器中燃烧，如油浴着火不宜用水，可用石棉布盖灭。

四、常用设备的安全使用

1. 微波消解装置的安全使用　首先需要了解实验过程中使用的各种材料的热力学特性，了解微波消解炉中所用试剂材料的特性。严格禁止在密闭系统中消解易燃易爆物质，严格控制样品量，每个消化罐中有机样品量应限制在2g以内、无机样品量不得大于10g；对于含有机物的混合样品，应视为有机物处理。

2. 烘箱的安全使用　烘箱中的样品放置不要太拥挤，要保证上下空气自然流通，最下层加热板上不得放置样品，禁止烘焙易燃、易爆、易挥发及有腐蚀性的物品；样品不能与烘箱内温度传感器接触，更不能挤压传感器，否则将导致控温失灵，造成火灾；烘箱在升温过程中，使用者不能长时间远离烘箱，应随时观察温度变化。当温度达到所需的温度时，应注意观察指示灯是否在恒温状态，确认恒温后方可离开。使用时，温度不要超过烘箱的最高使用温度；一旦遇到烘箱温度控制失灵的状况，特别是烘箱内冒烟时，应立即关掉电源（千万不能打开烘箱门），并立即报告实验室管理人员，等到温度降下来之后，再打开烘箱门，清理内残物。

3. 马弗炉的安全使用　马弗炉须放置在室内平整的工作台上，放置位置与电炉不宜太近，防止过热使电子元件不能正常工作；搬动温控器时，应将电源开关关闭，同时避免震动；第一次使用或长期停用后再次使用时，应先进行烘炉，温度在200～600℃，时间约4小时；使用时，炉膛温度不得超过最高使用温度，也不要长时间在额定温度以上工作，禁止向炉膛内直接灌注各种液体及熔解金属，经常保持炉膛内的清洁；取放样品时，应先关断电源，样品应轻拿轻放，以保证安全和避免损坏炉膛；应定期检查电炉、温控器的导电系统各连接部分接触是否良好。发生故障时，应立即断电，由专业维修人员进行检修。

4. 离心机的安全　使用离心管因振动破裂后，玻璃碎片旋转飞出，造成事故。因此在使用离心机时，必须注意以下几方面：①启动离心机前，必须将其放置在平稳、坚固的地面或台面上，盖上离心机顶盖后，方可慢慢启动；②不仅要保证静平衡，即对称的两管样品等重，还要保证动平衡。例如：同时离心两个样品，一管是用蒸馏水稀释的，另一管是用60%的蔗糖配制的，虽然两管质量相等，但由于比重不同，不可配成一对离心。必须另装一管水和一管60%的蔗糖作为平衡物分别配重，否则离心机不能正常运转；③离心过程中如有噪音或机身振动现象，应立即切断电源，及时排除故障；④分离结束后，应将调速旋钮逐挡旋回至“0”挡，待离心机自动停止转动后，方可打开顶盖，取出样品，不可用外力强制其停止运动；⑤在使用高速离心机和低温离心机时，应严格按使用说明进行操作。

五、化学烧伤急救常识

化学实验室常会遇到割伤、烫伤、化学灼伤、炸伤等意外情况，根据伤害情况，应先作紧急处理，如割伤应先清洗伤口及止血处理，如不小心将化学试剂溅到皮肤或眼内引起化学烧伤，应立刻用流水冲洗，消除皮肤上的化学药品，对于眼内化学试剂清洗不能用水流直射眼球，更不能搓揉眼睛，并针对有害药品的性质，采用相应的药剂处理（表1-3）。经药剂处理后再用水冲洗。如伤势严重者应及时送医院治疗。

表1-3　常见化学烧伤急救处理

灼烧物质	急救处理方法
强碱类	立即用水冲洗，再用2% HAc溶液或5% H_3BO_3 冲洗。
强酸类	立即用水冲洗，再用5% $NaHCO_3$ 溶液冲洗。
溴（Br）	用25% $NH_3 \cdot H_2O$ + 松节油 + 95%乙醇（1∶1∶10体积）混合液处理。
磷（P）	先用1% $CuSO_4$ 溶液洗净残余的磷，再用0.1% $KMnO_4$ 湿敷，外涂保护剂，包扎。不可将创伤面暴露于空气或涂抹油质类药。
铬酐（Cr_2O_3）	立即用水冲洗，再用 $(NH_4)_2SO_4$ 溶液漂洗。

（黄沛力）

第二章　紫外-可见分光光度法

第一节　基础知识

一、仪器结构与原理

紫外-可见分光光度法是光谱中重要且应用广泛的一类分析方法，是根据物质对紫外-可见光区的辐射能的吸收特征和吸收程度建立起来的分析方法。广泛应用在预防医学、临床检验、药物分析、医学检验、食品分析、环境保护等领域。

紫外-可见分光光度计有多种类型，如单光束紫外-可见分光光度计、双光束紫外-可见分光光度计和双波长紫外-可见分光光度计。其基本组成均为光源、单色器、吸收池、检测器、显示系统等五个部分。当光通过固体、液体或气体等透明介质分子时，物质的分子选择性地吸收一定波长的光，产生紫外-可见吸收光谱。物质分子的内部结构不同，其紫外-可见吸收光谱不同。利用此性质可以对物质进行定性分析；紫外-可见分光光度计主要是用于定量分析，定量的依据是 Lambert-Beer 定律，定量方法主要有：标准曲线法、直接比较法、双波长分光光度法和催化动力学分光光度法。

二、仪器使用注意事项

1. 光源　为了延长光源的使用寿命，在使用时应尽量减少开关次数，短时间工作间隔内可以不关灯。刚关闭的光源灯不要立即重新开启。如果光源灯亮度明显减弱或不稳定，应及时更换新灯。

2. 单色器　单色器是将连续光谱色散为单色光的装置，色散元件易受潮生霉，要经常更换盒内的干燥剂。仪器停用期间，应在样品室和塑料仪器罩内放置防潮硅胶，以免受潮，使反射镜面有霉点及沾污。

3. 吸收池　吸收池也叫比色皿，可见区一般用玻璃吸收池，紫外区一般用石英吸收池。

（1）吸收池的匹配：将配套使用的吸收池装相同的溶液，于所使用的测量波长下测定透光度，透光度之差应小于 0.5%。

（2）保护吸收池光学面：不能将光学面与手指、硬物或脏物接触，只能用擦镜纸或丝绸擦拭光学面；不得在火焰或电炉上进行加热或烘烤吸收池。生物样品、胶体或其他在池体上易形成薄膜的物质要用适当的溶剂洗涤；有色物质污染，可用 3mol/L HCl 和等体积乙醇的混合液洗涤。

4. 电压与电源　电压波动较大时，要配备有过压保护的稳压器。停止工作时，必须切断电源，盖上防尘罩。仪器若长期不用要定期通电 20 ~ 30 分钟。

第二节　实验内容

实验一　紫外-可见分光光度计主要性能检定

【实验目的】

1. 掌握紫外-可见分光光度计的测定原理。
2. 熟悉紫外-可见分光光度计的主要性能和技术指标的检定方法。
3. 了解紫外-可见分光光度计的基本结构。

【实验原理】

紫外-可见分光光度计是根据物质的分子对紫外-可见光谱区电磁辐射的吸收光谱特征和吸收程度进行定性和定量分析的仪器，其定量依据是 Lambert-Beer 定律：

$$A = \lg \frac{I_0}{I_t} = \lg \frac{1}{T} = Kbc \qquad (2\text{-}1)$$

式中：A——物质的吸光度；

I_0——入射单色光的强度；

I_t——透射单色光的强度；

T——透光度；

K——比例常数；

b——溶液层的厚度，cm；

c——溶液中物质的浓度，mol/L。

为了确保分析的灵敏度和准确度，仪器要进行定期检定，检定周期一般为一年。根据紫外-可见分光光度计检定规程（JJG 178—2007）的规定，将仪器的工作波长分为二段，其中 A 段 190 ~ 340nm、B 段 340 ~ 900nm。检定的主要计量性能如表 2-1 所示。

表 2-1　紫外-可见分光光度计检定主要性能指标

检定项目	性能指标		
	级别	A 段	B 段
波长最大允许误差	Ⅰ	±0.3	±0.5
	Ⅱ	±0.5	±1.0
	Ⅲ	±1.0	±4.0
	Ⅳ	±2.0	±6.0
波长重复性	Ⅰ	≤0.1	≤0.2
	Ⅱ	≤0.2	≤0.5
	Ⅲ	≤0.5	≤2.0
	Ⅳ	≤1.0	≤3.0
透射比最大允许误差	Ⅰ	±0.3	±0.3

续表

检定项目	性能指标			
透射比最大允许误差	级别	A段	B段	
	Ⅱ	±0.5	±0.5	
	Ⅲ	±1.0	±1.0	
	Ⅳ	±2.0	±2.0	
透射比重复性	Ⅰ	≤0.1	≤0.1	
	Ⅱ	≤0.2	≤0.2	
	Ⅲ	≤0.5	≤0.5	
	Ⅳ	≤1.0	≤1.0	
基线平直度	Ⅰ	±0.001	±0.001	
	Ⅱ	±0.002	±0.002	
	Ⅲ	±0.005	±0.005	
	Ⅳ	±0.010	±0.010	
最小光谱带宽	仪器的最小光谱带宽应不超过标称光谱带宽的±20%			
杂散光	级别	A段	B段	
		220nm	360nm	420nm
	Ⅰ	≤0.1	≤0.1	≤0.2
	Ⅱ	≤0.2	≤0.2	≤0.5
	Ⅲ	≤0.5	≤0.5	≤1.0
	Ⅳ	≤1.0	≤1.0	≤2.0

【仪器与试剂】

1. 仪器与器皿　紫外-可见分光光度计，附相同光径的吸收池一套，镨钕玻璃滤光片，分析天平，烧杯，容量瓶。

2. 试剂

（1）重铬酸钾溶液的配制：准确称取0.2829g重铬酸钾，用0.05mol/L硫酸溶液溶解，并稀释至100ml，摇匀，此溶液铬的质量浓度为1.00×10^{3}mg/L。

（2）硫酸铜溶液的配制：准确称取3.9290g硫酸铜（$CuSO_4\cdot5H_2O$），用0.05mol/L硫酸溶液溶解，并稀释至100ml，摇匀，此溶液铜的质量浓度为1.00×10^{4}mg/L。

（3）氯化钴溶液的配制：准确称取4.0373g氯化钴（$CoCl_2\cdot6H_2O$），用0.10mol/L盐酸溶液溶解，并稀释至100ml，摇匀，此溶液钴的质量浓度为1.00×10^{4}mg/L。

（4）亚硝酸钠溶液的配制：准确称取经干燥至恒重的亚硝酸钠5.00g，用蒸馏水溶解后，稀释至100ml，摇匀，此溶液亚硝酸钠的浓度为50.0g/L。

实验用水为蒸馏水。

【实验步骤】

（1）同内径长度吸收池的透光率相差：将同样厚度的四个吸收池分别编号加入蒸馏水于220nm（石英吸收池）、440nm（玻璃吸收池）处，将一个吸收池的透射比调至100%，测量其他各吸收池的透射比值，各吸收池之间透光率的差值应不大于0.5%。若有显著差异，应将吸收池重新洗涤后再装蒸馏水测试，经洗涤可使透光率的差异减小时，可通过洗涤使透光一致，若经几次洗涤，吸收池的透光率差异基本无变化，可用下法校正。

以透光率最大的吸收池为100%透光，测定其余各吸收池的透光率，分别换算成吸光度作为各比色皿校正值，测定溶液时，应以上述100%透光率的吸收池作为空白，用其他各吸收池装溶液，测得值以吸光度计算，应减去所用吸收池的吸光度的校正值（表2-2）。

表2-2 紫外-可见分光光度计吸收池的校正

比色皿标号	用空白溶液测量值		有色溶液测量值的校正		
	测得透光率（T）	校正值（吸光度 *A*）	测得值		校正后测量值
			T%	*A*	
1	99%	0.004	62.5%	0.204	0.200
2	100%		100%	0.000	作空白管
3	98%	0.009	39.0%	0.409	0.400
4	95%	0.022	23.8%	0.623	0.601

（2）灵敏度：指仪器能够从吸光度上反映出来的最小浓度变化值，以溶液铬的质量浓度为1.00×10^3mg/L的$K_2Cr_2O_7$溶液注入1cm比色皿，在440nm，以蒸馏水作参比，其吸光度读数不小于0.01*A*。

（3）重现性：指在同一工作条件下，用同一种溶液，连续重复测定5次，其透光率最大读数与最小读数之差不应大于0.5%。

（4）波长准确度与波长重复性检定：镨钕玻璃滤光片吸收峰的参考波长值见表2-3。

表2-3 镨钕玻璃滤光片吸收峰参考波长值

光谱带宽	参考波长值（nm）						
2	431.3	513.7	529.8	572.9	585.8	739.4	807.7
5	431.8	513.7	530.1	574.2	585.7	740.0	807.4
8	432.1	513.9	529.6	574.9	585.8	740.4	807.0

将镨钕玻璃滤光片置于样品室内的适当位置，按均匀分布原则，选择三至五个吸收峰参考波长，逐一做连续三次测量（从一个波长方向），记录吸收峰波长测量值。波长准确度和波长重复性的计算公式分别为：

$$\Delta_\lambda = \frac{1}{3}\sum_{i=1}^{3}\lambda_i - \lambda_r \tag{2-2}$$

$$\delta_\lambda = \max\left|\lambda_i - \frac{1}{3}\sum_{i=1}^{3}\lambda_i\right| \tag{2-3}$$

式中，Δ_λ——波长准确度，nm；

δ_λ——波长重复性，nm；

λ_i——波长测量值，nm；

λ_r——波长标准值，nm。

（5）透射比最大允许误差和重复性：用标准物质和标准吸收池，分别在235，257，313，350nm处测量透射比三次。用透射比标准值为10%，20%，30%的光谱中心滤光片，分别在440nm，546nm，635nm处，以空气为参比，测量透射比。按下式计算透射比误差

$$\Delta T = \overline{T} - T_n \tag{2-4}$$

式中：$\overline{T}$——3次测量的平均值；

T——透射比标准值。

按下式计算透射比重复性

$$\delta_T = T_{max} - T_{min} \tag{2-5}$$

式中：T_{max}、T_{min}——3次测量透射比的最大值与最小值。

（6）杂散光：选择规定的杂散光测量标准物质，在相应波长处测量标准物质的透射比，其透射比值即为仪器在该波长处的杂散光。

A段用碘化钠标准溶液（或截止滤光片）于220nm，亚硝酸盐标准溶液（或截止滤光片）于360nm（钨灯），1cm标准石英吸收池，蒸馏水做参比，测量其透射比值。

B段棱镜式仪器，用截止滤光片在波长420nm处，以空气为参比，测量其透射比值。

【注意事项】

1. 仪器处于工作状态时，光源发光应稳定无闪烁现象。当波长置于580nm处时，在样品室内应能看到正常的黄色光斑。

2. 仪器不能受潮，应经常保持干燥。仪器工作环境的温度为10～35℃，相对湿度小于85%。

3. 不同型号的仪器其技术指标要求会有一定差别。

【思考题】

1. 同组比色皿透光性的差异对比色测定有何影响？如何消除？

2. 检查分光光度计的灵敏度，重现性有何实际意义？

3. 某有色溶液的最大吸收波长如何选择？为什么要用λ_{max}作为入射光？

实验二　可见分光光度法测定总铁（实验条件的选择及铁含量的测定）

【实验目的】

1. 掌握可见分光光度法测定铁的原理和方法。

2. 熟悉可见分光光度法测定条件的选择方法。

3. 了解可见分光光度计的使用。

【实验原理】

Fe^{2+}和邻二氮菲反应生成橘红色配合物（图2-1）。

配合物十分稳定，该配合物的$\lg K_{稳}=21.3$（20℃），摩尔吸光系数$\varepsilon_{508}=1.1\times10^4$L/(cm·mol)。最大吸收波长508nm。$Fe^{3+}$也可与邻二氮菲发生反应，所以在显色前使用盐

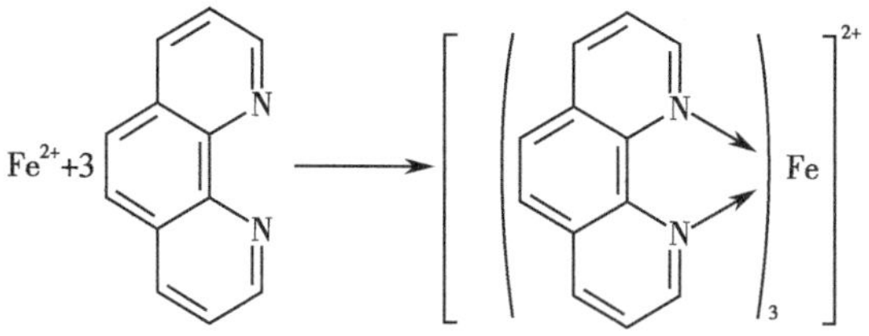

图2-1　Fe^{2+}和邻二氮菲反应示意图

酸羟胺将 Fe^{3+} 全部还原为 Fe^{2+}。

$$2Fe^{3+} + 2NH_2OH \cdot HCl = 2Fe^{2+} + N_2 \uparrow + 2H_2O + 4H^+ + 2Cl^-$$

Fe^{2+} 与邻二氮菲在 pH =2 ~9 范围内均能显色，但为了尽量减少其他离子的影响，通常在微酸性（pH ≈5）溶液中显色。相当于铁含量 40 倍的 Sn^{2+}、Al^{3+}、Ca^{2+}、Mg^{2+}、Zn^{2+}、SiO_3^{2-}，20 倍的 Cr^{3+}、Mn^{2+}、V^{5+}、PO_4^{3-}，5 倍的 Co^{2+}、Cu^{2+} 等均不干扰测定。

使用光度法测定时，通常要研究吸收曲线、标准曲线、显色剂浓度、溶液的 pH 条件、有色溶液的稳定性、显色物质的组成等，有时还要研究干扰物质的影响、反应温度、测定范围、方法的适用范围等，从中学习分光光度法测定条件的选择。

【仪器与试剂】

1. 仪器与器皿　可见分光光度计，吸收池，吸量管，移液管，容量瓶，电子天平。

2. 试剂

（1）铁标准储备液（0.40g/L）：准确称取 3.454g 硫酸铁铵[$NH_4Fe(SO_4)_2 \cdot 12H_2O$]于 100ml 烧杯中，加入 30ml 浓盐酸及 30ml 水，溶解后转移到 1000ml 容量瓶中，加水定容，摇匀。

（2）铁标准使用液（40.0μg/ml）：移取 10.0ml 贮备液至 100ml 容量瓶中，加水定容，摇匀，临用前配制。

（3）盐酸羟胺溶液（10%）：取 10g 盐酸羟胺用水稀释至 100ml。临用新配，2 周内有效。

（4）邻二氮菲溶液（0.2%）：称取 0.2g 邻二氮菲，先用少量无水乙醇溶解，再用水稀释至 100ml，贮于塑料瓶中，避光保存。

（5）醋酸钠溶液（1mol/L）：称取无水醋酸钠的质量是 8.2g，加水配制成 100ml 溶液即可。

（6）氢氧化钠溶液（1mol/L）：称取 4.0g NaOH 溶于蒸馏水中，加水配制成 100ml 溶液即可。

（7）盐酸溶液 10%（V/V）：于烧杯中先放入约 90ml 水，缓慢加入 10ml 浓盐酸并加以搅拌，冷却后倒入 100ml 试剂瓶中。

【实验步骤】

1. 条件试验

（1）吸收曲线的制作：用吸量管吸取 40μg/ml 标准铁溶液 2.0ml 于 25ml 容量瓶，加入 1mol/L 醋酸钠溶液 5.0ml，加入 10% 盐酸羟胺 1.0ml，摇匀放置 2 分钟后再加入 0.2% 邻二氮菲 1.0ml，以水稀释至刻度，摇匀后放置 10 分钟，在可见分光光度计上，用 1cm 吸收池，试剂空白作参比，从 400 ~500nm、520 ~560nm 每隔 10nm 测一次吸光度，在最大吸收附近，每隔 1 ~2nm 测一次吸光度。以波长为横坐标，吸光度为纵坐标，绘制吸收曲

线，从而选择测量铁的适宜波长。

（2）显色剂用量的选择：取6个25ml容量瓶，各加入40μg/ml铁标准液2.0ml，加入1.0mol/L醋酸钠溶液5.0ml，再10%盐酸羟胺溶液1ml，摇匀放置2分钟，各加约10ml水，然后依次向各管分别加入0.00、0.25、0.50、1.00、2.00、3.00ml 0.2%邻二氮菲溶液，定容，摇匀后放置10分钟。于选定波长处，用未加显色剂溶液管作参比，测量溶液吸光度。以显色剂体积为横坐标，吸光度为纵坐标，绘制吸光度—显色剂用量曲线，确定最佳显色剂用量。

（3）溶液酸度的影响：取5个25ml容量瓶，各加入40μg/ml铁标准液2.0ml。加入1mol/L醋酸钠溶液5.0ml，10%盐酸羟胺溶液1ml，加水10ml，用1mol/L NaOH溶液及10%盐酸溶液调pH分别为2、4、6、8、10（用精密的pH试纸精密试纸小数点后一位的），最后以确定的邻二氮菲溶液最佳用量向各管加入适量邻二氮菲液，加水定容，摇匀后放置10分钟，并测量各溶液的吸光度。以pH为横坐标，吸光度为纵坐标，绘制吸光度-pH曲线，确定最佳pH范围。

2. 铁含量的测定

（1）标准曲线的制作：在5个25ml容量瓶中，分别用吸量管加入含40μg /ml铁标准溶液0.00、1.00、1.50、2.00、3.00ml，1mol/L醋酸钠5.0ml，10%盐酸羟胺1.0ml，摇匀，0.2%邻二氮菲1.0ml。以水稀释至刻度，摇匀。在所选的最佳波长下，用1cm比色皿，以试剂空白为参比，测各溶液吸光度。以铁浓度为横坐标，吸光度为纵坐标，绘制标准曲线。

（2）废水中铁含量的测定：采取生活污水或工业废水，先过滤，静置澄清，再进行测定。准确吸取处理后的水样5.00ml于25ml容量瓶中（测定两份平行样），按标准曲线的测定步骤，测定其吸光度。从标准曲线求出试液的含铁量（以mg/L表示）。

结果处理按下式计算水样中Fe含量：

$$c_x = \frac{c \times 25}{V_x} \tag{2-6}$$

式中：c_x——水样中Fe含量，μg/ml；

c——从标准曲线上查到的样品管中Fe浓度，μg/ml；

V_x——取水样量，ml。

【实验记录与结果】

溶液	1	2	3	4	5	试样1	试样2
Fe标准溶液			Fe含量（μg）			取样量ml	取样量ml
（40μg/ml）	0.00	40	60	80	120	5.00	5.00
醋酸钠（ml）	5.0	5.0	5.0	5.0	5.0	5.0	5.0
盐酸羟胺（ml）	1.0	1.0	1.0	1.0	1.0	1.0	1.0
邻二氮菲（ml）	1.0	1.0	1.0	1.0	1.0	1.0	1.0
吸光度							
结果（mg/L）							

【注意事项】

1. 实验过程中要注意加入各种试剂的顺序。

2. 由于显色反应除了会受到显色剂的用量、溶液的酸度影响外，还会受显色时间（有色溶液的稳定性）、反应温度等影响。因此，为了获得最佳的测定方案，就必须对影响显色反应的各种因素进行条件实验。

【思考题】

1. 醋酸钠、邻二氮菲、盐酸羟胺在实验中各起什么作用?

2. 什么是吸收曲线? 什么是标准曲线? 标准曲线和吸收曲线有何区别?

3. 如需测定样品中 Fe^{3+} 的含量，如何操作? 如测定一般铁盐的总铁量是否要加盐酸羟胺?

实验三　可见分光光度法同时测定 $KMnO_4$ 和 $K_2Cr_2O_7$

【实验目的】

1. 掌握双组分混合物光度法定量的原理。

2. 熟悉双组分混合物同时测定的方法。

3. 了解紫外-可见分光光度计构造和性能。

【实验原理】

MnO_4^- 在波长 540～580nm 的范围内有较大的吸收系数，$Cr_2O_7^{2-}$ 在此波长范围内的吸收系数较小，而在 300～480nm 波长范围内有较大的吸收系数，它们的吸收光谱曲线如下图所示：利用 MnO_4^- 和 $Cr_2O_7^{2-}$ 在不同波长下吸收峰分开的特点可进行 $KMnO_4$ 和 $K_2Cr_2O_7$ 的同时测定而不需进行分离。由于吸收曲线部分交叠造成的 MnO_4^- 对 $Cr_2O_7^{2-}$ 测定的影响可用校正法消除（图 2-2）。

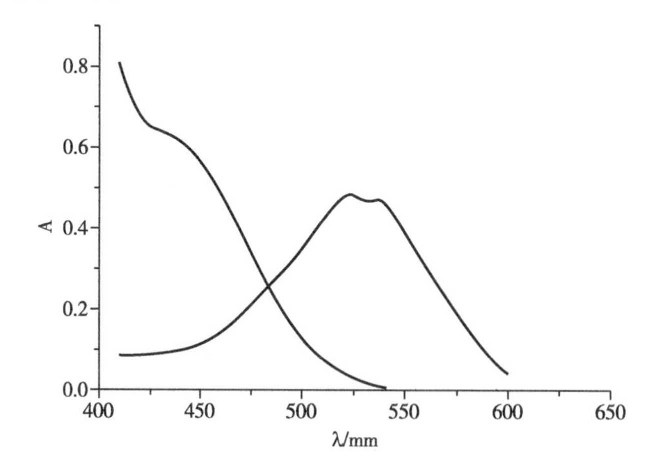

图 2-2　$KMnO_4$ 和 $K_2Cr_2O_7$ 的吸收光谱曲线

【仪器与试剂】

1. 仪器与器皿　紫外-可见分光光度计，容量瓶，吸量管。

2. 试剂

（1）$KMnO_4$ 标准溶液（0.002mol/L）：称取 3.16g $KMnO_4$ 溶于水中，稀释至 1000ml，配制成近似于 0.02mol/L 的 $KMnO_4$ 溶液，用 $Na_2C_2O_4$ 标定其浓度，然后吸取一定量的这

一浓度的溶液，加水稀释10倍，即得$KMnO_4$溶液。

（2）H_2SO_4（1mol/L）：于烧杯中先放入约450ml水，缓慢加入28ml浓H_2SO_4并加以搅拌，冷却后补足至500ml，倒入500ml试剂瓶中。

（3）$K_2Cr_2O_7$标准溶液（0.002mol/L）：准确称取经烘干的$K_2Cr_2O_7$ 2.9419g，用少许1mol/L H_2SO_4溶液溶解后，稀释至500ml。

【操作步骤】

1. 吸收光谱曲线　以蒸馏水为参比溶液，在300～600nm波长范围内，分别测定0.002mol/L $KMnO_4$溶液和0.002mol/L $K_2Cr_2O_7$标准溶液的吸光度。分别绘制$KMnO_4$和$K_2Cr_2O_7$的吸收光谱曲线。

2. 确定测定波长和参比波长　根据$KMnO_4$和$K_2Cr_2O_7$的吸收光谱曲线以及波长的选择原则，确定测定波长λ_1和波长λ_2。

3. 取6个25ml容量瓶，分别加入$K_2Cr_2O_7$标准液0.00、1.00、3.00、5.00、7.00、9.00ml，再分别加入浓H_2SO_4 1ml，用水稀释至刻度，用1cm比色皿，水为参比在测定波长λ_1处测$Cr_2O_7^{2-}$吸光度，绘制A-C曲线。

4. 取6个25ml容量瓶，分别加入0.00、1.25、2.50、3.75、5.00、6.25ml $KMnO_4$标准溶液，再分别加入1ml浓H_2SO_4，用水稀释至刻度，用1 cm比色皿，以水为参比，分别在选定的测定$KMnO_4$波长λ_2和$K_2Cr_2O_7$波长λ_1处，测定MnO_4^-的吸光度，绘制A-C曲线。

5. 试样测定　用1cm比色皿，以水为参比，分别在波长λ_1和λ_2处测定试样的吸光度。

【数据记录与处理】

1. 绘制吸收光谱曲线和确定测定波长λ_1及波长λ_2（表2-4）

表2-4　$KMnO_4$和$K_2Cr_2O_7$的吸收光谱数据

波长λ（nm）	吸光度A^a	吸光度A^b	波长λ（nm）	吸光度A^a	吸光度A^b

从测MnO_4^-波长λ_2，测得试样的吸光度A_2值，由MnO_4^-的工作曲线上可求得试样中$KMnO_4$的浓度C_{KMnO_4}，再从测$Cr_2O_7^{2-}$的波长λ_1处MnO_4^-的校正曲线上查得C_{KMnO_4}在λ_1处产生的吸光度A'_2值。

2. 从测$Cr_2O_7^{2-}$的波长λ_1，测得试样的吸光度A'_1（MnO_4^-和$Cr_2O_7^{2-}$混合吸光度，A'_1-A'_2即为试样中$Cr_2O_7^{2-}$在λ_1处产生的吸光度）。

由A'_1-A'_2值在工作曲线上，可求得试样中$K_2Cr_2O_7$的浓度。

【注意事项】

在实验结束后要及时清洗实验器皿，如果器皿上已附着有$KMnO_4$的紫红色，可以用草酸钠溶液清洗。

【思考题】

1. 可见分光光度法测定分析时，工作波长选择原则是什么？一般情况下首选何种波长为工作波长？有几种选择方式？

2. 进行多组分同时测定的准确度与哪些因素有关？

3. 绘制吸收曲线时，应注意哪几点问题？

实验四　紫外-可见分光光度法测定苯甲酸

【实验目的】

1. 掌握吸收曲线的测定与绘制方法。

2. 熟悉利用直接比较法求样品含量的方法。

3. 了解紫外-可见分光光度计的使用方法。

【实验原理】

紫外-可见分光光度法主要用于有机化合物的定性和定量分析。由于很多有机物及其衍生物在紫外光区有强的吸收光谱，因此可以根据图谱鉴定有机化合物；当被测物质对光的吸收符合 Lamber-Beer 定律时，可用标准曲线法对未知样品进行定量分析。

样品中的苯甲酸在碱性条件下形成苯甲酸盐。苯甲酸及其盐对紫外光有选择性吸收，其吸收光谱的最大吸收波长在 225nm 左右。

【仪器与试剂】

1. 仪器与器皿　紫外-可见分光光度计，1cm 石英吸收池一套，容量瓶，刻度吸管。

2. 试剂

（1）NaOH 溶液（0.01mol/L）：称取 0.4g NaOH 溶于蒸馏水中，在容量瓶中稀释到 1L。

（2）苯甲酸标准贮备液（0.1mg/ml）：精确称取分析纯苯甲酸 100mg（预先经 105℃烘干），用 0.1mol/L NaOH 溶液 100ml 溶解后，再用蒸馏水稀释至 1L。

（3）苯甲酸标准溶液（8μg/ml）：取苯甲酸贮备液 4.00ml，置于 50ml 容量瓶中，用 0.01mol/L NaOH 溶液定容，摇匀。

【实验步骤】

1. 扫描苯甲酸吸收曲线　测定条件：氘灯，1cm 石英比色皿，苯甲酸标准溶液，0.01mol/L NaOH 为参比液，测定波长（nm）：从 190 ~400nm。在所扫描吸收曲线中找出最大吸收波长，用此波长作为定量分析的测定波长。

2. 标准曲线法测定样品溶液中苯甲酸的含量　取 7 只 25ml 的容量瓶分别编上号码，按表 2-5 配制标准系列。

以苯甲酸的标准溶液浓度为横坐标，吸光度值为纵坐标，绘制标准曲线，或求出直线回归方程。

3. 直接比较法测定样品溶液中苯甲酸的含量　取适量碳酸饮料样品置于小烧杯中，微温搅拌除去二氧化碳，取 10.00ml 样品溶液，置于 50ml 容量瓶中，用 0.01mol/L NaOH 溶液定容，摇匀后备用。以 0.01mol/L NaOH 溶液为参比液，在完全相同的条件下测定苯甲酸标准溶液和稀释后样品溶液的吸光度。

表2-5 标准系列配制

编号	1	2	3	4	5	6	样品
标准储备液（ml）	0.00	1.00	2.00	3.00	4.00	5.00	Cx
0.01mol/L NaOH	定容至25ml，摇匀待测						
吸光度（A）							

【数据处理】

1. 根据测得待测溶液的吸光度，从标准曲线上查出或由直线回归方程计算出待测溶液苯甲酸的浓度。

2. 采用直接比较法按下式计算样品溶液中苯甲酸的浓度：

$$C_x(\mu g/ml)=\frac{A_x}{A_s}\times C_s\times\frac{50}{10}=\frac{A_x}{A_s}\times 8\times 5 \tag{2-7}$$

式中：C_x——待测苯甲酸的浓度；

C_s——苯甲酸标准液的浓度；

A_x——苯甲酸样品液的吸光度；

A_s——苯甲酸标准液的吸光度。

【注意事项】

1. 在测定时应将光闸拉出，不测定时立即将光闸推入，以保护光电管。

2. 若碳酸饮料中含有酯类物质，可用 $K_2Cr_2O_7$-H_2SO_4 进行氧化处理。

3. 在外电压波动较大时要用电子交流稳压器，且随时观察并校正暗电流。

4. 对于碳酸饮料，应先脱气，再取样。脱气方法有：①用小烧杯在水浴上加热，搅拌除去 CO_2 等气体；②将碳酸饮料放在小烧杯中，置于超声波振荡器中振荡10分钟。

【思考题】

1. 绘制标准曲线时的空白溶液和测定样品时的空白溶液是否一样？为什么？

2. 测定苯甲酸吸收曲线时，必须使用苯甲酸标准溶液，为什么？

3. 采用标准曲线法和直接比较法测定未知样品的浓度时哪个方法更为准确？为什么？

实验五 紫外-可见分光光度法测定维生素 B_{12}

【实验目的】

1. 掌握用百分吸收系数进行定量分析的方法。

2. 熟悉紫外-可见分光光度法定性、定量方法。

3. 了解紫外-可见分光光度计的基本结构。

【实验原理】

维生素 B_{12} 是一类含钴的卟啉类化合物，具有很强的生理作用，可用于治疗恶性贫血等疾病。维生素 B_{12} 不是单一的一种化合物，共有七种。通常所说的维生素 B_{12} 是指其中的氰钴素，为深红色吸湿性结晶。

利用物质对光有选择性的吸收，以及相应的吸光系数是该物质的物理常数等性质，可

对维生素 B_{12}进行定性及定量分析。维生素 B_{12}的水溶液在（278 ±1）nm、（361 ±1）nm 与（550 ±1）nm 三波长处有最大吸收。药典规定在 361nm 波长处的吸光度与 550nm 波长处的吸光度比值在 3.15 ~3.45 范围内为定性鉴别的依据。由于维生素 B_{12}在 361nm 处的吸收峰干扰因素少，药典规定以 361 ±1nm 处吸收峰的百分吸收系数 $E_{1cm}^{1\%}$值（207）为测定注射液实际含量的定量依据。

【仪器与试剂】

1. 仪器与器皿 紫外-可见分光光度计，吸量管，比色管。

2. 试剂 维生素 B_{12}注射液标示量为 500μg /ml。

【实验步骤】

1. 维生素 B_{12}测试液的配制 取一支标示量为 500μg /ml 维生素 B_{12}注射液，精确吸取 0.5ml 于 10ml 比色管中，用蒸馏水稀释至刻度（稀释倍数为 20），即得维生素 B_{12}测试液。

2. 吸光度的测定和计算

（1）定性鉴别：将维生素 B_{12}测试液倒入 1cm 石英比色皿中，以蒸馏水作参比，在 361nm 波长处与 550nm 波长处分别测定其吸光度 A。根据测得的 361nm 波长处的吸光度与 550nm 波长处的吸光度数据，计算该两波长处的吸光度比值，并与标准值 3.15 ~3.45 相比较，进行维生素 B_{12}的鉴别。

波长	359nm	360nm	361nm	549nm	550nm	551nm
吸光度						

$$\frac{E_{1cm(361nm)}^{1\%}}{E_{1cm(550nm)}^{1\%}}=\frac{A_{(361nm)}}{A_{(550nm)}}=\text{结果是否在 3.15 ~3.45} \tag{2-8}$$

（2）吸收系数法定量分析：以蒸馏水作参比，在 361nm 与 550nm 波长处分别测定维生素 B_{12}吸光度 A。并计算出该注射液维生素 B_{12}标示量百分含量。按照百分吸收系数的定义，每 100ml 含 1g 维生素 B_{12}的溶液（1%）在 361nm 处的吸收系数为 207，稀释倍数为 20。即：

$$\text{维生素 }B_{12}\text{标示量的百分含量\%}=\frac{\frac{A_{361nm}}{207}\times 20}{\text{标示量(g/ml)}}\times 100\% \tag{2-9}$$

【注意事项】

1. 同一波长下反复测得的吸光度值可能不一样，与波长调节的位置有关。

2. 计算公式中的吸光度值以测量波长处最大值代入计算。

3. 全部实验操作应注意避免日光直接照射。

【思考题】

1. 试比较用标准曲线法及吸收系数法定性、定量的优缺点。

2. 有哪些方法可以定性定量分析维生素 B_{12}？

实验六　双波长紫外-可见分光光度法测定苯甲酸钠和咖啡因的含量

【实验目的】

1. 掌握双波长紫外-可见分光光度法同时测定两组分混合体系的方法。
2. 熟悉紫外-可见分光光度计的使用方法。
3. 了解紫外-可见分光光度计结构。

【实验原理】

物质对光的吸收遵循 Lambert-Beer 定律，即当一定波长的光通过某物质的溶液时，入射光强度与透过光强度之比的对数与该物质的浓度及液层厚度的乘积成正比。

$$A = \log \frac{I_0}{I_t} = \varepsilon bc \tag{2-10}$$

$$A = A_1 + A_2 + A_3 + \ldots\ldots + A_n \tag{2-11}$$

式中 A 为吸光度；b 为液层厚度，单位为 cm；C 为待测物质浓度，单位为 mol/L；ε 为摩尔吸光系数。物质的摩尔吸光系数与波长和溶剂有关，在溶剂一定的情况下，物质对光的吸收程度只取决于波长 λ。

吸光度具有加和性，当有两种以上的吸光物质同时存在时，有以下关系利用此性质可对混合物中的组分不经过分离而进行测定。假设待测的混合物中只含有 a 和 b 两种物质，a、b 两物质及其混合物 c 的吸收光谱如图 2-3 所示。

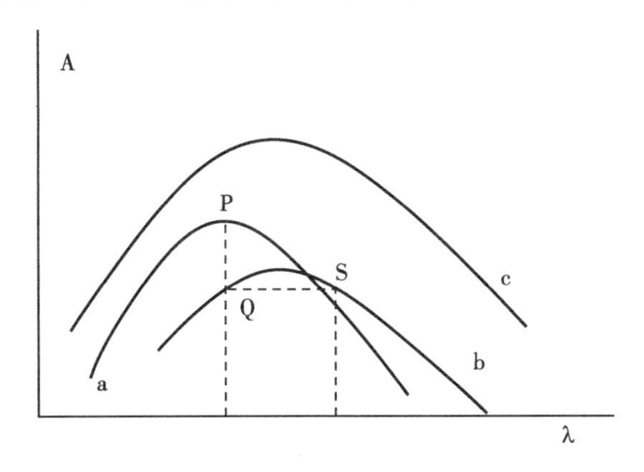

图 2-3　等吸收点法吸收光谱曲线

根据 a、b 的吸收曲线重叠情况，可采用双波长法中的等吸收点法进行测定，具体方法为：在 a 曲线上选取一点 P 作垂直线，（对应波长为 λ_1），和 b 相交于 Q 点，由 Q 作水平线，相交于 b 另一点 S，则 S 对应波长为 λ_2，分别在 λ_1 和 λ_2 处测吸光度 A_1 和 A_2，假设 $b=1$，由 Beer 定律和吸光度加和性原则，得

$$A_1 = A_1^a + A_1^b = \varepsilon_1^a C_a + A_1^b \tag{2-12}$$

$$A_2 = A_2^a + A_2^b = \varepsilon_2^a C_a + A_2^b \tag{2-13}$$

由于 $A_1^b = A_2^b$，所以 $A_2 - A_1 = \Delta A = (\varepsilon_2^a - \varepsilon_1^a) C_a$，对于 a 来说，$\varepsilon_1^a$、$\varepsilon_2^a$ 在一定波长下为定值，所以

$$\Delta A = (\varepsilon_2^a - \varepsilon_1^a) C_a = KC_a \tag{2-14}$$

这样就可以测定 a 的浓度。同样，可再选取适当的两波长来测定 b 的浓度。

选取 λ_1 和 λ_2应注意以下要点：

（1）ΔA 要尽量大，这样可增大灵敏度。即 a 在 λ_1或 λ_2处为最大吸收波长。

（2）b 在 Q 和 S 处必须吸光度相等，即有等吸收点。

安钠咖注射液中的咖啡因和苯甲酸钠可用等吸收点法分别测定，由这两种组分在 HCl 溶液（0.1mol/L）中的吸收光谱（图 2-4）可见，苯甲酸钠的吸收峰在 230nm 处，咖啡因的吸收峰在 272nm 处。若欲测定苯甲酸钠，咖啡因在 230nm 和 258nm 处的吸光度相等。若欲测定咖啡因，苯甲酸钠在 272nm 和 254nm 处的吸光度相等，可选这四个波长作为测定波长分别测定咖啡因和苯甲酸钠的含量。在不同仪器上测定时，因各仪器的波长精确度不同，应对波长组合进行校正。

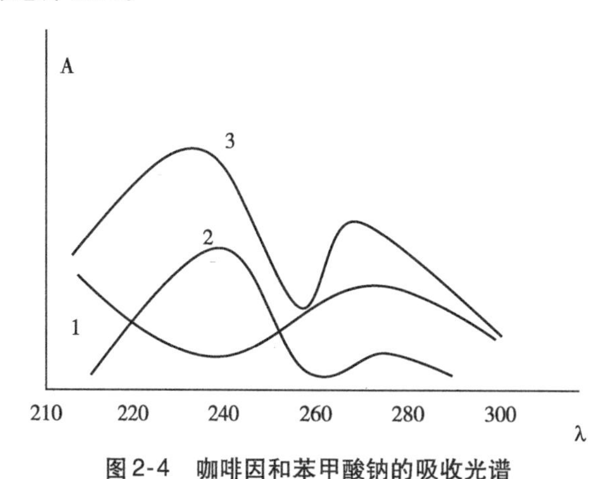

图 2-4　咖啡因和苯甲酸钠的吸收光谱

1. 咖啡因；2. 苯甲酸钠；3. 咖啡因和苯甲酸钠的混合物

【仪器与试剂】

1. 仪器与器皿　紫外-可见分光光度计，容量瓶（50ml，250ml），刻度吸管（5ml）。

2. 试剂药品　安钠咖注射液；咖啡因（对照品）；苯甲酸钠（对照品）；HCl 溶液（0.1mol/L）。

【实验步骤】

1. 标准储备液的配制　准确称量咖啡因和苯甲酸钠各 0.03125g 分别用蒸馏水溶解并定容至 250ml，此即为标准储备液溶液，浓度各为 0.1250mol/L，置于冰箱中保存备用。

2. 标准溶液的配制及吸收曲线的绘制　在 2 只 50ml 容量瓶中分别加入咖啡因、苯甲酸钠标准储备液 3.00ml，用 0.1mol/L HCl 溶液稀释至刻度，摇匀，即得咖啡因和苯甲酸钠的标准溶液。在紫外-可见分光光度计上进行扫描，得到咖啡因和苯甲酸钠在 210nm 至 330nm 范围内的吸收曲线，找出等吸收点。

3. 标准混合溶液的配制　分别移取标准咖啡因储备液和苯甲酸钠储备液各 0.00、1.00、2.00、3.00、4.00、5.00ml 于 50ml 容量瓶中，用 0.1mol/L HCl 溶液稀释至刻度，摇匀。

4. 样品溶液的配制　移取注射液 2.00ml，用蒸馏水稀释至 50ml，从中吸取 5.00ml 稀释至 50ml。再从二次稀释液中吸取 5.00ml 至 50ml 容量瓶中，用 0.1mol/L HCl 溶液稀释至刻度，摇匀待测。

5. 测定　在紫外-可见分光光度计上，分别在 230nm 和 258nm、272nm 和 254nm 处依次测定标准混合溶液、样品溶液的吸光度，若波长改变，能量变化，应等数据稳定再

读数。

【数据与处理】

1. 咖啡因和苯甲酸钠的吸收曲线

2. 测量标准混合溶液和样品溶液在230、258、254和272nm处的吸光度

C(μg/ml)	0.0	2.5	5.0	7.5	10.0	12.5	混合样品
A_{230nm}							
A_{254nm}							
A_{258nm}							
A_{272nm}							
$\Delta A_{咖啡因}$							
$\Delta A_{苯甲酸钠}$							

3. 标准曲线的绘制

（1）以$\Delta A_{(咖啡因)}$为纵坐标，以C（μg/ml）为横坐标，绘制出咖啡因的标准曲线。

（2）以$\Delta A_{(苯甲酸钠)}$为纵坐标，以C（μg/ml）为横坐标，绘制出苯甲酸钠的标准曲线。

4. 分别在咖啡因和苯甲酸钠标准曲线上找出样品溶液中苯甲酸钠、咖啡因的含量

【注意事项】

1. 采用等吸收点法时，混合样中至少有一种物质的吸收峰是呈峰形。

2. 从冰箱中取出的标准储备溶液应该在恢复到室温后再行使用。

【思考题】

1. 等吸收点法定量的依据是什么？

2. 如何根据吸收光谱曲线选择适当的波长同时测定两种混合物质？

实验七　紫外-可见分光光度法测定苯甲酸的离解常数

【实验目的】

1. 掌握测定苯甲酸离解常数的原理及方法。

2. 进一步熟悉紫外-可见分光光度计的使用方法。

3. 了解有机化合物的紫外吸收光谱的特点。

【实验原理】

紫外-可见吸收光谱对于芳香族化合物及共轭体系的化合物的研究较为广泛。当该类化合物受到紫外光或可见光的照射时，其电子将发生跃迁，从而吸收一定频率的光。因此，可以根据吸收峰的位置和相对强度，判断其分子中含有哪些类型的共轭结构及芳香环取代基。如果一个有机化合物的酸性官能团或碱性官能团是发色团的一部分，则该物质的紫外-可见吸收光谱通常随溶液pH的不同而异。即吸收光谱的形状和强度随溶液中的氢离子浓度而异，因而可以利用紫外-可见分光光度法来测定酸或碱的离解常数。

本实验利用苯甲酸在不同介质中的吸光度，计算它的离解常数。

$$C_6H_5COOH \rightleftharpoons C_6H_5COO^- + H^+$$

在稀溶液中可以近似地用浓度代替活度，因此两边取负对数得：

$$K_a = \frac{[C_6H_5COO^-][H^+]}{[C_6H_5COOH]} \tag{2-15}$$

$$\lg K_a = -\lg[H^+] + \lg\frac{[C_6H_5COOH]}{[C_6H_5COO^-]} \tag{2-16}$$

$$pK_a = pH + \lg\frac{[C_6H_5COOH]}{[C_6H_5COO^-]} \tag{2-17}$$

pH 可以直接利用 pH 计测量，也可根据所采用的缓冲溶液得知。现在只要测出 $[C_6H_5COOH]$ 和 $[C_6H_5COO^-]$ 浓度就可以计算出 K_a。C_6H_5COOH 和 $C_6H_5COO^-$ 互为共轭酸碱，它们在平衡时的浓度之和为一常数，只要它们能服从光的吸收定律，就可以通过测量溶液的吸光度分别求出 $[C_6H_5COOH]$ 和 $[C_6H_5COO^-]$。其方法如下：

分别配制三个 pH 不同的苯甲酸溶液，第一个溶液的 pH 在 pK_a 值的附近；第二个溶液的 pH 比 pK_a 值约少两个 pH 单位；第三个溶液的 pH 比 pK_a 值约多两个 pH 单位。在足够强的酸性介质中，苯甲酸由于受到同离子效应的影响离解极少，因而测得的吸光度可以看成是由 C_6H_5COOH 产生的吸光度 $A_{(C_6H_5COOH)}$；在足够强的碱性介质中，苯甲酸几乎完全离解，测得的吸光度可看成是由 $C_6H_5COO^-$ 产生的吸光度 $A_{(C_6H_5COO^-)}$，而当 pH 在 pK_a 值附近时，C_6H_5COOH 和 $C_6H_5COO^-$ 共存，吸光度 A 为 C_6H_5COOH 和 $C_6H_5COO^-$ 两者吸光度之和。

$$A = \varepsilon_{C_6H_5COOH} C_{C_6H_5COOH} + \varepsilon_{C_6H_5COO^-} C_{C_6H_5COO^-} \tag{2-18}$$

在酸性溶液中测得的吸光度　　$A_{C_6H_5COOH} = \varepsilon_{C_6H_5COOH} C_0$　　(2-19)

在碱性溶液中测得的吸光度　　$A_{C_6H_5COO^-} = \varepsilon_{C_6H_5COO^-} C_0$　　(2-20)

式中 C_0 为 C_6H_5COOH 的起始浓度，且 $C_0 = C_{C_6H_5COOH} + C_{C_6H_5COO^-}$　　(2-21)

将式（2-21）代入式（2-18）中可得到：

$$C_{C_6H_5COOH} = \frac{A - \varepsilon_{C_6H_5COO^-} C_0}{\varepsilon_{C_6H_5COOH} - \varepsilon_{C_6H_5COO^-}} \tag{2-22}$$

$$C_{C_6H_5COO^-} = \frac{\varepsilon_{C_6H_5COOH} C_0 - A}{\varepsilon_{C_6H_5COOH} - \varepsilon_{C_6H_5COO^-}} \tag{2-23}$$

$$\frac{C_{C_6H_5COOH}}{C_{C_6H_5COO^-}} = \frac{A - \varepsilon_{C_6H_5COO^-} C_0}{\varepsilon_{C_6H_5COOH} C_0 - A} = \frac{A - A_{C_6H_5COO^-}}{A_{C_6H_5COOH} - A} \tag{2-24}$$

将式（2-24）代入式（2-17）得到 $pK_a = PH + \lg\left(\frac{A - A_{C_6H_5COO^-}}{A_{C_6H_5COOH} - A}\right)$　　(2-25)

根据式（2-25），只要分别测出酸性溶液中 C_6H_5COOH 的吸光度、碱性溶液中 $C_6H_5COO^-$ 的吸光度以及溶液 pH 近似于 pK_a 时平衡混合物的吸光度，就可以计算出苯甲酸的离解常数 pKa。

【仪器与试剂】

1. 仪器　紫外-可见分光光度计，pHS-2 型精密酸度计，100ml 容量瓶。

2. 试剂　苯甲酸；0.05mol/L H_2SO_4 溶液；0.35mol/L HAc-0.1mol/L NaAc 缓冲溶液；0.1mol/L NaOH 溶液。

【实验步骤】

1. 苯甲酸标准溶液（5.0×10^{-3}mol/L）准确称取苯甲酸0.0610g，加蒸馏水或去离子水溶解，移入100ml容量瓶，稀释至刻度，摇匀。

2. 配制三个pH不同的苯甲酸溶液准确移取浓度为5.0×10^{-3}mol/L苯甲酸标准溶液2.5ml 3份于100ml容量瓶中，然后分别用0.05mol/L H_2SO_4溶液、0.35mol/L HAc-0.1mol/L NaAc缓冲溶液、0.1mol/L NaOH稀释至刻度。

3. 测量苯甲酸溶液pH用精密酸度计测定苯甲酸三种水溶液的pH。pHS-2型酸度计的使用参见pH测定实验。

4. 测定三种苯甲酸溶液的紫外吸收光谱用1cm石英比色皿，分别以相应的溶液作空白，测定三种不同pH的苯甲酸溶液在波长230~300nm范围内的吸收光谱。

【数据与处理】

1. 以波长（nm）为横坐标、吸光度为（A）为纵坐标：分别作出苯甲酸在三种不同溶剂中的紫外吸收光谱。

2. 根据苯甲酸溶液的吸收光谱，选择一个最佳测定波长，在该波长下，测量三种不同溶剂中苯甲酸溶液的吸光度$A_{C_6H_5COOH}$、$A_{C_6H_5COO^-}$、A。

3. 将pH、吸光度值代入式（11）中计算苯甲酸的离解常数及其平均值。

【注意事项】

1. 测量获得的苯甲酸离解常数与文献值相比较有差别。

2. 苯甲酸的离解常数与溶液的pH及溶液的温度有关。

【思考题】

1. 光度法测定苯甲酸离解常数时对溶液的酸度有何要求？

2. 有机化合物的紫外吸收光谱分析法有哪些特点？

3. 试述用紫外-可见分光光度法测定苯甲酸的离解常数的原理。

（张海燕）

第三章　分子荧光分析法

第一节　基础知识

一、仪器结构与原理

分子荧光光度计是应用广泛的一类分析仪器，包括生物、医药、卫生、化学等领域。其基本组成为光源、单色器、吸收池、检测器、显示系统等五个部分。由光源（高压汞灯或氙灯）发出的光经过激发单色器后形成谱带较窄的激发光，照射到样品溶液中，样品中处于基态的分子吸收激发光后变为激发态，而这些处于激发态的分子是不稳定的，在返回基态的过程中将一部分的能量又以光的形式放出，从而产生荧光。荧光经过发射单色器后，由检测器将光信号转换成电信号，然后以图或数字的形式将荧光的强度显示出来。

不同物质由于分子结构的不同，其激发态能级的分布具有各自不同的特征，这种特征反映在荧光上表现为各种物质都有其特征荧光激发和发射光谱，因此可以用荧光激发和发射光谱的不同对物质进行定性分析。

在溶液中，当荧光物质的浓度较低（$abc \leqslant 0.05$）时，其荧光强度与该物质的浓度成正比关系，即 $F = KC$，其中，F 为荧光强度，K 为比例常数，C 为荧光物质的浓度。这是分子荧光分析法定量的依据，定量方法主要有：标准曲线法、直接比较法。分子荧光分析法具有灵敏度高、选择性强、用样量少、方法简便、工作曲线线性范围宽等优点。

二、仪器使用注意事项

1. 光源　光源启动后需要预热 10 分钟，待光源稳定发光后方可开始测试工作。若光源熄灭后重新启动，则应等待 30 分钟，等灯管冷却后方可，以延长灯的寿命。灯及窗口必须保持清洁，不能沾上油污。一旦污染，应尽快用无水乙醇擦洗干净。

2. 比色皿　比色皿的清洁、透光面等对荧光的测量很重要，因此要注意使用后的清理。样品溶液不应长时间存放在比色皿中，使用后应立即清理，以免样品附着于池壁而难以洗净，如果比色皿外壁黏附了溶液，应立即使用专用擦镜纸加以擦净，再安装于池座。使用时比色皿应规定一个插放的方向，不能经常摩擦。

3. 电源　为了保证光源的稳定性，仪器需要配备有稳压器。氙灯点亮瞬间需要上千伏的高压，所以开机时应远离氙灯电源。氙灯点亮瞬间的高压会产生臭氧，注意通风。

第二节　实验内容

实验一　分子荧光光度计主要性能检定

【实验目的】

1. 掌握分子荧光光度计的测定原理。
2. 熟悉分子荧光光度计主要性能的检定方法。
3. 了解分子荧光光度计的基本结构。

【实验原理】

分子荧光光度计是对可发射荧光的物质进行定性和定量分析的仪器，其定量依据是荧光强度与物质浓度的关系：

$$F = k\Phi I_0(1 - e^{-\varepsilon Lc}) \tag{3-1}$$

式中：F——荧光强度；

k——仪器常数；

Φ——荧光量子效率；

I_0——激发光强度；

ε——荧光物质的摩尔吸收系数，L/(cm·mol)；

L——荧光物质液层的厚度，cm；

c——荧光物质的浓度，mol/L。

对于给定的物质来说，当激发光的波长和强度固定、液层的厚度固定、溶液的浓度较低时，荧光强度与荧光物质的浓度 c 有如下简单的关系：

$$F = kc \tag{3-2}$$

根据荧光分光光度计检定规程（JJG 537-2006）的规定，为了确保分析的灵敏度和准确度，仪器要进行定期检定，检定周期一般为一年。在此期间，当条件改变（例如更换光源灯、光电管等重要维修项目）或对测量结果有怀疑时，都应进行检定。仪器的单色器可分为两类：A 类是色散型单色器；B 类是滤光片单色器。检定的项目及性能指标要求如表 3-1 所示。

表 3-1　分子荧光光度计检定项目及性能指标要求

检定项目	性能指标要求	
	A 类单色器	B 类单色器
波长示值误差	优于 ±2.0nm	/
波长重复性	≤1.0nm	/
滤光片透光特性	/	玻璃滤光片：标称值 ±10nm 干涉滤光片：标称值 ±5nm
检出极限	5×10^{-10}g/ml 硫酸奎宁	1×10^{-8}g/ml 硫酸奎宁
测量线性	r≥ 0.995	
荧光光谱峰值强度重复性	≤ 1.5%	
稳定度	在 10 分钟内零线漂移≤0.5% 荧光强度示值上限在 10 分钟内的漂移不超过 ±1.5%	

【仪器与试剂】

1. 仪器与器皿　分子荧光光度计；紫外-可见分光光度计；分析天平；量筒；容量瓶；移液管。

2. 试剂

（1）硫酸溶液（0.05mol/L）：往1000ml容量瓶中加入适量的二次蒸馏水，再加入浓硫酸（分析纯）2.7ml，用二次蒸馏水稀释至刻度，混合均匀。

（2）硫酸奎宁标准溶液（1×10^{5}g/ml）：将硫酸奎宁固体（国家二级标准物质）试剂放在干燥管中放置24小时以上。在分析天平上准确称取5.00mg硫酸奎宁置于500ml容量瓶中，用适量0.05mol/L硫酸溶液溶解，然后用0.05mol/L硫酸溶液稀释至刻度，混合均匀。

（3）萘-甲醇溶液（1×10^{-4}g/ml），国家二级标准物质。

【实验步骤】

仪器应平稳地放在工作台上，无强光直射在仪器上；仪器周围无强磁场、电场干扰；无振动；无强气流影响。检定前仪器应预热20分钟。配置滤光片的仪器，必须安装好滤光片，更换滤光片应先切断电源。

（一）色散型单色器仪器波长示值误差与波长重复性

1. 氙灯亮线方法

（1）激发单色器波长示值误差与波长重复性：将激发单色器置零级位置，将漫反射板（或无荧光的白色滤纸条）放入样品室，仪器的响应时间设置为“快”，扫描速度设置为“中”，或采用手动方式，使用实际可行的最窄狭缝宽度，对激发单色器在350～550nm的波长范围进行扫描，在所得到的谱图上寻找450.1nm附近的光谱峰，并确定其峰值位置。连续测量三次，按公式（3-3）和（3-4）分别计算波长示值误差和重复性。

波长示值误差：

$$\Delta\lambda = \frac{1}{3}\sum_{i=1}^{3}\lambda_{i} - \lambda_{r} \tag{3-3}$$

式中：λ_{i}——波长测量值；

λ_{r}——参考波长值（氙灯亮线参考波长峰值：450.1nm）。

波长重复性：

$$\delta_{\lambda} = \max\left|\lambda_{i} - \frac{1}{3}\sum_{i=1}^{3}\lambda_{i}\right| \tag{3-4}$$

（2）发射单色器波长示值误差与波长重复性：将激发单色器置零级位置，将漫反射板（或无荧光的白色滤纸条）放入样品室，仪器的响应时间设置为“快”，扫描速度设置为“中”，或采用手动方式，使用实际可行的最窄狭缝宽度，对发射单色器在350～550nm的波长范围进行扫描，在所得到的谱图上寻找450.1nm附近的光谱峰，并确定其峰值位置。连续测量三次，按公式（3-3）和（3-4）分别计算波长示值误差和波长重复性。

2. 萘峰位置方法

（1）激发单色器波长示值误差与波长重复性：将发射单色器波长设定在331nm处，将盛有萘-甲醇溶液（1×10^{-4}g/ml）的荧光池放入样品室，仪器的响应时间设置为“快”，扫描速度设置为“中”，或采用手动方式，使用实际可行的狭缝宽度1～3nm，对激发单色器在240～350nm的波长范围进行扫描，在所得到的谱图上寻找290nm光谱峰，并确定其峰值位置。连续测量三次，按公式（3-3）和（3-4）分别计算波长示值误差和波长重复性。

（2）发射单色器波长示值误差与波长重复性：将激发单色器波长设定在290nm处，将盛有萘-甲醇溶液（1×10^{-4}g/ml）的荧光池放入样品室，仪器的响应时间设置为“快”，扫描速度设置为“中”，或采用手动方式，使用实际可行的狭缝宽度1～3nm，对发射单色器在240～400nm的波长范围进行扫描，在所得到的谱图上寻找331nm光谱峰，并确定其峰值位置。连续测量三次，按公式（3-3）和（3-4）分别计算波长示值误差和波长重复性。

（二）滤光片单色器透光特性检定

1. 带通型滤光片透光特性检定　用紫外-可见分光光度计测量被检仪器的滤光片在各波长处的透射比，绘制透射比-波长特性曲线。由曲线求出最大透射比 T_{max} 对应的波长 λ_{max}，以及透射比为 $T_{max}/2$ 时对应的波长。滤光片峰值波长误差按公式（3-5）计算：

$$\Delta\lambda=\lambda-\lambda_{max} \tag{3-5}$$

式中：λ——滤光片峰值波长标称值。

2. 截止型滤光片透光特性检定　截止型滤光片的透光特性用半高波长表示。用紫外-可见分光光度计测量被检仪器的滤光片在各波长处的透射比，绘制透射比-波长特性曲线。由曲线求出最大透射比 T_{max} 对应的波长 λ_{max}，以及透射比为 $T_{max}/2$ 时对应的波长，此波长称为半高波长。

（三）检出极限

用0.05mol/L硫酸溶液做空白溶液，色散型单色器选取质量浓度为 1×10^{-9}g/ml 硫酸奎宁做标准溶液，滤光片单色器选取质量浓度为 1×10^{-7}g/ml 硫酸奎宁做标准溶液。灵敏度置最高挡，选择适当的狭缝宽度，根据激发波长350nm、发射波长450nm设定两侧的波长或选择滤光片。对空白溶液与标准溶液进行连续交替11次测量。如果在测量中，有1次数据确认是由外界干扰或操作引起的较大误差，应将该次数据剔除。

由公式（3-6）计算每次测量的荧光强度：

$$F_i=F_{i1}-F_{i0} \tag{3-6}$$

式中：F_{i1}——标准溶液的荧光强度；

F_{i0}——空白溶液的荧光强度。

检出极限为二倍标准偏差读数的物质浓度。用符号 DL 表示，单位 g/ml

$$DL=\frac{c}{\overline{F}}\times2s \tag{3-7}$$

式中：$\overline{F}$——11次测量的平均荧光强度；

c——标准溶液的质量浓度；

s——单次测量的标准偏差。

（四）测量线性

用0.05mol/L硫酸溶液作空白溶液，激发光波长350nm、发射光波长450nm，适当选择灵敏度挡位和狭缝，依次测量表3-2中的各质量浓度硫酸奎宁标准溶液。

分别对表3-2中4种质量浓度工作标准溶液与空白溶液进行连续交替三次测量，计算每次测量的荧光强度平均值。用最小二乘法对4种标准溶液的质量浓度和荧光强度测量平均值进行处理，得到线性相关系数r，即为测量线性的检定结果。

表3-2　硫酸奎宁标准溶液（g/ml）

标准溶液编号	1	2	3	4
标准溶液质量浓度	1×10^{-7}	4×10^{-7}	8×10^{-7}	1×10^{-6}

（五）光谱峰值强度重复性

设定激发光波长350nm、发射光波长450nm，用1×10^{-7}g/ml的硫酸奎宁溶液，见光3分钟后，对发射波长从365～500nm重复扫描三次或记录仪器示值。

光谱峰强度的重复性由公式（3-8）计算：

$$\delta_F = \frac{\max\left|F_i - \frac{1}{3}\sum_{i=1}^{3}F_i\right|}{\frac{1}{3}\sum_{i=1}^{3}F_i} \times 100\% \qquad (3\text{-}8)$$

式中：F_i——光谱峰强度读数。

（六）稳定度

调节灵敏度为中，关闭光闸门，记录10分钟内的漂移。置激发波长和发射波长均为450nm，激发和发射狭缝宽度均为10nm，漫反射板放入样品室，调节灵敏度，使示值为90%，见光3分钟后，观察10分钟内示值的变化。

【注意事项】

1. 仪器工作环境的温度为10～30℃，相对湿度不大于85%。
2. 本实验所用玻璃仪器必须认真清洗，以确保实验准确度。
3. 硫酸奎宁标准溶液应避光、低温、密封保存。稀标准溶液应现用现配，浓溶液有效时间是半年。
4. 温度、溶剂、酸度对荧光强度影响较大，试验中这些条件应保持一致。

【思考题】

1. 检查分子荧光光度计的检出极限有何实际意义？
2. 影响测量线性的因素有哪些？
3. 用荧光分析法测定时，为什么要求溶液的浓度很稀？

实验二　分子荧光分析法测定维生素B_2含量

【实验目的】

1. 掌握分子荧光分析法测定维生素B_2的基本原理及方法。
2. 熟悉固相萃取法对样品进行分离纯化的技术。
3. 了解分子荧光光度计的使用方法。

【实验原理】

维生素B_2（核黄素）分子结构（图3-1）共轭程度较大，是一种具有强烈荧光特性的化合物。在一定波长的光波照射下发射荧光。维生素B_2在水溶液中较稳定，但在强光下易分解。分解速度随温度的升高和pH的增高而加速。维生素B_2在强酸或强碱溶液中分解，荧光消失，其水溶液在pH 6～7时荧光最强。当荧光物质溶液的浓度较低（吸光度

abc≤0.05)，并且其他条件恒定时，荧光强度 F 与维生素 B_2 浓度 C 成正比，即 $F=KC$；当 pH > 11 时荧光消失。尿中共存物质干扰维生素 B_2 的测定，需将尿液通过硅镁吸附柱，使其中维生素 B_2 被硅镁吸附剂吸附，再用洗脱液洗脱，测定洗脱液中维生素 B_2 的荧光强度。采用标准曲线法进行定量。

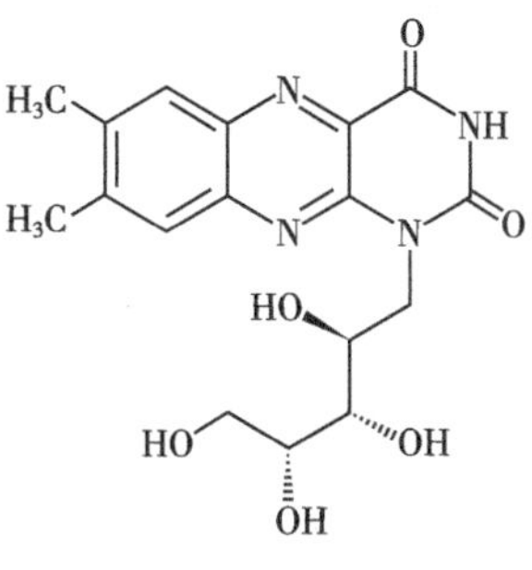

图 3-1　维生素 B_2 分子结构

【仪器与试剂】

1. 仪器与器皿　分子荧光光度计；石英比色皿；分析天平；吸附柱（内径 0.8 ~ 1.0cm，柱长 8cm）；烧杯；量筒；容量瓶；比色管；刻度吸量管。

2. 试剂

（1）维生素 B_2 标准贮备液（25.0μg/ml）：准确称取 25.0mg 维生素 B_2，加 400ml 超纯水，加冰醋酸 1 ~ 2ml，加热溶解，冷却后转移至 1000ml 容量瓶中并用超纯水稀释定容，摇匀，贮存于棕色试剂瓶中。

（2）维生素 B_2 标准应用液（0.5μg/ml）：取标准贮备液 1.0ml 于 50ml 棕色容量瓶中，用 0.1mol/L 醋酸溶液稀释至刻度，摇匀（现用现配）。

（3）硅镁吸附剂（60 目 ~ 100 目）。

（4）洗脱液的比例为丙酮∶冰醋酸∶双蒸水（V∶V∶V）=5∶2∶9。

（5）醋酸水溶液（0.1mol/L）：5.7ml 冰醋酸用去离子水稀释到 1L。

【实验步骤】

1. 装柱　用少量脱脂棉将吸附柱管下端轻轻塞住，将约 1.5g 的硅镁吸附剂与适量的蒸馏水混合装柱（约占柱长的 2/3），用双蒸水测试流速，流速控制在每分钟 60 ~ 80 滴，柱内应无气泡。

2. 工作曲线的绘制

（1）吸附：取维生素 B_2 标准应用液 0.00、0.50、1.00、1.50、2.00、2.50ml，分别加入到硅镁吸附柱中，用 15 ~ 20ml 热水（60 ~ 70℃）淋洗柱子。

（2）洗脱：将 10ml 比色管接在柱子下端，每根吸附柱中加入 5ml 洗脱液，待流尽后再用不足 5ml 的蒸馏水淋洗柱子，流出液一并盛入比色管中，用双蒸水定容至 10ml，混匀，避光保存。

（3）测定：取任一标准溶液的洗脱液，固定荧光波长 535nm，在 350 ~ 500nm 的波长范围内，测定不同激发光波长下的荧光强度，以激发光的波长为横坐标，荧光强度为纵坐标，绘制激发光谱，选择最大激发光波长（λ_{ex}）。固定激发光波长 λ_{ex}，在 450 ~ 600nm 的波长范围内，测定不同荧光波长下的荧光强度，以荧光的波长为横坐标，荧光强度为纵坐标，绘制荧光光谱，选择最大荧光发射波长（λ_{em}）。在固定 λ_{ex} 和 λ_{em} 的条件下，分别测定不同浓度标准溶液洗脱液中维生素 B_2 的荧光强度，以配制的标准系列中维生素 B_2 的浓度 C 为横坐标，相对荧光强度 $\Delta F=F-F_0$ 为纵坐标，绘制标准曲线。

3. 测定样品　取尿样 5.00ml，通过硅镁吸附柱进行吸附、洗脱和荧光测定（方法与上述标准系列相同）。

4. 结果处理　根据测定的样品相对荧光强度 $\Delta F_x=F_x-F_0$，从标准曲线上查出样品管对应的维生素 B_2 浓度，并按公式计算尿样中维生素 B_2 含量。

$$C=\frac{C_{VB_2}\times V\times 1000}{V_{尿}\times 1000} \tag{3-9}$$

式中：C——尿样中维生素 B_2 含量，mg/L；

C_{VB_2}——在标准曲线上查到的测定用样品中维生素 B_2 的浓度，μg/ml；

V——测定用样品体积，ml；

$V_{尿}$——尿样体积，ml。

【注意事项】

1. 操作应在避光条件下进行。样品进入光路后，要立即测定其荧光强度。否则维生素 B_2 见光分解，测定结果将变小。

2. 测定前应用洗脱液通过硅镁吸附剂柱，检查流出液是否有荧光物质。若有，则用丙酮洗硅镁吸附剂，然后烘干待用。

3. 装柱时要与水混装，以免柱内形成气泡和空隙。

【思考题】

1. 是否能用荧光计代替荧光分光光度计测定荧光光谱和激发光谱？为什么？

2. 为什么维生素 B_2 的测定要在避光条件下进行？

3. 荧光强度的测定为什么要在最大激发光波长和最大发射光波长条件下进行？

实验三　分子荧光分析法测定水溶液中镉离子

【实验目的】

1. 掌握分子荧光分析法测定镉离子含量的原理及方法。

2. 熟悉标准加入法的操作方法。

3. 了解分子荧光光度计的测定原理及结构。

【实验原理】

镉离子（Cd^{2+}）本身不具有荧光特性，但在 pH = 6.8 ~ 9.0 溶液中 Cd^{2+} 与高铁试剂（7-碘-8-羟基喹啉-5-磺酸）能生成具有荧光特性的配位化合物（图 3-2）。在紫外光照射下能发射出黄绿色的荧光，最大激发光波长为 374nm，最大发射光波长为 524nm。在一定的条件下（吸光度 abc≤0.05），配位化合物相对荧光强度与配位化合物浓度关系符合 Lambert-Beer 定律，据此可根据相对荧光强度确定配位化合物的浓度，从而间接确定溶液中 Cd^{2+} 的浓度。由于反应有 H^+ 参与，所以 pH 偏小时荧光产物会分解。另一方面，Cd^{2+} 属两性元素，亦可生成氢氧化镉沉淀，故碱性环境亦会降低荧光产物浓度。

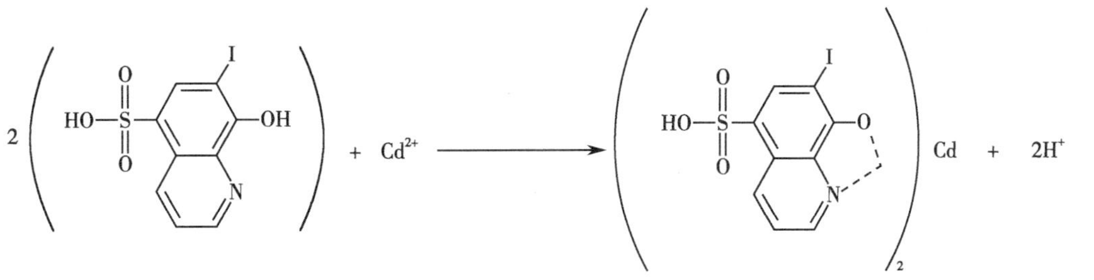

图 3-2　Cd^{2+} 与高铁试剂配合物的反应式

【仪器与试剂】

1. 仪器与器皿　荧光分光光度计；试管；微量吸液器；吸液管。

2. 试剂

（1）镉标准贮备液（1.0mg/ml）：称取0.5000g高纯金属镉粉，用少量硝酸溶解，在水浴中蒸干后加入5ml（1mol/L）的盐酸再蒸干，加入纯水溶解。再用氢氧化钠中和至弱酸性（pH = 3 ~ 5）最后定容至500ml。

（2）弱酸储备液（0.4mol/L）：97%液体磷酸4.56g；硼酸2.47g；99%冰醋酸2.40g或36%液体醋酸6.67g，用纯水溶解定容至100ml。

（3）氢氧化钠溶液（0.5mol/L）：称取固体氢氧化钠1.0g，加水溶解至50ml。

（4）镉标准工作液（20μg/ml）：取1.0mg/ml镉标准储备液2ml定容至100ml。

（5）弱酸稀释液（0.004mol/L）：取0.4mol/L弱酸储备液5ml定容至500ml。

（6）氢氧化钠稀释液（0.02mol/L）：取0.5mol/L氢氧化钠溶液20ml定容至500ml，或称氢氧化钠固体0.4g溶解定容至500ml。

（7）中性缓冲液（pH = 7）：称取氢氧化钠溶液20.8ml（或氢氧化钠固体0.416g），弱酸储备液10ml，加水定容至150ml。

（8）高铁试剂（0.2%）：称高铁试剂0.5g，加水溶解。用氢氧化钠调节pH约为7，定容至250ml。

【实验步骤】

1. 反应条件试验（pH条件试验）　取8支10ml试管，根据表3-3中所列数据分别加入Cd^{2+}标准工作液、蒸馏水、弱酸稀释液、氢氧化钠稀释液、高铁试剂。将荧光分光光度计调节至激发光波长374nm，发射光波长524nm。在此条件下以水为空白，分别测定所配制的8种测试液的荧光强度。以pH为横坐标，荧光强度为纵坐标绘制曲线，从曲线上选取荧光强度最大、最稳定的pH区域作为测试溶液的最适合pH条件。

表3-3　pH条件试验测试液配制

管号	1	2	3	4	5	6	7	8
Cd^{2+}标准工作液（ml）	0.5	0.5	0.5	0.5	0.5	0.5	0.5	0.5
蒸馏水（ml）	2.0	2.0	2.0	2.0	2.0	2.0	2.0	2.0
弱酸稀释液（ml）	0.8	1.0	1.2	1.4	1.6	1.7	1.8	1.9
氢氧化钠稀释液（ml）	1.6	1.4	1.2	1.0	0.8	0.7	0.6	0.5
高铁试剂（ml）	0.1	0.1	0.1	0.1	0.1	0.1	0.1	0.1

2. 镉样品测试（标准加入法定量）　取6支10ml试管，按表3-4所述配制样品，将荧光分光光度计调节至激发光波长374nm，发射光波长524nm。在此条件下以0号管为空白，分别测定1 ~ 5号管试液的荧光强度。以Cd^{2+}标准工作液的浓度为横坐标，荧光强度为纵坐标绘制标准曲线，求出回归方程$F = KC + B$，当F值为零时，浓度C的绝对值即为样品溶液中Cd^{2+}的浓度。

表 3-4　样品溶液配制

管号	0	1	2	3	4	5
Cd^{2+}标准工作液（ml）	0.0	0.0	0.1	0.2	0.3	0.4
样品液（ml）	0.0	0.1	0.1	0.1	0.1	0.1
蒸馏水（ml）	4.7	4.6	4.5	4.4	4.3	4.2
中性缓冲液（ml）	0.2	0.2	0.2	0.2	0.2	0.2
高铁试剂（ml）	0.1	0.1	0.1	0.1	0.1	0.1

【注意事项】

样品溶液配制时要注意严格按照顺序加入各种试剂。

【思考题】

1. 样品测定中为什么 pH 会影响荧光强度？
2. 若用分光光度法测定荧光物质，其灵敏度会低于分子荧光分析法，为什么？
3. 配制试样时为什么要最后加入高铁试剂？

实验四　分子荧光分析法测定阿司匹林中乙酰水杨酸和水杨酸

【实验目的】

1. 掌握分子荧光分析法进行多组分含量分析的原理及方法。
2. 熟悉分子荧光光度计的使用。
3. 了解乙酰水杨酸和水杨酸激发光谱和荧光光谱的区别。

【实验原理】

阿司匹林是一种解热镇痛药，其主要成分为乙酰水杨酸（ASA），是由水杨酸、乙酸酐为原料合成的。乙酰水杨酸水解生成水杨酸（SA），所以在阿司匹林中，或多或少存在一些水杨酸。由于两者都有苯环，且共轭程度较强，具有一定的荧光效率，因而在以三氯甲烷为溶剂的条件下可用荧光分析法测定。从乙酰水杨酸和水杨酸的激发光谱图和荧光光谱图中可以发现：乙酰水杨酸和水杨酸的激发光波长和发射光波长均不同，因此可在乙酰水杨酸和水杨酸各自的激发光波长和发射光波长下分别测定。加入少许醋酸可以增加两者的荧光强度（图 3-3，图 3-4）。

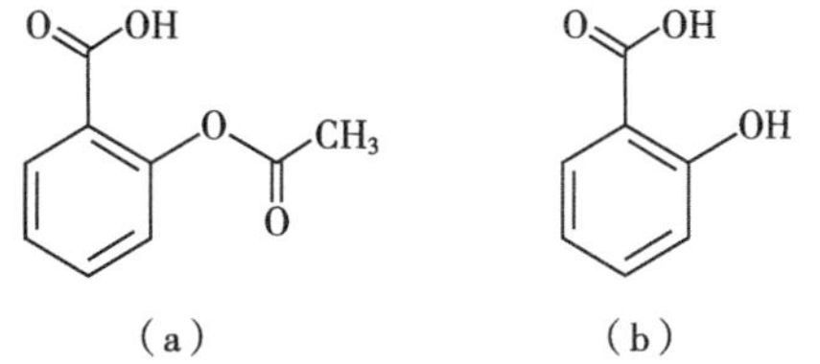

(a)　　(b)

图 3-3　乙酰水杨酸（a）和水杨酸（b）的分子结构

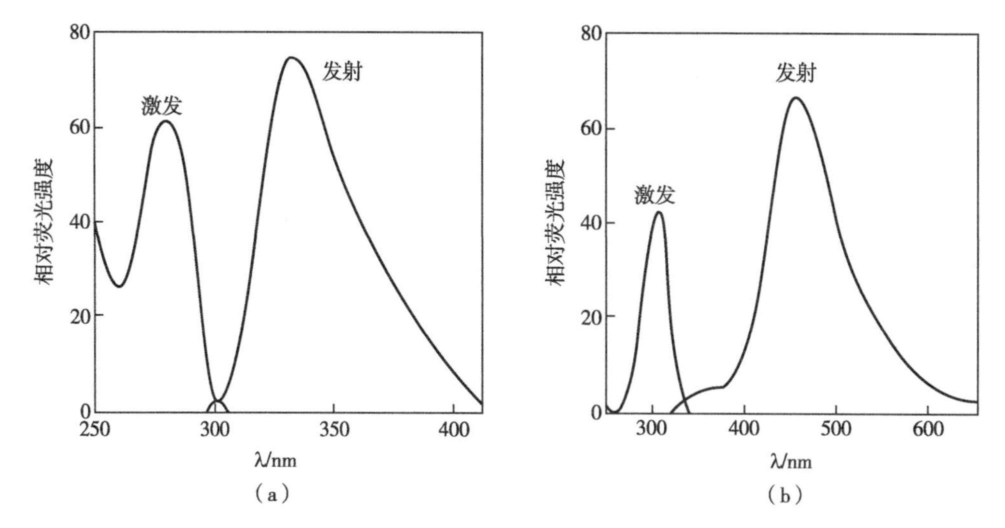

图3-4　1% 醋酸—氯仿中乙酰水杨酸（a）和水杨酸（b）的激发光谱和荧光光谱

【仪器与试剂】

1. 仪器与器皿　分子荧光光度计；石英比色皿；容量瓶；吸量管。

2. 试剂

（1）乙酰水杨酸贮备液（0.4mg/ml）：称取 0.4000g 乙酰水杨酸溶于 1% 醋酸-三氯甲烷溶液中，用 1% 醋酸-三氯甲烷溶液定容至 1000ml。

（2）水杨酸贮备液（0.75mg/ml）：称取 0.750g 水杨酸溶于 1% 醋酸-三氯甲烷溶液中，使用 1% 醋酸-三氯甲烷溶液定容至 1000ml。

（3）乙酰水杨酸标准应用液（4.00μg/ml）：取乙酰水杨酸储备液 1.0ml，转移至 100ml 容量瓶，用 1% 醋酸-三氯甲烷溶液定容。

（4）水杨酸标准应用液（7.50μg/ml）：取水杨酸储备液 1.0ml，转移至 100ml 容量瓶，用 1% 醋酸-三氯甲烷溶液定容。

（5）醋酸：分析纯。

（6）三氯甲烷：分析纯。

（7）阿司匹林药片。

【实验步骤】

1. 绘制乙酰水杨酸和水杨酸的激发光谱和荧光光谱　使用乙酰水杨酸和水杨酸标准应用液分别扫描乙酰水杨酸和水杨酸的激发光谱和荧光光谱曲线，并分别找到它们的最大激发波长和最大发射波长。

2. 制作标准曲线

（1）乙酰水杨酸标准曲线：在 5 个 50ml 容量瓶中，用吸量管分别加入 4.00μg/ml 乙酰水杨酸标准应用液 2.0、4.0、6.0、8.0、10.0ml，用 1% 醋酸-三氯甲烷溶液稀释至刻度，摇匀。在最大激发光波长和最大发射光波长条件下，分别测量它们的荧光强度。

（2）水杨酸标准曲线：在 5 个 50ml 容量瓶中，用吸量管分别加入 7.50μg/ml 水杨酸标准应用液 2.0、4.0、6.0、8.0、10.0ml，用 1% 醋酸-三氯甲烷溶液稀释至刻度，摇匀。在最大激发光波长和最大发射光波长条件下，分别测量它们的荧光强度。

3. 阿司匹林药片中乙酰水杨酸和水杨酸的测定　取 5 片阿司匹林药片，精确称量其质

量，磨成粉末，精确称取400.00mg，用1%醋酸-三氯甲烷溶液溶解，全部转移至100ml容量瓶中，用1%醋酸-三氯甲烷溶液稀释至刻度。迅速通过定量滤纸过滤，在与标准溶液同样条件下测量该滤液中水杨酸的荧光强度。

将上述滤液1ml加入到1000ml容量瓶中，用1%醋酸-三氯甲烷溶液稀释至刻度。在与标准溶液同样条件下测量该滤液中乙酰水杨酸的荧光强度。

4. 数据处理

（1）从绘制的乙酰水杨酸和水杨酸激发光谱和荧光光谱图上，确定它们的最大激发光波长和最大发射光波长。

（2）分别绘制乙酰水杨酸和水杨酸的标准曲线，并从标准曲线上确定试样溶液中乙酰水杨酸和水杨酸的浓度，并按公式（3-10）、（3-11）分别计算每克阿司匹林药片中乙酰水杨酸和水杨酸的含量。

$$水杨酸含量(mg/g):\frac{1}{0.4}\times\frac{C_{SA}}{1000}\times 100 \tag{3-10}$$

$$乙酰水杨酸含量(mg/g):\frac{1}{0.4}\times 1000\times\frac{C_{ASA}}{1000}\times 100 \tag{3-11}$$

式中：C_{SA}——标准曲线上查到的水杨酸的浓度，单位μg/ml；

C_{ASA}——标准曲线上查到的乙酰水杨酸的浓度，单位μg/ml。

【注意事项】

阿司匹林药片溶解后，1小时内要完成测定，否则乙酰水杨酸的量将降低。

【思考题】

1. 从乙酰水杨酸和水杨酸的激发光谱和发射光谱曲线考虑，解释本实验可在同一溶液中分别测定两种组分的原因。

2. 标准曲线是直线吗？若不是，从何处开始弯曲？并解释其原因。

实验五　奎宁的荧光特性和含量测定

【实验目的】

1. 掌握分子荧光法测定奎宁含量的原理及方法。

2. 熟悉分子荧光光度计的结构及操作方法。

3. 了解卤化物对奎宁荧光的影响。

【实验原理】

奎宁，俗称金鸡纳霜，是喹啉类抗疟药，在稀酸溶液中具有很强的荧光特性，它的两个激发光波长分别为250nm和350nm，荧光发射最大强度在450nm（图3-5）。当奎宁溶液的浓度较低（吸光度abc≤0.05），并且其他条件恒定时，荧光强度F与奎宁浓度C成正比，即$F=KC$。

【仪器与试剂】

1. 仪器与器皿　分子荧光光度计；石英比色皿；分析天平；烧杯；容量瓶；刻度吸量管。

2. 试剂

（1）奎宁标准贮备液（100.0μg/ml）：准确称取120.7mg硫酸奎宁二水合物，用50ml硫酸溶液（1mol/L）溶解，然后用去离子水定容至1000ml。

（2）奎宁标准应用液（10.00μg/ml）：取奎宁标准贮备液10ml于100ml容量瓶中，用0.05mol/L硫酸水溶液稀释至刻度，摇匀。

（3）溴化钠溶液（0.05mol/L）：准确称取5.1445g溴化钠，用少量水溶解，然后用去离子水定容至1000ml。

（4）硫酸溶液（0.05mol/L）：将1000ml容量瓶中加入适量的二次蒸馏水，再加入浓硫酸（分析纯）2.7ml，用二次蒸馏水稀释至刻度，混合均匀。

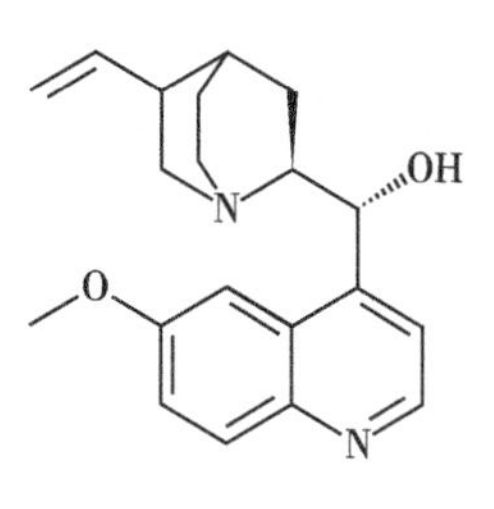

图3-5　奎宁分子结构

【实验步骤】

1. 样品溶液中奎宁含量的测定

（1）标准曲线的绘制：取6个50ml容量瓶，分别加入10.00μg/ml奎宁标准应用液0、2.00、4.00、6.00、8.00、10.00ml，用0.05mol/L硫酸溶液稀释至刻度，摇匀。

最佳测量波长的选择：取标准系列中任一非零浓度的溶液，固定荧光波长450nm，在200～400nm的波长范围内，测定不同激发光波长下的荧光强度，以激发光的波长为横坐标，荧光强度为纵坐标，绘制激发光谱。固定激发光波长250nm或350nm，在400～600nm的波长范围内，测定不同荧光波长下的荧光强度，以荧光的波长为横坐标，荧光强度为纵坐标，绘制荧光光谱。

固定激发光波长250nm或350nm，在发射光波长450nm的条件下，分别测定不同浓度标准系列溶液的荧光强度，以配制的标准系列中奎宁的浓度C为横坐标，荧光强度为纵坐标，绘制标准曲线。

（2）测定样品：取奎宁片4～5片，准确称量，在研钵中研成粉末，准确称取0.1000g，用0.05mol/L硫酸溶液溶解，转移至1000ml容量瓶中，用0.05mol/L硫酸溶液稀释至刻度，摇匀。取此溶液5.00ml加入到50ml容量瓶中，用0.05mol/L硫酸溶液稀释至刻度，摇匀。在标准系列溶液荧光测定条件下测定样品溶液的荧光强度。

2. 卤化物淬灭奎宁荧光试验　取5个50ml容量瓶，分别加入10.00μg/ml奎宁标准应用液4.00ml，再分别加入0.05mol/L溴化钠溶液1、2、4、8、16ml，用0.05mol/L硫酸溶液稀释至刻度，摇匀。在标准系列溶液荧光测定条件下测定5个溶液的荧光强度。

3. 结果处理　按照公式（3-12）计算奎宁药片中奎宁的含量（mg/g）：

$$C=\frac{1}{0.1}\times\frac{C_x}{1000}\times10\times1000 \tag{3-12}$$

式中：C——奎宁药片中奎宁的含量，mg/g；

C_x——标准曲线上查到的测定用样品中奎宁的浓度，μg/ml。

【注意事项】

奎宁溶液必须现用现配，避光保存。

【思考题】

1. 影响奎宁荧光强度的因素有哪些？

2. 是否可以用0.05mol/L的盐酸溶液代替0.05mol/L硫酸溶液？为什么？

（巩宏伟）

第四章　原子吸收分光光度法

第一节　基础知识

一、仪器结构与原理

原子吸收分光光度计是根据物质基态原子蒸汽对特征辐射吸收的作用来进行金属元素分析的一类分析仪器。它能够灵敏可靠的测定微量或痕量元素，广泛应用于医药卫生、食品、工农业等部门。

原子吸收分光光度计型号繁多，自动化程度也各不相同，有单光束型和双光束型两大类。仪器一般由四大部分组成，即光源（单色锐线光源）、试样原子化器、单色仪和数据处理系统（包括光电转换器及相应的检测装置）。光源目前应用广泛的是空心阴极灯；原子化器主要有两大类，即火焰原子化器和石墨炉原子化器，火焰有多种，目前普遍应用的是空气-乙炔火焰，原子化的温度在2100～2400℃之间，石墨炉原子化器原子化的温度在2900～3000℃之间。元素在原子化器中被加热原子化，成为基态原子蒸汽，对空心阴极灯发射的特征辐射进行选择性吸收。定量分析的依据是Lambert-Beer定律，即在一定浓度范围内，其吸收强度与试液中被测元素的含量成正比。定量方法主要有：标准曲线法和标准加入法。

二、仪器使用注意事项

1. 气体使用注意事项

（1）乙炔：要尽量纯，一般要求达到98%以上，以点火前后减压阀数据无变化为好。乙炔瓶内压力低于0.5MPa就要更换，否则乙炔内溶解物会流出并进入管道，造成仪器内乙炔气路堵塞，不能点火。

（2）空气：要用经过除油除水后的空气，空压机产气量要达到24L/min以上，要注意空压机排水及油水分离器的排油排水，空压机的减压阀出口压力为0.35MPa。注意观察空压机润滑油的液面高度在两红线之间，太低要更换空压机油。

（3）氩气：纯度要求99%以上，流量1.2～1.5L/min，主要是为了保护石墨管和元素不被氧化。

（4）点火前要先开空气后开乙炔气，熄火时要先关乙炔气后关空气，防止回火事故的发生。

2. 火焰原子化器使用注意事项

（1）燃烧头：保持燃烧头清洁，燃烧头狭缝上不应有任何沉积物，因这些沉积物可能引起燃烧头堵塞，使雾化室内压力增大，使液封盒中的液体被压出，或残渣从燃烧狭缝中落入雾化室将燃气引燃。可用水或中性溶剂进行清洗，不可用硬物将结碳从燃烧的火焰中刮去。

（2）雾化室：确保雾化室及液封盒干净，如溶液较脏（如有机溶液）一定要经常清洗雾化室及液封盒。拆下雾化器和雾化室，检查雾化器状态，可用清洗剂和去离子水清洗，保证无沉积颗粒物，不堵塞。每次用完后，保持火焰点燃，用去离子水清洗10分钟；如果是高盐样品或高浓度样品，建议分别用0.5%的清洗剂和去离子水喷洗。

（3）废液管：如要做有机溶剂溶解的样品，且雾化室下的废液管是透明的，请更换有机溶剂专用废液管，否则，原废液管会破裂，导致有机溶剂漏到仪器内部，发生危险；如废液管是较硬的白色塑料管，就不需要更换了。

（4）样品处理：处理样品后要无颗粒物质，否则很容易把雾化器进样毛细管堵塞。如有颗粒，要过滤样品。毛细管堵塞后，样品灵敏度会下降很大，一般此时要取下雾化器，用专用的钢丝（仪器自带）疏通，疏通时注意不要把撞击球捅掉，尽量不要拔出雾化器的毛细管部分。

3. 石墨炉原子化器使用注意事项

（1）电源：使用石墨炉时，石墨炉电源要与主机电源不相同，要求220V 30A以上的供电，最好不要用插座，要使用30A以上的开关，并把接线头压紧，防止接触不良。如果石墨炉与主机同相，石墨炉加高温时，瞬间电流很大，如果供电容量不足，会造成电压下降，主机供电不足，数据不稳。甚至损坏主机。

（2）冷却水：冷却水的压力为0.1MPa，流量大于1L/min。

（3）样品浓度：石墨炉是用于分析ng/ml级浓度的样品，因此，不能盲目进样，浓度太高会造成石墨管被污染，可能多次高温清烧也烧不干净，造成石墨管报废。

第二节　实验内容

实验一　原子吸收分光光度计主要性能检定

【实验目的】

1. 掌握原子吸收分光光度计主要性能的检定方法。
2. 熟悉原子吸收分光光度计的主要性能和技术指标。
3. 了解原子吸收分光光度计的基本结构。

【实验原理】

原子吸收分光光度计是根据被测元素的基态原子对特征辐射的吸收程度进行定量分析的仪器。其测量原理基于Lambert-Beer光吸收定律。仪器的主要结构为：空心阴极灯、原子化器、单色器、检测系统。按光束形式可将仪器分为单光束型及双光束型；按原子化器类型可分为火焰原子化器及石墨炉原子化器等。

为了确保分析的灵敏度和准确度，要对仪器进行定期检定，检定周期一般为两年。根据中华人民共和国国家计量检定规程（JJG 694—2009）原子吸收分光光度计的检定规程，检定的计量性能要求见表4-1。

表 4-1　仪器计量性能要求

项目	计量性能	
	火焰原子化器	**石墨炉原子化器**
波长示值误差与重复性	波长示值误差不超过 ±0.5nm 波长重复性不大于 0.3nm	同左
光谱带宽偏差	不超过 ±0.02nm	同左
基线稳定性	零点漂移吸光度不超过 ±0.008/15min，瞬时噪声吸光度≤0.006	—
边缘能量	谱线背景值/谱线峰值应不大于 2%，瞬时噪声吸光度应不大于 0.03	同左
检出限	≤0.02μg/ml	≤4pg
测量重复性	≤1.5%	≤5%
线性误差	≤10%	≤15%
表观雾化率	不小于 8%	—
背景校正能力	≥30 倍	同左

仪器的控制包括首次检定、后续检定和使用中检定。各控制阶段检定项目不同，如使用中检定，需检定的项目有：基线稳定性、检出限、测量重复性和线性误差。

【仪器与试剂】

1. 检定用仪器及配套设备　原子吸收分光光度计、Cu 和 Cd 空心阴极灯

2. 试剂

（1）2% HNO_3 溶液。

（2）Cu 标准溶液：0.50、1.00、3.00、5.00μg/ml。

（3）Cd 标准溶液：0.50、1.00、3.00、5.00ng/ml。

【实验步骤】

1. 基线稳定性　在 0.2nm 光谱带宽条件下，按测 Cu 的最佳火焰条件，点燃乙炔-空气火焰，吸喷去离子水或超纯水，10 分钟后，用"瞬时"测量方式，或时间常数不大于 0.5 秒，波长 324.7nm，记录 15 分钟内零点漂移（以起始点为基准计算）和瞬时噪声（峰-峰值）。

2. 火焰原子化法检定项目

（1）检出限：将仪器各参数调至正常工作状态，用空白溶液调零，根据仪器灵敏度条件，选择系列 1：0、0.50、1.00、3.00μg/ml 或系列 2：0、1.00、3.00、5.00μg/ml Cu 标准溶液，对每一浓度点分别进行吸光度重复测定，取 3 次测定的平均值后，按线性回归法求出工作曲线的斜率 b，即为仪器测定 Cu 的灵敏度。对空白溶液进行 11 次吸光度测量，求出标准偏差 S_A，按下式计算检出限 C_L。

$$C_L = 3S_A/b \tag{4-1}$$

（2）重复性：正常火焰原子化法测 Cu 时，选择标准溶液中的某一浓度溶液，使吸光度在 0.1～0.3 范围内，进行 7 次测定，求出其相对标准偏差（RSD），即为仪器测 Cu 的重复性。

（3）线性误差：根据线性回归曲线，计算标准测量中间点（系列 1 计算 1.00μg/ml，系列 2 计算 3.00μg/ml）的线性误差 Δx。

$$\Delta x = \frac{C_i - C_{si}}{C_{si}} \times 100\% \qquad (4\text{-}2)$$

式中：C_i——第 i 点按照线性议程计算出的测得浓度值，μg/ml；

C_{si}——第 i 点标准溶液的标准浓度，μg/ml。

3. 石墨炉原子化法检定项目

（1）检出限：将仪器各参数调至正常工作状态，根据仪器灵敏度条件，选择系列 1：0、0.50、1.00、3.00ng/ml 或系列 2：0、1.00、3.00、5.00ng/ml Cd 标准溶液，对每一浓度点分别进行 3 次吸光度重复测定，取 3 次测定的平均值后，按线性回归法求出工作曲线的斜率 b，按下式计算仪器的灵敏度 S。

$$S = b/V \qquad (4\text{-}3)$$

式中：V——进样体积。

对空白溶液进行 11 次吸光度测量，求出标准偏差 S_A，计算检出限 C_L。

$$C_L = 3S_A/S \qquad (4\text{-}4)$$

（2）重复性：正常石墨炉原子化法测 Cd 时，选择标准溶液中的某一浓度溶液，使吸光度在 0.1～0.3 范围内，进行 7 次测定，求出其相对标准偏差（RSD），即为仪器测 Cd 的重复性。

（3）线性误差：根据线性回归曲线，计算标准测量中间点（系列 1 计算 1.00μg/ml，系列 2 计算 3.00μg/ml）的线性误差 Δx。

【数据处理】

1. 火焰原子吸收法测 Cu 的检出限、重复性和线性误差。

仪器条件：光谱带宽_nm　　灯电流 mA

燃烧器高度 mm　　燃助比

C_{si}（μg/ml）	吸光度（A）	平均吸光度（$\bar{A}$）	S_A	回归出的浓度值（C_i）	线性误差/%
空白溶液（11 次）					
0.50					
1.00					
3.00（7 次）					
5.00					
回归方程：					
检出限 C_L（k=3）/（μg/ml）			重复性 RSD/%		

2. 石墨炉原子化法测 Cd 的检出限、重复性和线性误差。

仪器条件：光谱带宽 nm　　灯电流 mA

测量方式进样体积 μl

干燥温度℃　干燥时间 s

灰化温度℃　灰化时间 s

原子化温度℃　原子化时间 s

C_{si} (ng/ml)	吸光度 (A)	平均吸光度 ($\bar{A}$)	S_A	回归出的浓度值 (C_i)	线性误差/%
空白溶液（11 次）					
0.50					
1.00					
3.00（7 次）					
5.00					

截距 a		灵敏度 S/(/pg)	
检出限 C_L(k=3)/pg		重复性 RSD/%	

【注意事项】

仪器操作中如遇以下情况，需紧急处理。

（1）停电：须迅速关闭燃气，然后再将各部分控制机构恢复至操作前的状态。

（2）漏气：操作时如有乙炔或石油的气味时，可能管道或接头漏气，应立即关闭燃气。首先将室内通风，避免明火，待检查密封后，才可继续工作。

【思考题】

1. 检查原子吸收分光光度计的上述性能，有何实际意义？

2. 测定检出限、重复性和线性误差时，为什么要强调“将仪器各参数调至正常工作状态”？

实验二　原子吸收分光光度法最佳实验条件的选择

【实验目的】

1. 掌握原子吸收分光光度法最佳实验条件的选择。

2. 熟悉原子吸收分光光度法实验条件对测定的灵敏度、准确度和干扰情况的影响。

3. 了解原子吸收分光光度计的操作方法。

【实验原理】

在原子吸收分析中，测定条件的选择对测定的灵敏度、准确度和干扰情况均有很大的影响。通常选择共振线作分析线，使测定有较高的灵敏度。但为了消除干扰，可选择灵敏度较低的谱线。例如，测定 Pb 时，为了避开短波区分子吸收的影响，不用 217.0nm 的共振线，而常选用 283.3nm 的次灵敏线。

使用空心阴极灯时，灯电流的大小直接影响灯放电的稳定性和锐线光的输出强度。灯电流小，使能辐射的锐线光谱线窄，测量灵敏度高，但灯电流太小时使透过光太弱，需提高光电倍增管灵敏度的增益，此时会增加噪音、降低信噪比；若灯电流过大，会使辐射的光谱产生热变宽和碰撞变宽，灯内自吸收增大，使辐射锐线光的强度下降，背景增大，灵敏度下降，且缩短灯的使用寿命。在保证稳定和适当光强输出情况下，尽可能选用较低的灯电流。空心阴极灯上都标有最大使用电流（额定电流，为 5 ~ 10mA），对大多数元素，日常分析的工作电流应保持额定电流的 40% ~60% 较为合适。

当火焰的种类确定后，燃气和助燃气流量的改变直接影响火焰的性质、吸收灵敏度及干扰的消除等问题。燃助比小于 1∶6 的贫燃焰，燃烧充分，温度较高，还原性差，适合测定不易氧化的元素。燃助比大于 1∶3 的富燃焰，温度较前者低，噪声较大，火焰呈强还原性，适合测定易形成难熔氧化物的元素。燃助比为 1∶4 的中性焰，温度最高，火焰稳定，背景低，噪声小，是多数元素分析常用的火焰。实验分析中应根据元素性质选择适宜的火焰种类及其燃烧状态。

燃烧器的高度及与光轴的角度对测定的灵敏度和稳定性有很大的影响。为保证测定的灵敏度高，应使光源发出的锐线光通过火焰中基态原子密度最大的“中间薄层区”。这个区的火焰比较稳定，干扰也少，约位于燃烧器狭缝口上方 6 ~ 8mm 附近（中性火焰）。此外燃烧器也可以转动，当其缝口与光轴一致时（0 度角）为最高灵敏度。

狭缝宽度影响光谱通带宽度与检测器接受的能量。不引起吸光度减少的最大狭缝宽度，即为应选取的适合狭缝宽度。对于谱线简单的元素，如碱金属、碱土金属可采用较宽的狭缝以减少灯电流和光电倍增管高压来提高信噪比，增加稳定性。对谱线复杂的元素如铁、钴、镍等，需选择较小的狭缝，防止非吸收线进入检测器，来提高灵敏度，改善标准曲线的线性关系。

【仪器与试剂】

1. 火焰原子吸收分光光度计、Mg 空心阴极灯。

2. 试剂　Mg 标准溶液（0.300μg/ml）：将 1.000mg/ml 的 Mg 储备液用去离子水稀释为 0.300μg/ml 的 Mg 标准溶液。

【实验步骤】

1. 仪器的调节　按照火焰原子吸收分光光度计的操作步骤开启仪器，设置分析波长 285.2nm，调整空心阴极灯高低、前后、左右位置，对好光路，点火。

2. 先吸入去离子水（空白溶液），调仪器零点。再吸入 Mg 标准溶液。

3. 最佳实验条件选择

（1）分析线：根据对试样分析灵敏度的要求、干扰的情况，选择合适的分析线。试样浓度较高时，选择次灵敏线，并选择没有干扰的谱线。

（2）空心阴极灯的工作电流：在初步固定的测量条件下，先调灯电流为某一值（如 10mA），喷入 Mg 标准溶液并读取吸光度数值，然后在一定范围内依次改变灯电流，每次改变 1mA，对所配制的 Mg 标准溶液进行测定，每个条件测定 3 次，计算平均值，并绘制吸光度-灯电流的关系曲线，选取灵敏度高、稳定性好的灯电流作为工作电流。

（3）燃助比：在上述选定的条件下，固定助燃气的流量，依次改变燃气（乙炔）流量，对所配制的 Mg 标准溶液进行测定，每个条件测定 3 次，计算平均值，并绘制吸光度-燃气流量变化的影响曲线，从曲线上选定最佳燃助比。

（4）燃烧器高度：用以上选定的条件，先将燃烧器高度调节为 7mm，喷入 Mg 标准溶液并读取吸光度数值，然后在 5 ~ 10mm 范围内依次改变燃烧器高度，每次改变 1mm，对所配制的 Mg 标准溶液进行测定，每个条件测定 3 次，计算平均值，并绘制吸光度-燃烧器高度的影响曲线，选取最佳高度作为工作条件。

（5）光谱通带：用以上选定的条件，分别对应不同的狭缝宽度，对所配制的Mg标准溶液进行测定，每个条件测定3次，计算平均值，并绘制吸光度-狭缝宽度的关系曲线。以不引起吸光度值减小的最大狭缝宽度为合适的狭缝宽度。

【数据处理】

1. 绘制吸光度-灯电流曲线，找出最佳灯电流。

2. 绘制吸光度-燃气流量曲线，找出最佳燃助比。

3. 绘制吸光度-燃烧器高度曲线，找出燃烧器最佳高度。

【注意事项】

1. 在进行最佳测定条件的选择实验时，每改变一个条件都必须重复调零等步骤，在进行狭缝宽度和灯电流选择时还必须重复光能量调节步骤。

2. 乙炔为易燃、易爆气体，必须严格按照操作步骤进行。在点燃乙炔火焰之前，应先开空气，然后开乙炔气；结束或暂停实验时，应先关乙炔气，再关空气。必须切记以保障安全。

3. 乙炔气钢瓶为左旋开启，开瓶时，出口处不准有人，要慢开启，不能过猛，否则冲击气流会使温度过高，易引起燃烧或爆炸。开瓶时，阀门不要充分打开，要求旋开不应超过1.5转，避免乙炔逸出。

4. 实验时要打开通风设备，使金属蒸气及时排出室外。

【思考题】

1. 如何选择最佳实验条件？实验时，若条件发生变化，对结果有什么影响？

2. 在原子吸收分光光度计中，为什么单色器位于原子化器之后，而紫外-可见分光光度计单色器位于样品池之前？

实验三　原子吸收分光光度法测定的干扰及其消除

【实验目的】

1. 掌握原子吸收分光光度法化学干扰及其消除。

2. 掌握原子吸收分光光度法电离干扰及其消除。

【实验原理】

由于参与吸收的基态原子数受温度影响较小，原子吸收光谱法的干扰较少。尽管如此，在实际工作中，为了得到正确的分析结果，了解干扰的来源和消除方法仍然是非常重要的。

化学干扰是指试样溶液转化为自由基态原子的过程中，待测元素和其他组分之间化学作用而引起的干扰效应。它主要影响待测元素化合物的熔融、蒸发和解离过程，即影响待测元素的原子化效率，从而影响待测元素化合物的解离及其原子化。化学干扰是一种选择性干扰，它不仅取决于待测元素与共存元素的性质，还和火焰类型、火焰温度、火焰状态、观察部位等因素有关。化学干扰是火焰原子吸收分析中干扰的主要来源。消除化学干扰的方法有：化学分离；使用高温火焰；加入释放剂和保护剂；使用基体改进剂等。

电离干扰是指某些易电离的元素在火焰中电离，而使参与原子吸收的基态原子数减少，导致吸光度下降，进而使工作曲线随浓度的增加向纵轴弯曲而引起的干扰效应。元素在火焰中的电离度与火焰温度和该元素的电离电位有密切的关系。火焰温度越高，元素的电离电位越低，则电离度越大。所以电离干扰主要发生于电离电位较低的碱金属和碱土金属。最常用的消除电离干扰的方法是加入消电离剂，即加入更易电离的碱金属元素。

【仪器与试剂】

1. 火焰原子吸收分光光度计、Mg 和 Ca 空心阴极灯。

2. 试剂

（1）Mg 标准应用液（5μg/ml）：移取 1.000mg/ml 的 Mg 储备液，用去离子水稀释。

（2）Ca 标准应用液（100μg/ml）：移取 1.000mg/ml 的 Ca 储备液，用去离子水稀释。

（3）Al 溶液（1.0mg/ml）：购自国家标准物质研究中心。

（4）K 溶液（12mg/ml）：溶解 2.3gKCl（A.R.）于去离子水中，稀释至 100ml，此溶液 K 含量为 12mg/ml。

（5）La 溶液（50mg/ml）：称取 $La(NO_3)_3 \cdot 6H_2O$（A.R.）15.6g，用纯水稀释至 100ml，此溶液 La^{3+} 含量为 50mg/ml。

【实验步骤】

1. Mg 标准系列的配制

（1）吸取 5μg/ml 的 Mg 标准应用液及 1.0mg/ml 的 Al 溶液，配制成 Mg 浓度为 0、0.10、0.20、0.30、0.40、0.50μg/ml，Al 浓度为 100μg/ml 的标准系列溶液。

（2）吸取 5μg/ml 的 Mg 标准应用液、1.0mg/ml 的 Al 溶液及 50mg/ml 的 La 溶液，配制成 Mg 浓度为 0、0.10、0.20、0.30、0.40、0.50μg/ml，Al 浓度为 100μg/ml，La 浓度为 1mg/ml 的标准系列溶液。

2. Ca 标准溶液的配制

（1）吸取 100μg/ml 的 Ca 标准应用液，配制成 Ca 浓度为 0、2.00、4.00、6.00、8.00、10.00μg/ml 的标准系列溶液。

（2）吸取 100μg/ml 的 Ca 标准应用液及 12mg/ml 的 K 溶液，配制成 Ca 浓度为 0、2.00、4.00、6.00、8.00、10.00μg/ml，K 浓度为 1200μg/ml 的标准系列溶液。

3. 化学干扰及其消除　Mg 分析线为 285.2nm，选择仪器最佳工作条件，分别测定 Mg 标准系列溶液的吸光度。

4. 电离干扰及其消除　Ca 分析线 422.7nm，选择仪器最佳工作条件，分别测定 Ca 标准系列溶液的吸光度。

5. Mg 的测定　取 10ml 自来水样于 100ml 容量瓶中，加入 50mg/ml 的 La 溶液 2ml，于上述仪器条件下测定吸光度。

6. Ca 的测定　取 10ml 自来水样于 100ml 容量瓶中，加入 12mg/ml 的 K 溶液 10ml，于上述仪器条件下测定吸光度。

【数据处理】

1. 绘制 Al^{3+} 干扰情况下，Mg 的标准曲线。

2. 绘制加入 La^{3+} 溶液后，消除 Al^{3+} 干扰情况下，Mg 的标准曲线。

3. 绘制 Ca 的标准曲线。

4. 绘制加入 K^{+} 溶液，消除电离干扰情况下，Ca 的标准曲线。

5. 分别根据上述标准曲线，求出自来水中 Ca、Mg 含量。并判断样品测定时干扰的消除情况。

【注意事项】

1. 全部测定均先喷去离子水，待仪器基线平稳后再喷试液。

2. 试样的吸光度应在标准曲线的中部，否则可改变取样的体积。

【思考题】

1. 试解释 Al 对 Mg 的干扰和加 La 消除干扰的机制。是否还有其他方法消除这种干扰？

2. 消除电离干扰除了加入钾盐外，还可加哪些金属盐？

3. 测定 Ca 时，要不要加入 La 溶液？为什么本次实验可以不加 La 溶液？

实验四　原子吸收分光光度法测定锌

【实验目的】

1. 掌握标准曲线法在实际样品分析中的应用。

2. 进一步熟悉原子吸收分光光度计的使用。

【实验原理】

待测元素的溶液经喷雾器雾化后，在燃烧器的高温下解离为基态原子。锐线光源空心阴极灯发射出待测元素特征波长的光辐射，并穿过原子化器中一定厚度的原子蒸汽，原子蒸汽中待测元素的基态原子对特征波长的光辐射产生吸收，减弱后的特征辐射被检测系统检测。根据 Lambert- Beer 定律，吸光度的大小与待测元素的原子浓度成正比关系，据此可求得待测元素的含量。

锌（Zn）是人体所必需的重要微量元素之一。成人体内含 Zn 为 2 ~ 3g，存在于所有组织中，3% ~5% 在白细胞中，其余在血浆中。血液中的 Zn 浓度全血约为 900μg/100ml，红细胞约为 1400μg/100ml，白细胞含 Zn 量约为红细胞的 25 倍，血浆和血清中的 Zn 浓度约为（100 ~ 140）μg/100ml（血清 Zn 稍高于血浆 Zn，高出（5 ~ 15）μg/100ml。头发含 Zn 量为（125 ~ 250）μg/g，其量可反映人体 Zn 的营养状况。有报道，上海和南京成年男性发 Zn 含量分别为（179 ± 38）μg/g 和（197 ± 43）μg/g，成年女性发 Zn 含量分别为（191 ± 47）μg/g 和（209 ± 62）μg/g。火焰原子吸收分光光度法是测定人发及血清中微量 Zn 的较好方法之一。样品在测定前需经消化处理。

【仪器与试剂】

1. 火焰原子吸收分光光度计、Zn 空心阴极灯。

2. 试剂

（1）Zn 标准贮备液（0. 5mg/ml）：精确称取 0. 5000g 金属锌（99. 99%）溶于 10ml 盐酸（1∶1）中，然后在水浴上蒸发至近干，用少量水溶解后移入 1000ml 容量瓶中，以水稀释至刻度。

（2）Zn 标准应用液（10μg/ml）：吸取 1. 0ml Zn 标准贮备液置于 50ml 容量瓶中以 0. 1mol/L 盐酸稀释至刻度。

（3）盐酸（0. 1mol/L）：取浓盐酸（12mol/L）8. 33ml，然后加水稀释成 1L。

所有实验用水均为去离子水。

【实验步骤】

1. 样品处理

（1）湿法消化处理：准确吸取血清 0. 5ml，置于三角烧瓶中，加入浓硝酸 10ml，高氯酸1ml，置电热板上加热消化，至冒白烟不碳化，溶液呈透明无色状为止，冷却后加入0.1mol/L盐酸2～3ml，继续加热沸腾，冷却后用去离子水定容至10ml，摇匀，待测。

（2）干法消化处理：取受检者枕部距头皮1cm～3cm的头发0.3g，放入50ml烧杯中，加入约30ml 50～60℃的5%中性洗涤剂溶液浸洗30分钟，并不断搅拌，然后用去离子水反复洗至无泡沫，滤干后置于烘箱中，105℃条件下干燥30分钟，取出后剪成3～5mm，备用。

称取发样约50mg于坩埚中，置于马弗炉中于540～560℃灰化5小时，至样品全部变成白色或灰白色残渣。取出放冷，加入0.1mol/L盐酸2ml溶解残渣，用去离子水定容至10ml，摇匀，待测。

2. 标准曲线的绘制　吸取10μg/ml Zn标准应用液，用0.1mol/L盐酸定容制成每毫升含Zn 0.0、0.20、0.40、0.60、0.80、1.00μg/ml的标准系列溶液，选择仪器最佳工作条件，直接喷雾测定其吸光度。

3. 样品的测定　将上述处理好的样品溶液在同样条件下，直接喷雾测定吸光度。

【数据处理】

1. 以浓度为横坐标，吸光度为纵坐标，绘制标准曲线。

2. 由标准曲线求出相对应的值，并计算出样品中Zn的含量（μg/g、μg/ml血清）。

【注意事项】

1. 所有玻璃器皿使用前均应经过无机化处理，即用20%硝酸浸泡24小时，然后用去离子水冲洗干净，除去玻璃表面吸附的金属离子。

2. 锌在环境中大量存在，极容易造成污染，影响实验的准确性，必须同时做试剂空白实验，给予扣除。

3. 头发清洗时间不能太长，以免将发内的锌洗出，造成测定结果偏低。

【思考题】

1. 如果测定的吸光度值不够理想，可以通过调整仪器的哪些测定条件加以改善？

2. 为什么稀释后的标准溶液只能放置较短的时间，而贮备液则可以在冰箱中（4℃）放置较长的时间？

实验五　原子吸收分光光度法测定铅

【实验目的】

1. 掌握石墨炉原子吸收法的基本原理。

2. 熟悉石墨炉原子化法实验条件选择的方法。

【实验原理】

石墨炉原子化器是应用最广泛的无火焰加热原子化器。其基本原理是利用大电流（常高达数百安培）通过高阻值的由石墨材料制成的石墨管，以产生高达2000～3000℃的高温，使置于石墨管中的少量试液或固体试样蒸发和原子化。由于样品全部参加原子化，并且避免了原子浓度在火焰气体中的稀释，基态原子在吸收区内的停留时间较长，所以分析灵敏度得到了显著的提高，灵敏度比火焰法高100～1000倍。试样用量仅5～100μl。缺点是干扰大，必须进行背景扣除，且操作比火焰法复杂。

在石墨炉原子化法中，合理选择干燥、灰化、原子化及除残温度与时间是十分重要

的。干燥应在稍低于溶剂沸点的温度下进行，以防止试剂飞溅。灰化的目的是除去基体和局外组分，在保证被测元素没有损失的前提下尽可能使用较高的灰化温度。原子化温度的选择原则是，选用达到最大吸收信号的最低温度作为原子化温度。原子化时间的选择，应以保证完全原子化为准。在原子化阶段停止通保护气，以延长自由原子在石墨炉中的停留时间。除残的目的是为了消除残留物产生的记忆效应，除残温度应高于原子化温度。

用石墨炉原子化法测定铅（Pb），灵敏度高，用样量少。样品经酸消解后，注入原子吸收分光光度计石墨炉中，电热原子化后吸收283.3nm共振线，在一定浓度范围，其吸收值与Pb含量成正比，与标准系列比较定量。

【仪器与试剂】

1. 原子吸收分光光度计、石墨炉原子化器，Pb空心阴极灯，微量注射器

2. 试剂

（1）Pb标准贮备液：1.0mg/ml。

（2）Pb标准应用液：使用时将Pb标准贮备液稀释成适当浓度的标准中间液，再由中间液稀释成适当浓度的标准应用液。

（3）3%硝酸溶液。

所有实验用水均为去离子水。

【实验步骤】

1. 样品处理

（1）白酒样品处理：吸取10ml酒样于烧杯中，在沸水浴上蒸干，然后加入3%硝酸溶液20ml，在水浴上加热20分钟，移入10ml容量瓶中定容。同时处理两份平行样品。

（2）血清样品处理：用微量移液器抽取血清100μl置于1.5ml的塑料离心管中，加入0.9ml的纯水，在涡旋混合器上充分振摇均匀。

2. 仪器实验条件的选择　按仪器操作方法启动仪器，并预热20分钟，开启冷却水和氩气开关。

实验条件如下：波长：283.3nm；干燥温度：120℃，干燥时间：25秒；灰化温度：450℃，灰化时间：30秒；原子化温度：1800℃，原子化时间：6秒；除残温度：2000℃，除残时间：5秒。进行背景校正，进样量10～20μl。

3. 标准曲线的绘制　吸取Pb标准应用液，用3%硝酸溶液定容，配制浓度为0.0、10.0、20.0、30.0、40.0、50.0、60.0ng/ml的标准系列溶液，选择上述仪器最佳工作条件，注入石墨炉，测定吸光度。

4. 样品的测定　将上述处理好的样品溶液在同样条件下，注入石墨炉，测定吸光度。

【数据处理】

1. 以浓度为横坐标，吸光度为纵坐标，绘制标准曲线。

2. 由标准曲线求出相对应的值，并计算出样品中Pb的含量（ng/100ml）。

【注意事项】

1. 在每个样品测定结束后，可在短时间内使石墨炉的温度上升至最高，空烧一次石墨管，燃尽残留样品，以实现高温净化。

2. 实验前应仔细了解仪器的构造及操作方法，以便实验能顺利进行。

3. 实验前应检查通风是否良好，确保实验中产生的废气排出室外。

4. 使用微量注射器时，要严格按教师指导进行，防止损坏。

【思考题】

1. 在实验中通氩气的作用是什么？为什么要用氩气？

2. 除标准曲线法外，还有什么定量方法？

（茅　力）

第五章　原子荧光分光光度法

第一节　基础知识

一、仪器结构与原理

原子荧光光谱仪分为色散型和非色散型两类。两类仪器的结构基本相似，差别在于非色散仪器不用单色器。根据波道数又可分为单道和多道原子荧光光谱仪两类。其基本组成均为激发光源、原子化器、分光系统、检测系统和数据记录与处理系统等五个部分。

原子荧光光谱法是通过测量待测元素的原子蒸气在辐射能激发下产生的原子荧光发射强度，进行元素定量分析的方法。各种元素都有其特定的原子荧光光谱，在一定实验条件下，荧光强度与试样中待测元素浓度成正比，此为原子荧光定量分析的基础。原子荧光光谱法与原子吸收分光光度法的分析方法十分相似，可根据荧光强度与待测元素浓度的校正曲线，求得试样的含量，定量方法有标准曲线法、标准加入法等。原子荧光光谱分析法具有仪器结构简单、灵敏度高、光谱干扰少、工作曲线线性范围宽、能多元素同时测定等优点。不足之处是适用于分析的元素范围有限，此外散射光对原子荧光分析影响较大。

二、仪器使用注意事项

1. 元素灯　使用时切勿超过最大灯的电流；预热必须是在测量状态下；更换元素灯，一定要在主机电源关闭的情况下，不能带电插拔；灯若长期搁置不使用，每隔 3 ~ 4 个月点燃 2 ~ 3 小时，以保障灯的性能，延长寿命；取放拿灯座，避免污染；一旦污染，用无水乙醇和乙醚（1∶3）的混合液轻轻擦拭。

2. 泵管　在使用泵管时，要注意管压头松紧程度合适，调节螺丝可以调节压力大小，不要让泵管空载运行；每次试验完毕将泵卡松开；使用一段时间后，应向泵管与泵头间的空隙滴加硅油，以保护泵管；泵管使用一段时间后，应更换新的泵管；及时清洗管路，避免沉积和污染。

3. 气路　在实验过程中，一定要保证气体入口管道的清洁，以防止灰尘堵塞气路；在仪器测量前，一定要先开启载气，以防止液体倒灌，腐蚀气路系统。

第二节　实验内容

实验一　原子荧光分光光度计主要性能检定

【实验目的】

1. 掌握原子荧光分光光度计的检定原理。

2. 熟悉原子荧光分光光度计的主要性能和技术指标的检定方法。

3. 了解原子荧光分光光度计的基本结构。

【实验原理】

原子荧光分光光度计可用于测量易形成氢化物的元素以及易形成气态组分或易还原成原子蒸气的元素。该仪器是根据待测元素的原子蒸气在一定波长的辐射能激发下发射的荧光强度进行定量分析的。根据 Lambert-Beer 定律，当待测元素的浓度 N 很低时，其荧光强度与元素的浓度存在以下关系：

$$I_f = \Phi I_0 (1 - e^{-K_\lambda LN}) \tag{5-1}$$

式中：I_f——原子荧光强度；

I_0——光源辐射强度；

Φ——原子荧光量子效率；

L——吸收光程；

K_λ——在波长 λ 时的峰值吸收系数；

N——单位长度内基态原子数。

对于同一元素来说，当光源的波长和强度固定，吸收光程固定，原子化条件一定，在元素浓度较低时，荧光强度与试样中被测元素的质量浓度 ρ 成正比：

$$I_f = \alpha \rho \tag{5-2}$$

原子荧光分光光度计可分为单道、双道和多道等类型。根据原子荧光分光光度计检测规程（JJG 939—2009）的规定，对用空心阴极灯做光源的非色散原子荧光分光光度计，检定的主要项目和技术指标如表 5-1 所示。

表 5-1 原子荧光分光光度计的计量性能要求

检定项目		计量性能
稳定度	漂移	≤5%/30min
	噪声	≤3%
检出限/ng		≤0.4
测量重复性		≤3%
测量线性		r≥0.997
通道间干扰		±5%

注：单道只做砷元素；双道和多道做砷、锑两种元素

【仪器与试剂】

1. 仪器与器皿 原子荧光分光光度计；双阴极空心阴极灯（As、Sb）；电子秒表，分度值不大于 0.1s；玻璃量器：A 级；天平：最大称量 200g 或 500g，分度值≤0.1g。

2. 试剂

（1）硼氢化钠（硼氢化钾）（4.0～20.0）g/L 溶液：按检定时的环境温度，仪器的进样方式配制所需硼氢化钠（硼氢化钾）的质量浓度在（4.0～20.0）g/L 之间。例如配制 7.0g/L 质量浓度的溶液：称取 7.0g 硼氢化钠（硼氢化钾），溶于预先加入 2.0g 氢氧化钠（氢氧化钾）的 200ml 二次去离子水中，搅拌至全溶，再用二次去离子水稀释至 1000ml。

（2）硫脲溶液（100g/L）：称取20.0g硫脲，溶于200ml的容量瓶中，用二次去离子水稀释至刻度。

（3）砷、锑混合标准储备液（As 100ng/ml，Sb100ng/ml）。

（4）砷、锑混合标准溶液：分别取砷、锑混合标准储备液0、1.0、5.0、10.0、20.0ml，再取100g/L硫脲20ml、浓盐酸10ml，用二次去离子水定容至100ml，配制成浓度为0、1.0、5.0、10.0、20.0ng/ml砷、锑混合标准系列溶液。

盐酸为优级纯（GR），硼氢化钠（硼氢化钾）、氢氧化钠（氢氧化钾）、硫脲为分析纯（AR），实验用水为二次蒸馏水或去离子水。

【实验步骤】

1. 稳定性　开机，不点火，点亮砷、锑灯，灯电流调至（30～90）mA，负高压置于300V左右。预热30分钟后，进行模拟记录。调整静态模拟信号的荧光强度初始值为500左右（如有需要可在原子化器上部放置一个荧光强度调节器），连续测量30分钟，计算仪器的漂移（最大漂移量除以初始值）和噪声（最大的峰，峰值除以初始值）。

2. 通道间干扰　仪器在不点火、静态的测量条件下，将荧光强度调节器放置在双道或多道的原子化器上部，调整空心阴极灯A道或B道的灯电流，使两道间模拟信号荧光强度的比大于100。测定A道对B道的干扰，则B道的荧光强度应调到50左右为基数，先同时测量A、B两道，记录B道荧光强度值，测量三次取算术平均值为$\bar{I}_{f2}$；然后挡住A道出光口，测量B道的单道荧光强度值，测量三次取算术平均值为$\bar{I}_{f1}$，按式（5-3）计算A、B之间的通道间干扰RE。测量三道或三道以上仪器的通道间干扰时，应测量A与B，B与C和C与A之间的三种通道间干扰，以此类推。

$$RE = \frac{\bar{I}_{f1} - \bar{I}_{f2}}{\bar{I}_{f1}} \tag{5-3}$$

3. 检出限

（1）在仪器最佳工作状态下，用硼氢化钠（或硼氢化钾）作还原剂分别对0、1.0、5.0、10.0ng/ml砷、锑混合标准溶液进行3次重复测量，记录荧光强度测量值，计算算术平均值后，按线性回归法求出斜率b：

$$b = dI_f/d(\rho V) \tag{5-4}$$

式中，I_f——荧光强度测量值；

ρ——溶液质量浓度，ng/ml；

V——进样体积，ml。

（5-3）在与（5-1）相同的测定条件下，对空白溶液连续进行11次荧光强度测量，并求其标准偏差s_0：

$$s_0 = \sqrt{\frac{\sum_{i=1}^{11}(I_{f_{oi}} - I_{f_o})^2}{11 - 1}} \tag{5-5}$$

（2）按下列公式分别计算仪器测定砷、锑的检出限：

$$Q_L = 3s_0/b \tag{5-6}$$

4. 测量重复性　在进行检测限测量时，对质量浓度为As 10.0ng/ml和Sb 10.0ng/ml混合标准溶液连续进行7次重复测量，求出其相对标准偏差（RSD）：

$$RSD = \frac{1}{\bar{I}_f} \times \sqrt{\frac{\sum_{i=1}^{7}(I_f - \bar{I}_f)^2}{7-1}} \tag{5-7}$$

式中，I_f——荧光强度测量值；

$\bar{I}_f$——7 次荧光强度测量值的算术平均值。

5. 线性相关系数　在仪器最佳工作状态下，分别对 0、1.0、5.0、10.0、20.0ng/ml 砷、锑混合标准溶液进行 3 次重复测量，计算其荧光强度测量值的算术平均值后，按线性回归法求出工作曲线的线性相关系数 r。

【注意事项】

1. 放置仪器的工作台应平稳无振动，仪器上方应有排风系统，周围无强电磁场干扰，无尘、无腐蚀性气体且通风良好。

2. 仪器工作环境的温度为 15～30℃，相对湿度 $<80\%$。

3. 电源电压为（220 ±22）V，频率为（50 ±0.5）Hz，并具有良好的接地。

【思考题】

1. 检查原子荧光分光光度计的主要性能有何实际意义?

2. 检出限指标对分析有何指导意义?

实验二　氢化物发生-原子荧光光谱法测定硒

【实验目的】

1. 掌握氢化物-原子荧光光谱法测定硒的原理。

2. 熟悉氢化物-原子荧光光谱法测定水中硒的实验方法。

3. 了解原子荧光分光光度计的基本结构。

【实验原理】

试样经酸加热消化后，在盐酸溶液（1 +1）介质中，将试样中的 Se^{6+} 还原成 Se^{4+}，Se^{4+} 在酸性介质中与硼氢化钾（KBH_4）或硼氢化钠（$NaBH_4$）反应生成挥发性硒化氢（SeH_4），以氩气为载气将其导入原子化器中进行原子化，在硒空心阴极灯照射下，基态硒原子被激发到高能态，再去活化回到基态时，发射出特征波长的荧光，在一定浓度范围内其荧光强度与硒含量成正比，根据标准曲线可对其进行定量分析。

【仪器与试剂】

1. 仪器与器皿　原子荧光分光光度计；试剂瓶；容量瓶；烧杯；刻度吸管等。

2. 试剂

（1）硼氢化钾溶液（10g/L）：取 5.00g 硼氢化钾（GR）和 1.00g 氢氧化钾至 500ml 容量瓶中，用纯水定容。

（2）盐酸溶液（5%）：取 25ml 浓盐酸（GR，质量分数 37%）加入少量水中，转移至 500ml 容量瓶，用水定容。

（3）盐酸溶液（1 +1）：将盐酸（GR）与纯水等体积混合。

（4）硝酸-高氯酸混合酸（1 +1）：将硝酸（GR）与高氯酸（GR）等体积混合。

（5）硒标准储备液（100.0μg/ml）。

（6）硒标准中间液（1.0μg/ml）：取 1.0ml 硒标准储备液于 100ml 容量瓶中，用 5%

盐酸溶液定容。

(7) 硒标准使用液（0.1μg/ml）：取 10.0ml 硒标准中间溶液（1.0μg/ml）于 100ml 容量瓶中，用5%盐酸溶液定容。

实验用试剂均为优级纯或分析纯；实验用水均为纯水或去离子水，玻璃器皿均用硝酸溶液（1+3）浸泡 12 小时以上，然后用纯水清洗干净。

【实验步骤】

1. 水样的预处理　准确移取 20.00ml 水样置于 50ml 烧杯中，加硝酸-高氯酸混合酸（1+1）2.0ml，摇匀后置于电热板上加热消解至出现浓白烟并近干，取下冷却，再加入 10.0ml 盐酸（1+1）溶液，继续加热微沸 3~5 分钟。取下冷却，用纯水转移至 25ml 容量瓶中，用纯水定容至刻度，放置 10 分钟，待测。同时做空白试验。

2. 标准系列的配制　分别移取硒标准使用液 0、0.50、1.00、1.50、2.00、2.50ml 于 6 个 25ml 容量瓶中，加入 2.5ml 盐酸溶液（1+1），纯水定容。硒的浓度分别为 0、2.0、4.0、6.0、8.0、10.0μg/L。

3. 仪器工作条件（参考）　硒元素灯电流：80mA；光电倍增管负高压 270V；原子化器高度 9mm；原子化器温度：200℃；载气流量：400ml/min；屏蔽气流量：800ml/min；读数方式：峰面积；进样体积：1.0ml。

4. 测定　开机，设定仪器最佳工作条件，点火，待仪器稳定 30 分钟后开始测定，硒元素的标准浓度系列、试剂空白液和消化好的样品溶液分别导入仪器中进行测定。绘制标准曲线，计算回归方程。以所测样品的荧光强度，从标准曲线或回归方程中查得样品溶液中硒的质量浓度（μg/L）

5. 计算　结果处理按下式计算水样中 Se 含量（μg/L）。

$$\rho(\mu g/L) = \frac{\rho_1 \times v_1}{v} \tag{5-8}$$

式中：ρ——水样中 Se 含量，μg/L；

ρ_1——从标准曲线上查得的样品管中 Se 含量，μg/L；

v_1——水样稀释后的体积，ml；

v——分析时所取水样体积，ml。

【注意事项】

1. 硒化氢的产生和硒的原子化受外界条件影响较大，如溶液和石英管的温度、溶液酸度、硼氢化钾浓度等。为了保证操作条件一致，标准溶液、空白溶液和样品溶液应同时配制和同时测定。

2. 实验时注意在气液分离器中不要有积液，以防溶液进入原子化器。

【思考题】

1. 氢化物-原子荧光光谱法与氢化物-原子吸收光谱法的测定原理有何不同？

2. 原子荧光分光光度计使用中应注意哪些事项？

3. 水样的预处理过程中，加入盐酸溶液（1+1）目的是什么？

实验三　原子荧光光谱法同时测定砷和汞

【实验目的】

1. 掌握用原子荧光法同时测定砷和汞含量的方法。

2. 熟悉原子荧光光谱仪的结构和使用。

3. 了解生活饮用水和水源水的预处理方法。

【实验原理】

在一定酸度下，溴酸钾与溴化钾反应生成溴，消解试样，使所含汞全部转化为 Hg^{2+}，用盐酸羟胺还原过剩的氧化剂，然后加入硫脲＋抗坏血酸溶液，将 As^{5+} 还原为 As^{3+}，硼氢化钾与 Hg^{2+}、As^{3+} 反应，生成原子态汞和砷化氢（AsH_3），由氩气作载气将原子态汞、AsH_3 带入原子化器，其中 AsH_3 原子化为砷原子。以特种 As、Hg 空心阴极灯作激发光源，使 As、Hg 原子发出荧光，在一定的浓度范围内，荧光强度与相应的砷、汞含量成正比。

【仪器与试剂】

1. 仪器与器皿　原子荧光分光光度计；试剂瓶；容量瓶；烧杯；刻度吸管等。

2. 试剂

（1）硼氢化钾溶液（10g/L）：称取 5.00g 硼氢化钾（GR）和 1.00g 氢氧化钾至 500ml 容量瓶中，用纯水定容。

（2）盐酸溶液（5%）：取 25ml 浓盐酸（GR，质量分数 37%）加入少量水中，转移至 500ml 容量瓶，用水定容。

（3）硫脲-抗坏血酸溶液：称取 10.0g 硫脲（$(NH_2)_2CS$）加约 80ml 纯水，加热溶解，冷却后加入 10.0g 抗坏血酸，稀释至 100ml。

（4）溴酸钾［$C(1/6KBrO_3)=0.100mol/L$］－溴化钾（10g/L）溶液：称取 2.784g 溴酸钾（$KBrO_3$）和 10g 溴化钾（KBr），溶于纯水中并定容至 1000ml。

（5）盐酸羟胺溶液（100g/L）：称取 10g 盐酸羟胺，用纯水溶解并稀释至 100ml。

（6）砷标准储备液（100μg/ml）。

（7）汞标准储备液（100μg/ml）。

（8）砷、汞混合标准中间液（As 1.0μg/ml，Hg 0.5μg/ml）：分别移取 1.00ml 砷标准储备液、0.50ml 汞标准储备液于 100ml 容量瓶中，用 5% 盐酸定容。

（9）砷、汞混合标准使用液（As 0.10μg/ml，Hg 0.05μg/ml）：取砷、汞混合标准中间液 10.00ml 至 100ml 容量瓶中，用 5% 盐酸溶液定容。

实验用试剂均为优级纯或分析纯；实验用水均为纯水或去离子水，玻璃器皿均用硝酸溶液（1＋3）浸泡 12 小时以上，然后用纯水清洗干净。

【实验步骤】

1. 样品处理　于 25ml 容量瓶中加入 10.00ml 水样，加浓盐酸 2ml、溴酸钾-溴化钾混合溶液 1.00ml，摇匀放置 15 分钟后加入 1～2 滴盐酸羟胺溶液使黄色褪尽，再加入硫脲-抗坏血酸混合液 2.5ml，纯水定容至 25ml，混匀，放置 15 分钟。

2. 标准系列的配制　分别移取砷、汞混合标准使用液 0、0.50、1.00、1.50、2.00、2.50ml 于 6 个 25ml 容量瓶中，后续操作同样品处理。标准系列溶液中砷的浓度分别为 0、2.0、4.0、6.0、8.0、10.0μg/L，汞的浓度分别为 0、1.0、2.0、3.0、4.0、5.0μg/L。

3. 仪器工作条件（参考）　砷空心阴极灯电流 60mA，光电倍增管负高压 270V；汞空心阴极灯电流 30mA，光电倍增管负高压 260V；原子化器高度 9mm；原子化器温度：200℃；载气流量：400mL/min；屏蔽气流量：800mL/min；读数方式：峰面积；进样体积：1.0ml。

4. 测定　开机，设定仪器最佳工作条件，点火，待仪器稳定 30 分钟后开始测定，连

续使用标准系列空白进样，读数稳定后，依次测定标准系列、样品空白和样品。分别以砷、汞荧光强度为纵坐标，砷、汞的相对应的浓度为横坐标，绘制标准曲线，计算回归方程。以所测样品砷、汞荧光强度，从标准曲线或回归方程中查得样品溶液中对应的砷、汞质量浓度（μg/L）。

5. 计算　按下式计算水样中砷、汞含量

$$\rho(\mu g/L) = \frac{\rho_1 \times v_1}{v} \tag{5-9}$$

式中：ρ——水样中砷（汞）含量，μg/L；

ρ_1——从标准曲线上查得的样品管中砷（汞）含量，μg/L；

v_1——水样稀释后的体积，ml；

v——分析时所取水样体积，ml。

【注意事项】

1. 用硫脲+抗坏血酸将五价砷（As^{5+}）还原为三价砷（As^{3+}）时，还原时间以15分钟以上为宜，且还原速度受温度影响，室温低于15℃时，还原时间至少30分钟。

2. 配制硼氢化钾溶液时，必须用碱性溶液溶解硼氢化钾。硼氢化钾浓度对砷、汞测定有较大影响，为获得较好的重现性，测定时需保证浓度的一致性。

3. 标准系列配制时，如果采用仪器自动配比稀释功能，只需配制标准空白和最高浓度，双道同测，砷、汞标准系列设置需相同配比。

【思考题】

1. 实验中为什么首先将As^{5+}还原为As^{3+}，然后原子化？

2. 实验中加入盐酸羟胺的作用是什么？

（王　梅）

第六章　电感耦合等离子体原子发射光谱法

第一节　基础知识

一、仪器结构与原理

原子发射光谱法是根据受激发的物质所发射的光谱对金属元素进行定性和定量分析的技术。其中电感耦合等离子体原子发射光谱法是利用电感耦合等离子体（ICP）作为光源的原子发射光谱分析方法。样品由载气带入雾化系统进行雾化后，以气溶胶形式进入等离子体炬焰中，样品被蒸发和激发，发射出所含元素的特征谱线。根据特征谱线的存在与否，鉴别样品中是否含有某种元素，根据特征谱线强度确定样品中相应元素的含量。电感耦合等离子体原子发射光谱法主要用于试样中金属元素和部分非金属元素的定量分析。

电感耦合等离子体原子发射光谱仪（ICP-AES）主要由进样系统、ICP光源、分光系统、检测系统及计算机控制、数据处理系统等部分构成。ICP光源的作用主要是提供试样蒸发和激发所需要的能量，主要由高频发生器、等离子体炬管和耦合线圈三部分组成。高频发生器是产生高频磁场、供给等离子体能量的装置。等离子体炬管由一个三层同心石英玻璃管组成，三层石英管之间均通入氩气。外层管内通入冷却气氩气，防止等离子体炬烧坏石英管；中层石英管内通入氩气，维持等离子体，称为辅助气；内层石英管通过氩气将试样气溶胶引入等离子体。

ICP光源具有环形通道、高温、惰性气氛等特点，因此ICP-AES具有检出限低、精密度高、线性范围宽、基体效应小等优点，可用于高、中、低含量的70种元素的同时测定。

二、仪器使用注意事项

1. 氩气　ICP-AES要使用高纯氩气，纯度≥99.99%，氩气不纯会造成不能正常点火或ICP熄火。

2. 气流　ICP的气体控制系统是否稳定正常地运行，直接影响到仪器测定数据的准确性，如果气路中有水珠、机械杂物杂屑等都会造成气流不稳定，因此，对气体控制系统要经常进行检查和维护。首先要做气体试验，打开气体控制系统的电源开关，使电磁阀处于工作状态，然后开启气瓶及减压阀，使气体压力指示在额定值上，最后关闭气瓶，观察减压阀上的压力表指针，压力表指针应在几个小时内没有下降或下降很少，否则表明气路中有漏气现象，需要检查和排除。第二，由于氩气中常夹杂有水分和其他杂质，管道和接头中也会有一些机械碎屑脱落，造成气路不畅通。因此，需要定期进行清理，拔下某些区段管道，然后打开气瓶，短促地放一段时间的气体，将管道中的水珠，尘粒等吹出。在安装气体管道，特别是将载气管路接在雾化器上时，要注意不要让管子弯曲太厉害，否则载气流量不稳而造成脉动，影响测定。

3. 雾化器　雾化器是进样系统中最精密，最关键的部分，需要很好的维护和使用。雾化器要定期的清理，特别是测定高盐溶液之后，如果不及时清洗，会造成堵塞，每次测定以后，关机之前要把吸管放进稀酸溶液清洗一会。雾化器堵塞以后，要用手堵住喷嘴反吹，千万不要用铁丝等硬物去捅。

4. 炬管　每次安装炬管，位置一定要装好，防止炬管烧掉，做样时尤其是高盐分样品，炬管喷嘴会积有盐分，造成气溶胶通道不畅，常常反映出来的是测定强度下降，仪器反射功率升高等。炬管上积尘或积炭都会导致不能正常点火和影响等离子体焰炬的稳定性，也影响反射功率，甚至会造成熄火。因此，要定期用酸洗，水洗，最后，用无水乙醇洗并吹干，经常保持进样系统及炬管的清洁。长时间不清洗炬管，会造成很难清洗干净的现象。

5. 氢氟酸介质　由于雾化器和炬管以及雾室都是玻璃或石英的，所以在进氢氟酸介质的样品时一定要赶氢氟酸，或者更换耐氢氟酸系统，否则进样系统的寿命会大大缩短，尤其是雾化器和雾室。

第二节　实验内容

实验一　电感耦合等离子体原子发射光谱仪主要性能检定

【实验目的】

1. 掌握电感耦合等离子体原子发射光谱仪主要性能的检定方法。
2. 熟悉电感耦合等离子体原子发射光谱仪的技术指标。
3. 了解电感耦合等离子体原子发射光谱仪的基本结构。

【实验原理】

电感耦合等离子体原子发射光谱仪（ICP-AES）主要有多道同时型、顺序扫描型和全谱直读型三种类型。多道同时型和顺序扫描型采用的是光电倍增管作为光电检测器；全谱直读型则采用了先进的新型光学多道检测器，比如电荷耦合器件（CCD）等，能够同时检测从紫外到可见区域的全部波长范围的谱线。

为了保证分析结果的可靠性，ICP-AES的检定周期一般不超过两年。当仪器搬动或维修后，应按首次检定要求重新检定。根据中华人民共和国国家计量检定规程（JJG 768—2005）发射光谱仪的检定规程，对ICP-AES检定的主要检定项目和计量性能要求如表6-1。对仪器的控制分为首次检定、后续检定和使用中检验。进行ICP-AES使用中检验时，需检定的项目包括检出限和重复性。

表6-1　ICP-AES的主要检定项目和计量性能要求

检定项目		计量性能
波长	示值误差	±0.05nm
	重复性	≤0.01nm

续表

检定项目	计量性能
最小光谱带宽	Mn 257.610nm　半高宽≤0.030nm
检出限/(mg/L)	Zn 213.856nm≤0.01 Ni 231.604nm≤0.03 Mn 257.610nm≤0.005 Cr 267.716nm≤0.02 Cu 324.754nm≤0.02 Ba 455.403nm≤0.005
重复性/%	Zn，Ni，Mn，Cr，Cu，Ba （浓度为0.50mg/L~2.00mg/L）≤3.0
稳定性/%	Zn，Ni，Mn，Cr，Cu，Ba （浓度为0.50mg/L~2.00mg/L）≤4.0

【仪器与试剂】

1. 仪器与器皿　电感耦合等离子体原子发射光谱仪（ICP-AES）；容量瓶；移液管。

2. 试剂

（1）去离子水。

（2）浓硝酸（优级纯，GR）。

（3）稀硝酸溶液（摩尔浓度为0.5mol/L）：取浓硝酸3ml加水稀释至100ml。

（4）氩气（≥99.99%）。

（5）锌标准储备液（1.00mg/ml）。

（6）镍标准储备液（1.00mg/ml）。

（7）锰标准储备液（1.00mg/ml）。

（8）铬标准储备液（1.00mg/ml）。

（9）铜标准储备液（1.00mg/ml）。

（10）钡标准储备液（1.00mg/ml）。

【实验步骤】

1. 标准系列的配制　按照表6-2中所列出的各元素的浓度配制混合标准系列溶液，基体为0.5mol/L稀硝酸溶液。用0.5mol/L稀硝酸溶液作为空白溶液。

表6-2　混合标准系列溶液（mg/L）

	Zn	Ni	Mn	Cr	Cu	Ba
1#	0	0	0	0	0	0
2#	1.00	1.00	0.50	1.00	0.50	0.50
3#	2.00	2.00	1.00	2.00	1.00	1.00
4#	5.00	5.00	2.50	5.00	2.50	2.50

2. 仪器参考条件　工作气体：氩气；冷却气流量：14L/min；载气流量：1.0L/min；辅助气流量：0.5L/min；雾化器压力：200kPa。

3. ICP-AES开机程序　检查外电源及氩气供应；检查排废、排气是否畅通，室温控制在15～30℃之间；装好进样管、废液管；打开供气开关；开启空压机、冷却器和主机电源；打开计算机，点燃等离子体；进入到方法编辑页面；在方法编辑页面里，分别输入被测元素的各种参数。

4. 检出限的检定　在仪器处于正常工作状态下，用空白溶液校正并将其设为零点。吸取系列混合标准溶液进样，重复测定三次，取其平均值，并制作工作曲线，求出工作曲线的斜率 b。连续10次测量空白溶液，以10次空白值标准偏差 s 的3倍对应浓度为检出限DL，即：

$$DL = 3s/b \tag{6-1}$$

5. 重复性的检定　在仪器处于正常工作状态下，连续10次测量标准溶液（表6-2中 $2^{\#}$ 或 $3^{\#}$ 溶液），计算10次测量值的相对标准偏差（RSD），即为仪器的重复性。

6. 关机程序　吸入蒸馏水清洗雾化器10分钟；关闭等离子体；退出方法编辑页面；关主机电源、冷却器、空压机，排除空压机中的凝结水；按要求关闭计算机；松开进样管、废液管。

【数据处理】

1. 检出限

元素	波长/nm	标准偏差/(mg/L)	检出限/(mg/L)
Zn			
Ni			
Mn			
Cr			
Cu			
Ba			

2. 重复性

元素	标准值/(mg/L)	测量均值/(mg/L)	重复性/%
Zn			
Ni			
Mn			
Cr			
Cu			
Ba			

【注意事项】

1. 为了减小高频电磁场对人体的伤害，等离子体炬管均置于金属制的火炬室中，加以高频屏蔽。

2. 高频发生器必须有良好接地，接地电阻 $<4\Omega$，必须使用单独地线，不能和其他电器设备共用地线，否则高频负载感应线圈可能影响其他电器设备的正常工作，甚至毁坏其他仪器设备。

3. 由于高频发生器工作时，将一部分功率消耗于振荡管阳极及负载感应线圈上，产生热量，因而必须采用冷却装置。高频负载感应线圈常采用循环水冷却，振荡管阳极多采用空气强制通风冷却。

4. 高频设备具有功率大、高频高压的特点，设备易出现打火、爬电、击穿、烧毁和熔断等事故。其中振荡管是高频设备的核心元件之一。为延长其寿命需注意：使用功率与额定电压应尽可能降低；严格遵守预热灯丝的操作规程；经常检查通冷风、冷却水的设备的运行情况。

5. 如果标准溶液和样品溶液分析间隔较长时间，应测定一个与待测样品溶液浓度相近的标准溶液，以检查仪器信号漂移。

6. 等离子体光源上方应有排气装置，足以将废气排出室外，但不能影响炬焰的稳定性；应保证射频发生器的功率管有良好的散热排风。

【思考题】

1. 描述ICP中等离子体是怎样产生和维持的（适当的绘图）。

2. 在仪器测定条件中，载气的流量对元素的分析有何影响？

实验二　电感耦合等离子体原子发射光谱法同时测定铜、铁、钙、锰和锌

【实验目的】

1. 掌握电感耦合等离子体原子发射光谱仪的使用方法和操作技术。

2. 熟悉电感耦合等离子体原子发射光谱法测定多种元素的方法。

3. 了解头发样品无机化处理（湿式消化法）的方法。

【实验原理】

头发的代谢是整个机体代谢系统的组成部分之一，由于某些金属元素对毛发具有特殊的亲和力，能与毛发中角蛋白的巯基牢固结合，使金属元素蓄积在毛发中，因此其含量可反映相当长时间元素的积累状况，间接反映机体微量元素代谢和营养状况。

ICP-AES具有灵敏度高、检测限低、线性范围宽、耗样量少、测定速度快、能同时测定多种元素等优点，因此被越来越多地应用于生物样品中多种元素的检测。头发是比较理想的活体检测材料，多种元素含量比较高，并能反映人体内微量元素储存、代谢及营养状况。头发中元素含量的准确测定，不仅可为疾病诊断及病情监督提供重要信息，而且也可为体内元素的控制和调节、疾病的预防和治疗提供依据。

用ICP-AES法测定头发样品中多种元素铜、铁、钙、锰和锌的含量，需要先将样品无机化处理后才能上机测定。本实验采用湿法消化处理头发样品，用标准曲线法进行定量分析。

【仪器与试剂】

1. 仪器与器皿　电感耦合等离子体原子发射光谱仪；电热板；电子天平；烘箱；烧

杯；25ml 和 100ml 容量瓶；吸管；玻璃棒；不锈钢剪刀。

2. 试剂

（1）去离子水。

（2）浓硝酸（优级纯，GR）。

（3）过氧化氢（分析纯，AR）。

（4）1% 硝酸：取浓硝酸 1ml 加水稀释至 100ml。

（5）氩气（≥99.99%）。

（6）铜标准储备液（1.00mg/ml）。

（7）铁标准储备液（1.00mg/ml）。

（8）钙标准储备液（1.00mg/ml）。

（9）锰标准储备液（1.00mg/ml）。

（10）锌标准储备液（1.00mg/ml）。

（11）混合标准溶液（铜、铁、钙、锰和锌的质量浓度均为 10.0μg/ml）：分别用 10ml 吸管移取 1.00mg/ml 铜、铁、钙、锰和锌标准储备液至 100ml 容量瓶中，用 1% 硝酸定容，摇匀，所得到的混合标准溶液中铜、铁、钙、锰和锌的浓度均为 100.0μg/ml。取 100.0μg/ml 铜、铁、钙、锰和锌混合标准溶液 10ml 至另一个 100ml 容量瓶中，用 1% 硝酸定容，摇匀，即得到质量浓度均为 10.0μg/ml 的混合标准溶液。

【实验步骤】

1. 头发样品的处理　用不锈钢剪刀采集受试者后颈部的头发样品（距头皮 1 ~3cm），将其剪成长约 1cm 发段，用中性洗涤剂洗涤，再用自来水清洗多次，将其转移至布氏漏斗中，用 1L 去离子水淋洗，于 110℃ 下烘干。

准确称取烘干后的头发样品平行 3 份，每份 0.2g 左右，各置于烧杯中，加入 5ml 浓 HNO_3 和 0.5ml H_2O_2，放置约 10 分钟后，置于电热板上加热 2 小时（温度控制在 120℃ 左右），稍冷后滴加 H_2O_2，加热至近干，再加少量浓 HNO_3 和 H_2O_2，加热至溶液澄清，液体体积浓缩至 1 ~2ml，加少量去离子水稀释，然后少量多次用去离子水将溶液全部转移至 25ml 容量瓶中，用去离子水定容，摇匀，待测定。用同样的处理方法做空白对照液，操作均在通风柜中进行。

2. 标准系列的配制　取 5 个 25ml 容量瓶，分别加入上述 10.0μg/ml 铜、铁、钙、锰和锌混合标准溶液 0.00、2.50、5.00、10.00、20.00ml，用 1% 硝酸稀释至刻度，摇匀，所得到的标准溶液中铜、铁、钙、锰和锌的浓度分别为 0.00、1.00、2.00、4.00、8.00μg/ml。

3. 仪器参考条件　开机后，进入操作系统，选择需分析的元素及分析谱线，元素的分析线通常选用仪器推荐使用的分析线。工作气体：氩气；冷却气流量：12L/min；载气流量：1.0L/min；辅助气流量：0.5L/min；雾化器压力：200kPa。

4. 测定

（1）标准曲线的绘制：在选定的仪器工作条件下，从低浓度到高浓度依次测定混合标准系列溶液，以分析线的谱线强度为纵坐标，浓度为横坐标，分别绘制各元素标准曲线图，计算回归方程。

（2）样品测定：用与标准系列同样方法测定处理好的样品溶液和空白对照液，记录分析线的谱线强度。

【数据处理】

1. 自行设计表格，记录实验条件以及测定数据。

2. 绘制标准曲线图和计算回归方程。

3. 根据样品中分析线的谱线强度，用标准曲线图或回归方程计算各元素的浓度，按下式计算头发样品中铜、铁、钙、锰和锌的含量（计算时扣除空白）：

$$X=\frac{(\rho-\rho_0)\times V}{m} \tag{6-2}$$

式中：X——发样中某元素的含量，μg/g；

ρ——样品溶液中某元素的质量浓度，μg/ml；

ρ_0——空白溶液中某元素的质量浓度，μg/ml；

V——样品溶液体积，ml；

m——发样质量，g。

【注意事项】

1. 实验中所使用的玻璃器皿都要用10% HNO_3 浸泡48小时，用去离子水冲洗后，晾干备用。

2. 样品消化过程中加 H_2O_2 时，要将试样稍微冷却，慢慢滴加，以免 H_2O_2 剧烈分解，导致试样溅出。

3. 使用循环水冷的仪器时，一定要使用蒸馏水，防止结垢。

4. 两次进样之间，要用去离子水清洗，以避免相互干扰影响测定结果的准确性。

【思考题】

1. 头发样品的处理为何通常使用湿消化法？若采用干消化法，会出现什么问题？

2. 通过本次实验，总结ICP-AES分析法的优缺点。

实验三　电感耦合等离子体原子发射光谱法同时测定铅、铬、镉

【实验目的】

1. 掌握电感耦合等离子体原子发射光谱仪的基本原理和操作技术。

2. 熟悉电感耦合等离子体原子发射光谱法测定血样中重金属元素的方法。

3. 了解微波消解法处理血样的方法和操作。

【实验原理】

化学上根据金属的密度把金属分成重金属和轻金属，常把密度 $>4.5g/cm^3$ 的金属称为重金属，大约有45种，对人体毒害最大的有铅、汞、铬、砷、镉5种。其中铅是重金属污染中毒性较大的一种，一旦进入人体很难排除。直接伤害人的脑细胞，特别是胎儿的神经板，可造成先天大脑沟回浅，智力低下；对老年人造成痴呆、脑死亡等。铬会造成四肢麻木，精神异常。镉导致高血压，引起心脑血管疾病；破坏骨钙，引起肾功能失调。

微波消解法是测定无机元素常用的样品处理方法，是利用微波加热封闭容器中的消解液（强酸或氧化剂）和试样，从而在高温增压条件下使样品中的有机物快速溶解的湿法消化方法，具有消解完全、快速、空白值低的优点。

ICP-AES具有灵敏度高、检测限低、线性范围宽、耗样量少、测定速度快、能同时测

定多种元素等优点，因此被越来越多地应用于中毒患者的血液样中的重金属含量的检测。

【仪器与试剂】

1. 仪器与器皿　电感耦合等离子体原子发射光谱仪；微波消解仪；消解罐；电热板；25ml 和 100ml 容量瓶；吸管。

2. 试剂

（1）去离子水。

（2）浓硝酸（优级纯，GR）。

（3）过氧化氢（分析纯，AR）。

（4）1% 硝酸：取浓硝酸 1ml 加水稀释至 100ml。

（5）氩气（≥99.99%）。

（6）铅标准储备液（1.00mg/ml）。

（7）铬标准储备液（1.00mg/ml）。

（8）镉标准储备液（1.00mg/ml）。

（9）混合标准溶液（铅、镉、铬的质量浓度均为 1.00μg/ml）：分别用 10ml 吸管移取 1.00mg/ml 铅、镉、铬标准贮备液至 100ml 容量瓶中，用 1% 硝酸定容，摇匀，所得到的混合标准溶液中铅、镉、铬的浓度均为 100.0μg/ml。取 100.0μg/ml 铅、镉、铬混合标准溶液 1ml 至另一个 100ml 容量瓶中，用 1% 硝酸定容，摇匀，即得到质量浓度均为 1.00μg/ml 的混合标准溶液。

【实验步骤】

1. 血样的处理　取 1ml 全血样品，置于聚四氟乙烯的容器中，在容器中加入 3ml 浓硝酸和 2ml 过氧化氢。然后将容器封闭，并按照表 6-3 的温度控制程序在微波消解仪里进行消解。容器冷却至室温后，打开容器。在电热板上低温加热除去多余的酸。所得到的溶液和淋洗液合并转移至 25ml 的容量瓶中，用去离子水稀释至刻度，每个样品做两次平行测定，同时做试剂空白实验。

表 6-3　微波消解样品的温度控制程序

步骤	时间/min	温度/℃
升温 1	5	125
升温 2	10	210
恒温 3	45	210
降温 4	60	室温

2. 标准系列的配制　取 5 个 25ml 容量瓶，分别加入上述 1.00μg/ml 铅、镉、铬混合标准溶液 0、2.50、5.00、10.00、20.00ml，用 1% 硝酸稀释至刻度，摇匀，所得到的标准溶液中铅、镉、铬的浓度分别为 0、0.10、0.20、0.40、0.80μg/ml。

3. 仪器参考条件　功率：1.00 ~ 1.35kW；工作气体：氩气；冷却气流量：14 ~ 18L/min，雾化器压力：190kPa，辅助气流量：0.2 ~ 0.5L/min；载气流量：1.0L/min。分析波长参见表 6-4。不同型号的 ICP-AES 工作条件可根据仪器的实际使用情况而定。

表 6-4　元素参考分析波长

元素	可选用分析波长/nm
铅	220.353，261.418，283.306，216.999
镉	228.802，226.502，361.051，214.438
铬	206.149，267.716，283.563，357.869，359.349

4. 测定

（1）标准曲线的绘制：在选定的仪器工作条件下，从低浓度到高浓度依次测定铅、镉、铬混合标准系列溶液，用标准系列溶液中待测元素的浓度和所测出的谱线强度作标准工作曲线。随同试剂做空白试验。

（2）样品测定：在相同的实验条件下，测定处理后的血样样品溶液，记录谱线强度。

【数据处理】

1. 自行设计表格，记录实验条件和测定数据。

2. 绘制标准曲线和计算回归方程。

3. 根据样品中分析线的谱线强度，用标准曲线或回归方程计算各元素的浓度，按下式计算血样中铅、镉、铬的质量浓度（计算时扣除空白）：

$$\rho_i = \frac{(\rho - \rho_0) \times V_2}{V_1} \tag{6-3}$$

式中：ρ_i——血样中某元素的质量浓度，μg/ml；

ρ——样品溶液中某元素的质量浓度，μg/ml；

ρ_0——空白溶液中某元素的质量浓度，μg/ml；

V_1——血样体积，ml；

V_2——样品溶液体积，ml。

【注意事项】

1. 实验中所使用的试剂其纯度应符合要求，所用玻璃器皿应严格洗涤，保证洁净且没有被待测离子污染。

2. 在微波消解操作过程中，设定压力、温度不能超过仪器规定最高值，以免损坏消解罐及其他配件。

3. 每次 ICP 点火后，应先进行波长校正，再进行测定。

4. 若测量过程中出现 ICP 熄火的情况，可能是氩气压力不足；或者是炬管或雾化器堵塞，此时应及时清洁或更换新炬管或雾化器。

【思考题】

1. 用微波消解法处理样品要注意些什么？

2. 血样的处理方法有哪些？各有何优缺点？

3. 与原子吸收光谱法相比较，采用 ICP- AES 测定生物样品中的重金属元素有何优缺点？

（肖　琴）

第七章　红外光谱法

第一节　基础知识

一、仪器结构与原理

红外光谱仪（IR）由光源、吸收池、单色器、检测器和数据系统组成。由于每种分子都有由其组成和结构决定的独有的红外吸收光谱，因此红外光谱仪是定性鉴定和结构分析的有力工具。将试样的谱图与标准的谱图进行对照，或者与文献上的谱图进行对照，如果两张谱图各吸收峰的位置和形状完全相同，峰的相对强度一样，就可以认为样品是该种标准物。如果两张谱图不一样，或峰位不一致，则说明两者不为同一化合物，或样品有杂质。傅立叶变换红外光谱仪（FTIR），是利用干涉谱的傅立叶变换技术获得红外光谱的，其优点是：①扫描速度极快，只要1秒左右即可完成一次扫描，获得红外光谱，适于对快速反应过程的研究工作，便于和色谱仪联用；②分辨率高，通常其分辨率可达0.1～0.005cm^{-1}；③灵敏度高，检出限可达10^{-9}～10^{-12}g；④测量精度高，重复性好；⑤光谱测量范围宽（1000^{-1}～10^{-1}），杂散光<0.01%。

二、仪器使用注意事项

1. 实验室保持干燥　红外光谱仪实验室一定要有除湿装置，应经常保持干燥，即使仪器不用，也应每周开机至少两次，每次半天，同时开除湿机除湿。在梅雨季节，最好是能每天开除湿机。使用单光束型傅里叶红外分光光度计时，实验室里的CO_2含量不能太高，要注意适当通风换气。

2. 溴化钾的使用　压片时所用溴化钾（KBr）最好为光学试剂级，至少也要分析纯级。使用前应适当研细（<200目），并在120℃以上烘4小时以上后置干燥器中备用。如发现结块，则应重新干燥。制备好的空KBr片应透明，与空气相比，透光率应在75%以上。如供试品为盐酸盐，可以使用氯化钾（KCl）代替KBr进行压片，以防止压片过程中可能出现的离子交换现象。但如果比较发现KCl压片和KBr压片后测得的光谱没有区别，仍可使用KBr进行压片。

3. 试样制备　测定用样品应干燥，否则应在研细后置红外灯下烘几分钟使其干燥。压片时取用的供试样品量一般为1～2mg，KBr的取用量一般为200mg左右，使用玛瑙研钵，按同一方向研磨，先将供试品研细后再加入KBr进行再次研细研匀，试样研好并在模具中均匀装好，与真空泵相连后抽真空至少2分钟，以使试样中的水分进一步被抽走，然后再加压到0.8～1GPa（8～10T/cm^2）后维持2～5分钟。一般片子厚度应<0.5mm，所

测得的光谱图中绝大多数吸收峰处于10%～80%透光率范围之内。过大或过小均应调整取样量后重新测定。

4. 压片用模具用后应立即把各部分擦干净，必要时用水清洗干净并擦干，置干燥器中保存，以免锈蚀。

第二节　实验内容

实验一　溴化钾压片法测绘抗坏血酸的红外吸收光谱

【实验目的】

1. 掌握常规样品（固体样品）的制样方法。
2. 熟悉红外光谱仪的工作原理。
3. 了解红外光谱仪的基本结构。

【实验原理】

每种分子都有由其组成和结构决定的独有的红外吸收光谱，可以进行分子结构鉴定、定性及定量分析。不同状态的样品（固体、液体、气体及粘黏稠样品）需要与之相应的制样方法。制样方法的选择和制样技术的好坏直接影响谱带的频率、数目和强度。压片法是一种传统的红外光谱制样方法，简便易行。

【仪器与试剂】

1. 仪器与器皿　傅立叶红外光谱仪；压片机，压片模具；样品架；玛瑙研钵；不锈钢药勺。

2. 试剂　抗坏血酸（$C_6H_8O_6$，AR），溴化钾（KBr，AR），抗坏血酸药片。

【实验步骤】

1. 制样

（1）烘干样品：称取1～2mg $C_6H_8O_6$ 与200～300mg干燥的KBr粉末在玛瑙研钵中混匀。潮湿的样品应经过真空干燥或置于40℃烘箱中干燥。KBr粉末容易吸附空气中的水汽，KBr粉末在使用之前应经120℃烘干，置于干燥器中备用，或将KBr粉末长期保存在40℃烘箱中。

（2）研磨：一边研磨玛瑙研钵中的 $C_6H_8O_6$ 和KBr，一边转动玛瑙研钵，使 $C_6H_8O_6$ 和KBr充分混合均匀。普通样品研磨时间4～5分钟，非常坚硬的样品，可先研磨样品（样品量少，容易研磨细），然后再加入KBr一起研磨，使颗粒直径 $<2.5\mu m$。

（3）压片：将研磨好的 $C_6H_8O_6$ 和KBr转移到模膛内底模面上并用小扁勺将混合物铺平，中心稍高，小心放入顶模，将样品压平，并轻轻转动几下，使粉末分布均匀，放在液压机上固定，在10 T/cm^2 左右的压力下1～2分钟，即可得到透明或半透明锭片。

2. 抗坏血酸红外光谱测试　将压好的锭片放在样品架上进行测试，用150mg左右的空白KBr作背景。对基线倾斜的谱图进行校正，噪音大时采用平滑功能，然后绘制出标有吸收峰的 $C_6H_8O_6$ 红外光谱图。

3. 抗坏血酸药片的测试　按照前述方法制备压片，将压片放在样品架上进行测试，用150mg左右的空白KBr作背景，测定其红外光谱图，在随机所附的标准谱库中检索，确认其化学结构。

【注意事项】

1. 放置仪器的工作台应平稳，周围无强电磁场干扰，无强气流及腐蚀性气体；仪器检定处不得有强光直射。

2. 仪器工作环境的温度为 15～30℃，相对湿度 <65%。电源应配备有稳压装置和接地线。

3. 研磨时间过长，样品和 KBr 容易吸附空气中的水汽。研磨时间过短，不能将样品和 KBr 研细。

4. 压片法一般容易造成谱图的倾斜，样品量的选择也会影响分析结果，所得到的谱图应该先进行谱图处理后再进行检索。

【思考题】

1. 为什么潮湿的样品不能直接用于压片？

2. 用压片法制样时，为什么要求研磨到颗粒粒度 <2.5μm？

3. 研磨时不在红外灯下操作，谱图上会出现什么情况？

实验二　傅立叶变换红外光谱法分析反式脂肪酸

【实验目的】

1. 掌握红外光谱法定量分析方法。

2. 熟悉测定反式脂肪酸含量的方法。

【实验原理】

反式脂肪酸双键上的两个 C 原子结合的两个 H 原子分别在碳链的两侧，其空间构象呈线型，具有 C-H 的平面外振动，在 $966cm^{-1}$ 处存在最大吸收。顺式构型的双键和饱和脂肪酸在此处却没有吸收，因此，利用这一原理可以确定油脂中是否存在反式脂肪酸，并且能对其进行定量分析（图 7-1）。

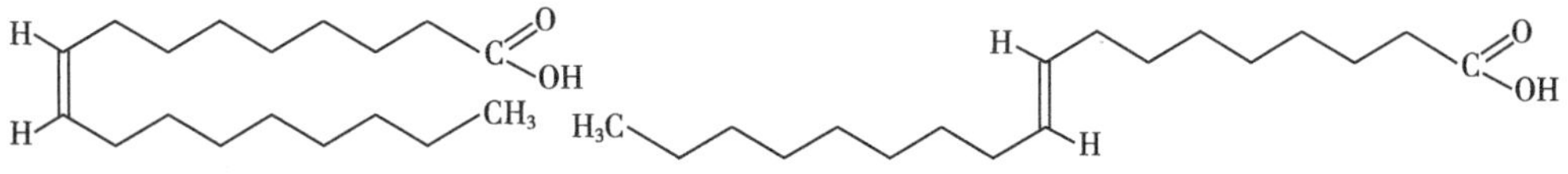

顺式脂肪酸　　　　反式脂肪酸

图 7-1　顺式脂肪酸与反式脂肪酸结构图

【仪器与试剂】

1. 仪器与器皿　红外光谱仪（$400～1000cm^{-1}$）；液体吸收池，配有 0.1mm 膜；25ml 容量瓶；移液管。

2. 试剂　反式脂肪酸标准品：反油酸甘油酯（>99.9%）；顺式脂肪酸标准品：天然油酸甘油酯（>99.9%）；正己烷（AR）。

反式脂肪酸标准溶液：精确称取按其纯度折算为 100% 质量的反式脂肪酸标准品 1.6000g，用正己烷溶解并稀释成浓度为 5.0%（W/W）的标准溶液，临用时配制。

顺式脂肪酸标准溶液：精确称取按其纯度折算为 100% 质量的顺式脂肪酸标准品 1.6000g，用正己烷溶解并稀释成浓度为 5.00%（W/W）的标准溶液，临用时配制。

【实验步骤】

1. 标准系列浓度配制　分别吸取 5.0% 反式脂肪酸标准溶液 0、0.25、0.50、2.50、

5.00、10.00、25.00ml，至25ml容量瓶中，用正己烷稀释至刻度，配制成浓度为0、0.05%、0.10%、0.50%、1.00%、2.00%、5.00%的标准溶液。

2. 红外吸收谱图扫描 分别选取5.00%的反式脂肪酸和顺式脂肪酸标准溶液，直接注入0.1mm膜厚度液体池，以空气为空白，于900~1 000cm^{-1}间扫描其吸收谱图（分辨率：4cm^{-1}）。确定反式脂肪酸在966cm^{-1}处存在最大吸收，而顺式脂肪酸在此处却没有吸收。

3. 标准曲线的绘制 在966cm^{-1}处分别测定不同浓度标准溶液的吸光度值，并分别与0浓度966cm^{-1}处的吸光度值做差减。以差减后的吸光值为纵坐标，反式脂肪酸标准品含量为横坐标对其进行线性回归分析，计算其相关系数。

4. 样品测定 将样品摇匀后直接注入液体池中，用空气做空白，在966cm^{-1}处测定吸光度值。样品中反式脂肪酸的含量（%）：

$$X = A/K \tag{7-1}$$

式中：X——样品中反式脂肪酸的百分含量%；

A——从标准曲线上查得的吸光度值；

K——标准曲线斜率。

【注意事项】

1. 由于油品测定时，样品本身十分黏稠，所以测定前一定要将样品摇匀，否则严重影响测定结果的平行性。

2. 将油样注入样品池时，不可太快，太快太用力，将使池内压力过大，造成膜厚度的改变，从而影响测定结果。

3. 进样前要将注射器内空气排净，如扫描时有气泡，将严重影响测定结果。

4. 如果发现样液混浊时，可用离心机（4000r/min）离心后，取上清液测定。

【思考题】

使用红外光谱法测定食品中的反式脂肪酸有哪些优缺点？

（黄沛力）

第八章　激光拉曼光谱法

第一节　基础知识

一、仪器结构与原理

激光拉曼光谱仪（Raman）是基于拉曼散射效应，对与入射光频率不同的散射光谱进行分析以得到分子振动、转动方面信息，并应用于分子结构研究的一种分析仪器，主要由激光光源、样品室、分光系统、光电探测系统、记录仪和计算机等组成。待测样品无需处理，可直接通过光纤探头或者通过玻璃、石英、和光纤测量。其工作原理是：散射光与入射光之间的频率差 v 称为拉曼位移，拉曼位移与入射光频率无关，只与散射分子本身的结构有关，取决于分子振动能级的变化。不同化学键或基团由于有特征的分子振动，便产生了特征的拉曼位移。拉曼光谱与红外光谱是相互补充的。分子结构分析中电荷分布中心对称的化学键，如-C、N＝N、S-S 键等，它们的红外吸收很弱，而拉曼散射却很强，因此，一些使用红外光谱仪无法检测的信息通过拉曼光谱能很好地表现出来。

二、仪器使用注意事项

1. 激光器开启与关机　激光器在开启，电流跳升至起始电流 10 分钟后，方可缓慢加大电流至工作电流。激光器关机，尤其在关断冷却水后，一般不要重新开机。若遇特殊情况必须开机时，在确认前次断水时激光器是在得到充分冷后才断水的，可以开机。

2. 激光器维护　激光器若长时间不用，也应定期将激光器开启，并适当加大电流运行一段时间，以免激光器长时间放置，激光管气压增高造成损坏。激光器在正常运行中遇到突然断电或冷却水管道发生爆裂等情况，造成冷却水突然断水时，应立即关断激光器冷却水进水球阀，短时间内不要重新启动（避免短时间内供水恢复后，冷水再次进入激光器，造成激光管损坏）。然后按正常关机步骤关闭激光器。24 小时后方可重新开机。

第二节　实验内容

实验一　激光拉曼光谱法测定四氯化碳浓度

【实验目的】

1. 掌握激光拉曼光谱仪的工作原理。
2. 熟悉激光拉曼光谱仪检测四氯化碳的方法。

3. 了解激光拉曼光谱仪的基本结构。

【实验原理】

拉曼位移与散射分子本身的结构有关，不同化学键或基团形成的分子由于有特征的分子振动，便产生了特征的拉曼位移。化学结构对称的分子，可以有很强的拉曼散射现象。四氯化碳（CCl_4）为正四面体结构，碳原子（C）处于正四面体的中央，四个氯原子（Cl）处于四个不相邻的顶角上。四氯化碳振动拉曼光谱有4条谱线，其中459cm^{-1}左右的谱线是4条谱线中强度最大的，可以作为检测四氯化碳浓度的特征拉曼信号，拉曼信号的强弱与四氯化碳的浓度成正比，可以通过拉曼光谱直接测定四氯化碳的浓度。

为了减少仪器稳定性、样品的自吸收、溶剂背景噪音等的干扰，选用溶剂乙醇在884cm^{-1}处的拉曼特征峰为参照峰，其相对峰强度比值作为测定四氯化碳浓度的响应值。

【仪器与试剂】

1. 仪器与器皿　激光拉曼光谱仪。

2. 试剂　四氯化碳（CCl_4，AR），无水乙醇（C_2H_5OH，AR），待测样品。

【实验步骤】

1. 调节光路　让足够多的散射光入射到单色仪中。

2. 准备样品　使用乙醇溶剂，配制浓度分别为5%，10%，15%，20%，25%（v/v）的四氯化碳乙醇溶液。将15%的溶液倒入液体池内，调整好外光路，注意将杂散光的成像对准单色仪的入射狭缝上，并将狭缝开至0.1mm左右。

3. 打开激光电源。

4. 调节外光路　外光路包括聚光、集光、样品架、偏振等部件。外光路调整前，先检查一下外光路是否正常，若正常可立即测量。方法是：在单色仪的入射狭缝处放一张白纸观察瑞利光的成像，即一绿光条纹是否清晰。若清晰并进入狭缝就不要调整。否则需要调整。

（1）聚光部件的调整：使汇聚光束的腰部正好位于试管的中心。

（2）集光部件的调整：观察到清晰的绿色亮条纹。

（3）样品架的调整：使试管进入光路中心。

5. 启动应用软件　输入激光的波长，扫描数据，采集信息，测量数据，读取数据，寻峰，修正波长。模式：波长方式；间隔：0.1nm；负高压（提供给倍增管的负高压大小）：8；阈值：27；工作波长：515～560nm；最大值：16500，最小值：0；积分时间：120ms。

6. 扫描不同浓度的四氯化碳乙醇溶液光谱，通过不同浓度四氯化碳的459cm^{-1}峰的强度与乙醇的884cm^{-1}峰强度的强度比与四氯化碳浓度作图，绘制标准曲线。

7. 测定待测样品，通过标准曲线计算四氯化碳。

8. 关闭应用程序。

9. 关闭仪器电源和激光器电源。

【注意事项】

1. 测定谱图与给定的标准谱图对照，峰值较低时，说明进入狭缝的拉曼光较少，进一步调整外光路。

2. 激光对人眼有害，请不要直视。

3. 打开时，应先打开电源开关再开启开关锁；断开时，应先关闭开关锁再关闭电源

开关；

4. 不允许接触、擦拭光学表面；

【思考题】

1. 激光拉曼光谱仪的特点是什么？
2. 激光拉曼光谱的影响因素有哪些？如何获得清晰的分辨率较好的拉曼散射谱？

（黄沛力）

第九章　X-射线衍射分析法

第一节　基础知识

一、仪器结构与原理

X-射线衍射仪是通过收集晶体衍射方向和衍射强度数据，进行物相鉴定或晶体结构分析的仪器，主要由X射线光源、测角仪、探测计数器和数据处理系统组成。其工作原理是：样品经一束平行的单色X-射线垂直照射后，产生一组以入射线为轴的同轴反射圆锥面族，计数管绕样品旋转，依次测量各反射圆锥面2θ角（即衍射角）位置的衍射线强度，即可获得表征物相的各种衍射数据，从而进行物相鉴定和晶体结构的研究。X-射线衍射分析具有不损伤样品、无污染、快捷、测量精度高、能得到有关晶体完整性的大量信息等优点。从X-射线衍射强度的比较，还可以进行定量分析，可以获得元素存在的化合物状态、原子间相互结合的方式等信息，从而可进行价态分析。X-射线衍射仪可分为X-射线粉末衍射仪和X-射线单晶衍射仪，由于物质要形成比较大的单晶颗粒很困难。所以目前X-射线粉末衍射技术是主流的X-射线衍射分析技术。晶体衍射可以分析出物质分子内部的原子的空间结构。粉末衍射也可以分析出空间结构。但是复杂的大分子（比如蛋白质等）等很难分析。

二、仪器使用注意事项

1. 实验室环境　室内温度应恒定在23℃左右，保持室内恒湿。不按open door键不可直接开样品腔门；X-射线开启后，不得打开样品腔门。

2. X-射线光源　为防止X-射线管损坏，必须将靶固定在高导热的金属Cu上，并通水冷却，防止靶熔化。一般X-射线管在35～50kV，10～35mA范围内使用。X-射线衍射分析中，多用特征谱的单色X-射线。

3. 装样品　粉末样品采用玻璃样品架，应保证装样后样品表面平整，立起后不易脱落；薄膜或块状样品采用铝制样品架，用胶泥从背面固定。装入或换样品时，先按open door按钮，待听到断续的蜂鸣声，方可轻轻地打开衍射仪的门。打开圆柱形样品室的盖子，将样品架插入架槽中，样品侧向外，盖好盖子，然后将门轻轻关上。小角测量系统没有圆柱形样品室，可直接将样品架插入架槽中即可。

4. 加高压　待真空系统达到所需真空度（IG＜160mV），方可加高压。在点击放射性符号的同时应测量真空系统真空度的变化，一般情况下，万用表读数会不断升高，达到最高点（＜300mV）后又开始下降。如果间隔很长时间开机，在这个过程中万用表读数可能会超过300mV，此时应立即停止加高压（再点击一次放射性符号），让系统继续抽真空，待真空度达到系统要求（IG<160mV）之后，再重复以上加高压的操作，直到万用表读数升高到最高点为<300mV的某一值时，方可进行下一步操作。

第二节　实验内容

实验一　X-射线粉末衍射法分析青霉素钠

【实验目的】

1. 掌握X-射线粉末衍射实验技术。
2. 熟悉X-射线粉末衍射的工作原理。
3. 了解X-射线粉末衍射的基本结构。

【实验原理】

每种晶态物质都有其特有的晶体结构，当材料中包含多种晶态物质时，它们的衍射谱同时出现，不互相干涉（各衍射线位置及相对强度不变），只是简单叠加。因此，在衍射谱图中发现和某种结晶物质相同的衍射花样，就可以断定试样中包含这种结晶物质，自然界中没有衍射谱图完全一样的物质。国际粉末衍射标准联合会（JCPDS）收集了几百万种晶体，包括有机化合物和无机化合物两大类的晶体衍射数据卡片，我们可以根据所测的粉末衍射数据，使用计算机软件进行检索。由于混合物某相的衍射线强度取决于它的相对含量，通过衍射线的强度比可推算相对含量，因此X-射线粉末衍射仪还可以进行定量分析。

【仪器与试剂】

1. 仪器　X-射线粉末衍射分析仪。
2. 试剂　注射用青霉素钠样品。

【实验步骤】

1. 开机　打开电源开关、打开循环水开关、开启真空系统，待IG<160mV，进行下一步操作。

2. 进入计算机操作系统　分别将计算机稳压电源、计算机主机、打印机、显示器等设备电源开关打开，加高压。

3. 实验条件扫描方式　Cu靶，Kα辐射，管压40kV，管流40mA，发散狭缝1.0mm，防散射狭缝1.0mm，接收狭缝0.1mm，扫描范围2°~50°，步长0.02°，每步计时0.1秒。

4. 装样品　将注射用青霉素钠样品研细后置样品架上直接压平后，置于X-射线衍射仪中测定，得到青霉素钠的X-射线衍射图谱。

5. 分析　根据要求选择不同的软件进行数据处理和分析。

6. 关机　将电压、电流降为0kV，0mA后开始计时，20分钟以后才能关闭真空系统。退出计算机操作系统，待屏幕上出现可安全关机信号，依次关主机电源、打印机、计算机稳压电源。

7. 关闭真空系统　高压降为0kV 20分钟以后，按下Vacuum下的Stop按钮。

8. 关循环水开关　关闭真空系统后6~7分钟，关闭循环水。关电源将循环水电源、

计算机电源和总电源闸刀依次分开（从左向右）。

【注意事项】

1. 开机前先检查是否有充足的水压供应循环水。如在测量过程中突然停水或水压不足，此时应立即关掉真空系统。

2. 加高压或测量过程中，切勿触动衍射仪的门。

3. 工作电压不超过40kV，电流不超过100mA。

4. 加高压前，真空度应达到 IG < 160mV；加高压的过程要缓慢，严格按照操作规程进行。

5. 装或换样品时，先按 Door Open 按钮，听到断续的蜂鸣声，方可打开衍射仪的门。

【思考题】

1. X-射线粉末衍射分析仪的特点是什么?

2. 样品制备时应注意哪些问题?

实验二　X-射线单晶衍射分析实验

【实验目的】

1. 掌握 X-射线单晶衍射的工作原理。

2. 熟悉 X-射线单晶衍射实验技术。

3. 了解 X-射线单晶衍射仪的基本结构。

【实验原理】

在一粒单晶体中原子或原子团均是周期排列的，将 X-射线（如 Cu 的 Kα 辐）射到一粒单晶体上会发生衍射，通过对衍射线的分析可以解析出原子在晶体中的排列规律，也即解出晶体的结构。

【仪器与试剂】

1. 仪器　X-射线单晶衍射分析仪。

2. 试剂　蔗糖（$C_{12}H_{22}O_{11}$），食盐（NaCl），谷氨酸钠（$C_5H_8NO_4Na$）。

【实验步骤】

1. 在显微镜下，选择大小适度，晶质良好的单晶体作试样。

2. 上样，对心，已对心的晶体在旋转过程中其中心位置应不会明显移动，若在测角仪旋转过程中晶体发生颤抖，则应该检查晶体或玻璃丝是否固定好。

3. 快速扫描，确定晶体衍射能力，估计所需实验时间。

4. 预实验结束后，设定收集数据参数：目标分辨率 0. 80A；数据目标完整度 100%；根据晶体对称性收集数据；曝光时间 1. 0 秒；探测器距离 55mm。

5. 数据收集。

6. 通过自动数据还原进行数据后处理。“好”数据的基本判断依据分别是：高分辨率，Mo0. 80/Cu0. 836A；高完整度 > 98. 5%；高强度，信噪比 > 20；低 Rint < 5%；高冗余值≥2。

【注意事项】

需要进行手动处理数据的一些情况主要包括：重新确定晶胞或晶系；选择不同的数据处理方法（如扣除背景模式）以提高还原数据质量；测定不含重于 P 元素的有机化合物晶

体的绝对构型；孪晶、无公度晶体等特殊情况。

【思考题】

1. X-射线粉末衍射分析仪和X-射线单晶衍射分析仪在性能上有什么区别？

2. 如何选择单晶样品？

（黄沛力）

第十章 动态光散射激光粒度仪

第一节 基础知识

一、仪器结构与原理

动态光散射激光粒度仪是通过颗粒的衍射或散射光的空间分布（散射谱）来测量纳米及亚微米颗粒粒径大小的仪器，主要由测量单元（激光光源）、样品池和数据处理系统组成。其中，测量单元是仪器的核心，它负责激光的发射、散射信号的光电转换、光电信号的预处理和 A/D 转换。循环样品池用来将待测样品送到测量单元的测量区。其工作原理是：基于悬浮颗粒的布朗运动，在激光入射下，由各个颗粒布朗运动造成散射光波相干叠加，形成颗粒群散射光强的涨落。这种散射光的涨落与颗粒粒径有关，颗粒越小，涨落的频率越高。通过计算光强涨落的自相关函数，可以得到颗粒粒径信息。纳米颗粒或者超微颗粒由于具有光、磁、电和催化等性质而被广泛应用于催化、光吸收、滤光、医药、环境、航天、化工以及新材料等领域。由于颗粒尺寸直接影响着其应用，因此纳米颗粒或者超微颗粒的粒径测量是纳米技术得以快速发展的基础和重点。

二、仪器使用注意事项

1. 实验室环境　放置仪器的实验室温度范围为 15～30℃，温度和湿度的波动应尽量小。空气中的灰尘应当少。仪器尽量避免阳光直射。

2. 仪器选择　样品进行测量分析前，要对待测样品进行适当的分析，包括待测样品的粒度范围、分散溶剂以及样品前处理等。确定测量上、下限，因为仪器量程的中段精度最高，所以粒度分布最好选择在量程的中段。动态光散射激光粒度仪的测量范围主要在亚微米和纳米级，获得的数据是平均粒径，据此选择合适的测量仪器。

3. 颗粒分散　样品的分散问题是影响获得准确粒度数据的重要因素，也是大多数分析失败的主要原因。常用的主要分散介质有：水和乙醇。为了获得更好的分散效果，可以采取以下方法：①适量加入分散剂，如六偏磷酸钠、焦磷酸钠、氯化钠等；②超声分散；③摇动、搅拌和研磨等其他分散技术。

4. 干法、湿法合理选用　干法测试适用于颗粒较大、比重较大的试样；湿法测试适用于微细颗粒（<200μm）、不溶于分散介质的试样。

第二节　实验内容

实验一　动态光散射仪测定颗粒物粒径

【实验目的】

1. 掌握动态光散射激光粒度仪的工作原理。
2. 了解动态光散射激光粒度仪的基本结构。
3. 了解不同条件处理样品对测试结果的影响。

【实验原理】

悬浮在液体中的颗粒由于同溶剂分子的随机碰撞而发生布朗运动，这种运动会造成颗粒在整个媒介中扩散。当激光向颗粒照射时，激光光线会向所有方向散射，散射光波动频率包含了颗粒大小的信息，对于快速运动的较小颗粒，波动将会快速发生；而对于较慢运动的较大颗粒，波动会慢一些。散射光于某一选定的角度被收集，由高灵敏度探测器测量，对散射光进行相关的运算就可以测出粒度信息。因此通过观察布朗运动以及测定液体媒介中颗粒的扩散系数，就可以得知颗粒的粒径。

【仪器与试剂】

1. 仪器　动态光散射激光粒度仪
2. 试剂　纳米 SiO_2，水，乙醇

【实验步骤】

1. 测试单元预热　打开仪器电源总开关，一般要等至少半小时之后，激光功率才能稳定。如实验室环境温度较低，则预热时间需适当延长。

2. 打开计算机和仪器测试软件。

3. 湿法操作　提前将水浴箱与仪器主机连接，选择自动清洗，设定泵的转速，如有必要则设定超声的强度和时间，在20ml 烧杯中分别加入适量分散介质水和乙醇，首次测量背景值，然后用一次性滴管缓慢加入样品，待激光遮光度处于设定的范围内（8% ~ 12%）时，即可“开始”测量样品。设置报告参数、显示图例、数据顺序、报告名称等相关选项。预览无误后即可进行报告打印。

4. 实验结果比较　比较不同介质下的测定结果。

5. 关闭实验设备　将水浴台清洗干净后在样品池内注入少量蒸馏水进行液封处理，关闭操作软件后方可关闭仪器主机。

【注意事项】

1. 尽量避免粉尘对水浴台样品池及载物量筒的污染。
2. 长时间闲置开机后需要对仪器进行清洗并对样品池排水口处钢球进行退磁、润滑处理。
3. 仪器进水管过滤器需定期更换脱脂棉。

【思考题】

1. 动态光散射激光粒度仪的特点是什么？
2. 不同介质对测定结果有何影响？

（黄沛力）

第十一章　核磁共振波谱法

第一节　基础知识

一、仪器结构与原理

核磁共振波谱仪是利用不同元素原子核性质的差异分析物质的磁学式分析仪器，主要由外加磁铁、高分辨探头、射频发生器、射频接收器、扫描发生器、信号放大器及记录仪组成。其原理是：具有磁矩的原子核在高强度磁场作用下，可吸收适宜频率的电磁辐射，不同分子中原子核的化学环境不同，将会有不同的共振频率，产生不同的共振谱。记录这种波谱即可判断该原子在分子中所处的位置及相对数目，用于进行定量分析、分子量的测定以及有机化合物的结构分析。目前。核磁共振波谱的研究主要集中在^{1}H（氢谱）和^{13}C（碳谱）两类原子核的波谱。核磁共振波谱法的优点是：①谱图的直观性强，特别是^{13}C能直接反映出分子的骨架，谱图解释较为容易；②可以提供分子中化学官能团的数目和种类信息，用来研究蛋白质和核酸的结构与功能；③样品可为液体或固体，可以进行定量测定，也可以用于跟踪化学反应的进程，研究反应机理。

二、仪器使用注意事项

1. 溶剂选择　选择对样品溶解性好的合适的氘代溶剂，高氘代度，纯度>90%，并注意氘原子会对其他原子信号产生裂分。溶剂体积应<0.5ml/次，溶剂在样品管内的长度不超过3cm。

2. 样品管　样品管需平直、粗细均匀、没有裂痕，千万不能使用弯曲的样品管。常用外径为5mm或10mm，长度为15cm或20cm的核磁管。当样品量较少时可选用微量样品管。要保证样品管外壁干净，防止有溶剂或其他杂质落入探头里。样品管清洗后要在低于120℃烘1小时以上，温度过高，样品管会变形。样品管帽不要烘烤，否则会变形。

3. 样品制备　样品的浓度取决于实验的要求及仪器的类型，测定非主要成分时需要更高的浓度。供试液的体积取决于样品管的大小及仪器的要求，通常样品溶液的高度应达到线圈高度的2倍以上。

4. 定量测定　必须保证有足够长的弛豫时间，以使所有激发核都能完全弛豫，因而定量分析通常需要更长的实验时间。

第二节　实验内容

实验一　正丙醇的核磁共振氢谱、碳谱测定

【实验目的】

1. 掌握核磁共振波谱仪的工作原理。
2. 了解核磁共振波谱仪的基本结构。
3. 观察核磁共振稳态吸收现象。

【实验原理】

将有磁矩的原子核放入磁场后，用适当频率的电磁波照射，它们会吸收能量，发生原子核能级的跃迁，同时产生核磁共振现象。由于不同分子中原子核的化学环境不同，因此，所产生的核磁共振波谱不同，通过波谱图可以分析原子在分子中所处的位置及相对数目，而对有机化合物进行结构分析。

【仪器与试剂】

1. 仪器　傅立叶变换核磁共振仪。
2. 试剂与样品　重水，氘代三氯甲烷，正丙醇。

【实验步骤】

1. 样品制备　分别使用重水和氘代三氯甲烷溶解正丙醇，将样品溶液加入到样品管，高度控制在3.5～4.0cm之间。

2. 测定步骤：

（1）放入样品管和转子。

（2）建立数据目录：键入edc，输入文件名，实验号，处理号。

（3）调谐（tune）：输入命令atma，根据所做实验自动调谐。

（4）锁场和匀场：输入命令lock自动锁场。

自动匀场：样品改变时通常要匀场，进行梯度匀场。

（5）设定采样参数并键入zg采样。

（6）输入命令进行傅立叶变换，然后调整相位，调整基线和将谱图定标。

（7）^{1}H积分：在主窗口上点击integrate，点击鼠标左键，鼠标变为下箭头，移到被积分峰的左侧点击中键，再移到被积分峰右侧点击中键，即完成一个积分。选择峰位移明确的质子峰，以其质子数为参照积分，积分完毕返回时点击保存即可。

（8）谱图后处理并打印。

3. 观察^{1}H和^{13}C的核磁共振信号　分别观察正丙醇（重水，292K），正丙醇（氘代三氯甲烷，292K）和正丙醇（氘代三氯甲烷，300K）的^{1}H和^{13}C的核磁共振信号，并进行分析。

【注意事项】

1. 在测量样品高度时要准确无误。
2. 把样品放入探头时，一定要严格按照操作要求进行。

【思考题】

1. 核磁共振波谱仪的特点是什么?

2. 样品制备时应注意哪些问题?

（黄沛力）

第十二章　电位分析法

第一节　基础知识

一、仪器结构与原理

电化学分析是利用被分析物质在电化学电池中的电化学特性而建立起来的分析方法。电化学分析法通常是选用两个适当的电极插入试液构成一个化学电池，根据化学电池的某些物理量与被测组分间的计量关系进行分析测试。电化学分析法按照所测电池的物理量性质不同分为电位分析法、电导分析法、库仑分析法、伏安分析法等。电化学分析法的灵敏度、选择性和准确度都较高，且适用范围较广，测定范围也较广（例如电位分析法及伏安分析法可用于微量至痕量组分的测定；电位滴定法可用于常量组分的分析）。常用的仪器有电位分析仪、库仑分析仪、电导仪、酸度计等。

电位分析法是通过测量原电池的电动势来测定有关离子浓度的方法，包括直接电位法和电位滴定法。电位分析的基本原理是将两支电极插入待测溶液中组成原电池，其中一支为指示电极，其电极电位与待测离子的活度之间服从 Nernst 方程（称为 Nernst 响应）。另一支是电极电位已知并恒定的参比电极，常用饱和甘汞电极或银-氯化银电极。将指示电极和参比电极所构成的原电池连接于测量电池电动势的高阻抗毫伏计上，在流过电流接近于零的条件下测量电池电动势，可求出指示电极的电位，并可按 Nernst 方程确定待测离子的活度。电位分析仪主要由电极和毫伏计构成。电极是电位分析仪中最主要的部件，离子选择性电极是最常用的指示电极，饱和甘汞电极、银-氯化银电极则是最常用的参比电极，电池电动势的测定采用高阻抗毫伏计。电位分析定量方法主要有：标准曲线法、标准比较法和标准加入法。

二、仪器使用注意事项

1. 电极　新电极或长期干储存的电极，在使用前应在适当的浸泡液中充分浸泡活化后才能使用。电极在长期不用时，可将电极浸泡于适宜的溶液中。这对改善电极响应迟钝和延长电极寿命是非常有利的。

参比电极内饱和 KCl 溶液的液位应保持足够的高度（以浸没内电极为止），不足时要补加。为了保证内参比溶液是饱和溶液，电极下端要保持有少量 KCl 晶体存在，否则必须由上加液口补加少量的 KCl 晶体。使用前应检查玻璃弯管处是否有气泡，若有气泡应及时排除掉，否则将引起电路断路或仪器读数不稳定。

安装电极时，电极应垂直置于溶液中，内参比溶液的液面应高于待测溶液的液面，以防止待测溶液向电极内渗透。

饱和甘汞电极在温度改变时常显示出滞后效应，因此不宜在温度变化太大的环境中使用。

2. 电压与电源 电压波动较大时，要配备有过压保护的稳压器。停止工作时，必须切断电源，盖上防尘罩。仪器若长期不用要定期通电 20～30 分钟。

第二节 实验内容

实验一 酸度计的性能检验和水溶液酸度的测定

【实验目的】

1. 掌握酸度计测定溶液 pH 的原理和方法。
2. 熟悉酸度计的实验操作过程及性能检验方法。
3. 了解标准缓冲溶液的作用和配制方法。
4. 了解玻璃电极的构造。

【实验原理】

pH 是表示溶液酸碱度的一种标度，定义为

$$pH = -\lg a_{H^+} \tag{12-1}$$

式中，a_{H^+}——溶液中氢离子的活度。

测定溶液 pH 常用方法有 pH 试纸法、酸碱滴定法和酸度计法，前两种方法准确度较差，仅能准确到 0.1～0.3pH 单位。酸度计法是测定水溶液中氢离子浓度的一种重要方法。采用酸度计测定 pH 准确度较高，可测定至 pH 小数点后第二位。酸度计测定 pH 采用的是直接电位法，一般是将 pH 玻璃电极作为指示电极，饱和甘汞电极作为参比电极，浸入被测溶液中组成原电池，该电池可用下式表示（图 12-1，图 12-2）：

$$Ag|AgCl,Cl^-(1mol/L),H^+(a_2)|玻璃膜\|H^+(a_1)\|KCl(饱和),Hg_2Cl_2|Hg \tag{12-2}$$

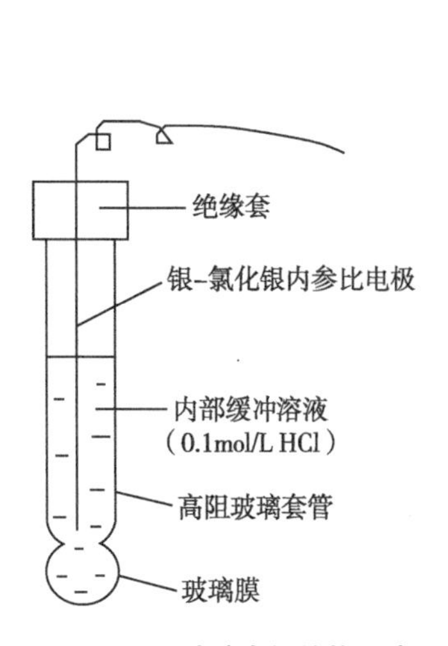

图 12-1 pH 玻璃电极结构示意图

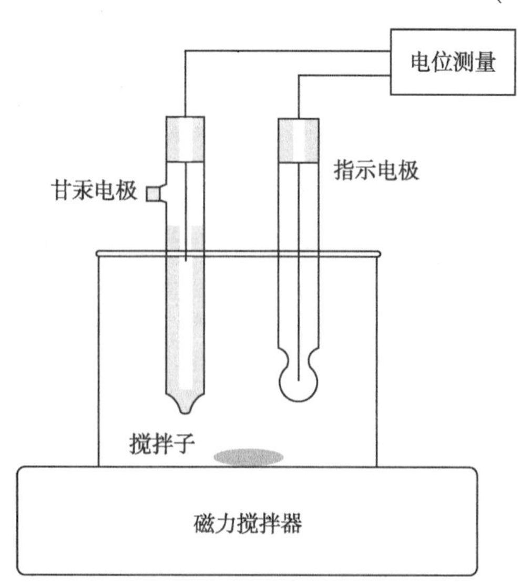

图 12-2 电位分析法原理

上述电池电动势与氢离子活度 a_1 和 a_2 有关，即：

$$E_{电池}=E_{SCE}-E_{Ag/AgCl}-\frac{RT}{F}\ln\frac{a_1}{a_2}+E_a+E_j \tag{12-3}$$

式中，E_{SCE}和 $E_{Ag/AgCl}$分别是外参比电极和内参比电极的电极电势；E_a 是不对称电势；E_j 是液接电势。假设在测定过程中 E_a 和 E_j 不变，而 E_{SCE}、$E_{Ag/AgCl}$和玻璃电极内充液的氢离子活度 a_2 的值一定，都可以合并为常数项，则电池电动势可以表示为：

$$E_{电池}=K+\frac{2.303RT}{F}pH_{试液} \tag{12-4}$$

其中 K 是常数项，在一定条件下 K 虽然是个定值，但却难以准确测定或计算得到，所以在实际测定 pH 时，要先用已知 pH 的标准缓冲溶液校正酸度计，称为“定位”，使 $E_{电池}$和溶液 pH 的关系能满足式（12-4），然后在相同条件下测定溶液的 pH。这两个电池的电动势分别为

$$E_{标准}=K+\frac{2.303RT}{F}pH_{标准} \tag{12-5}$$

$$E_{待测液}=K+\frac{2.303RT}{F}pH_{待测液} \tag{12-6}$$

因为温度、电极等测量条件相同，两式相减消去常数项，因此待测水溶液 pH 的测定公式可表示为

$$pH_{待测液}=pH_{标准}+\frac{E_{待测液}-E_{标准}}{2.303RT/F} \tag{12-7}$$

由上式可见，pH 的测量是相对的，每次测量的 $pH_{待测液}$的值都是与其 pH 最接近的标准缓冲溶液进行比对后的结果，测量结果的准确度取决于标准缓冲溶液 pH 的准确度，因此要求所使用的标准缓冲溶液具有较强的缓冲能力，容易制备、易于储存且稳定性好。

随着测试仪器的不断发展，现在所用的测定 pH 的电极已普遍制成复合电极，但测定原理是相同的。

【仪器与试剂】

1. 仪器与器皿　酸度计；复合电极；恒温水浴；1000ml 容量瓶。

2. 试剂

（1）三种未知 pH 的溶液，包括一个自来水样、一种碳酸饮料和一种果汁饮料。

（2）pH 分别为 4.01、6.86 和 9.18 的三种标准缓冲溶液（25℃），配制方法如下：

邻苯二甲酸氢钾溶液［0.05mol/L，pH = 4.01（25℃）］：邻苯二甲酸氢钾在（115 ±5）℃下烘干 2 ~3 小时，然后称取 10.21g，溶于蒸馏水，在容量瓶中稀释至 1000ml；

磷酸二氢钾和磷酸氢二钠混合溶液［0.025mol/L，pH = 6.86（25℃）］：磷酸二氢钾和磷酸氢二钠在（115 ±5）℃下烘干 2 ~3 小时，然后分别称取 Na_2HPO_4 3.55g 和 KH_2PO_4 3.40g 溶于蒸馏水，在容量瓶中稀释至 1000ml；

硼砂溶液［0.01mol/L，pH = 9.18（25℃）］：称取 $Na_2B_4O_7 \cdot 10H_2O$ 3.81g（注意，不能烘），溶于蒸馏水，在容量瓶中稀释至 1000ml。

【实验步骤】

1. 开机前准备　新玻璃 pH 电极或长期干储存的电极，在使用前应在 pH 浸泡液中浸泡 24 小时后才能使用。使用前用二次去离子水洗净电极上的浸泡液。

按照酸度计的说明书连接线路，准备电极，接通电源，预热30分钟，然后进行标定。

2. 酸度计的标定　接通仪器电源开关，仪器工作状态选择“pH”挡，仪器预热10分钟。将pH复合电极正确连接于仪器上。仪器在测量前首先进行标定。

目前通常采用二点标定法。选择两种标准缓冲液：一种是pH近中性的标准缓冲溶液；另一种是与待测试液pH相近的标准缓冲溶液，具体方法如下：

（1）将试液杯放入恒温水浴，恒温水浴保持在25℃。摇动试液杯使溶液均匀。

（2）把复合电极插入pH近中性的标准缓冲溶液（如混合磷酸盐标准缓冲溶液），按下“标定”按钮，使仪器的指示值为该缓冲溶液相应温度下对应的pH。

（3）根据待测溶液的酸碱性选择另一种标准缓冲溶液（可先用pH试纸测量待测溶液的pH近似值。如待测溶液呈酸性，可选用邻苯二甲酸氢钾标准缓冲溶液；如待测溶液呈碱性，可选用硼砂标准缓冲溶液）。用蒸馏水清洗电极，并用滤纸吸干，把电极插入另一种缓冲溶液中，按下“标定”按钮，使仪器的指示值为该缓冲溶液相应温度下对应的pH。完成仪器两点标定。

3. 电极系数的测定

（1）仪器工作状态选择“mV”挡。

（2）用蒸馏水清洗电极球泡，并用滤纸吸干。

（3）按照以上3种标准缓冲溶液pH，由低至高的顺序，把pH复合电极依次插入被测溶液内，摇动试液杯使溶液均匀后即可读出相应的电极电位（mV值），并自动显示正负极性。

绘制E-pH曲线，计算曲线的斜率，即为该pH复合电极的电极系数，以此判断该电极的性能。

4. 玻璃电极响应斜率和溶液pH的测定

（1）玻璃电极响应斜率的测定：作E-pH图，求出直线斜率即为该玻璃电极的响应斜率。若偏离59mV/pH（25℃）太多，则该电极不能使用。

（2）水溶液pH的测定：如电极经过性能测试证明稳定可靠，则可用于pH的测定。测定时将装有被测溶液的玻璃杯放入恒温水浴，待温度稳定后，清洗电极球泡，用滤纸吸干；把电极插入被测溶液内，摇动试液杯使溶液均匀，仪器的稳定显示数值即为待测试液的pH。

每次测量后，需用蒸馏水清洗电极，再进行下一个溶液的测量。测定完毕将pH电极浸泡于饱和KCl溶液中保存。

数据记录与处理如表12-1：

表12-1　水溶液pH的测定

待测液	pH
自来水样	
碳酸饮料	
果汁饮料	

【注意事项】

1. 新玻璃pH电极或长期干储存的电极，在使用前应在pH浸泡液中浸泡24小时后才

能使用。pH 电极在长期不用时，需将电极浸泡于饱和 KCl 溶液中。这对改善电极响应迟钝和延长电极寿命是非常有利的。

2. 对使用频繁的 pH 计一般在 48 小时内仪器不需再次校准。如遇到下列情况之一，仪器则需要重新校准：

（1）待测溶液温度与标定温度有较大的差异。

（2）电极在空气中暴露过久，如半小时以上。

（3）定位或斜率调节器被误动。

（4）测量强酸（$pH<2$）或强碱（$pH>12$）的溶液后。

（5）更换电极。

（6）当所测溶液的 pH 不在两点定标时所选溶液的中间，且距 $pH=7$ 又较远时。

3. 玻璃电极球泡的玻璃很薄，因此勿与硬物相碰。

4. 使用复合电极时，必须注意内参比电极与球泡之间及内参比电极与陶瓷芯之间有无气泡。必须除掉气泡，以使溶液连通并保持一定的液压差。

【思考题】

1. 在测量未知溶液的 pH 时，为什么应尽量选 pH 与它相近的标准缓冲溶液来校正 pH 计？

2. 如果计算出的 pH 电极的实际响应斜率大于或小于理论值，对测量结果将有怎样的影响？

3. pH 测量时，标定的作用是什么？

实验二　氟离子选择性电极测定水样中氟离子含量

【实验目的】

1. 掌握使用氟离子选择性电极测定水样中氟的原理、方法和操作。

2. 熟悉氟离子选择性电极适用范围的测定方法。

3. 了解离子选择性电极的主要特性。

【实验原理】

氟（F）是人体必需的微量元素之一，可以通过水、食物等多种途径进入人体，几乎人体各个器官中都有氟离子。人体缺氟或氟过量都会对健康造成不良影响。例如氟可以增强牙齿的抗酸性，同时抑制细菌发酵产生酸，因此能够预防龋齿。但高浓度的氟也会产生健康危害，轻者影响牙齿和骨骼的发育，重者会引起恶心、呕吐、心律不齐等急性氟中毒症状。

氟含量的测定方法有分光光度法、高效液相色谱法、离子选择性电极法等等，其中氟离子选择性电极测定水溶液中的氟离子具有灵敏快速、操作简便、仪器简单等优点。氟离子选择性电极（简称氟电极）是一种晶体膜电极，它的敏感膜由难溶盐 LaF_3 单晶（掺杂 EuF_2）薄片制成，电极内充液为0.1mol/L NaF 和0.1mol/L NaCl 的混合液，内充液中浸入一根 Ag/AgCl 内参比电极，测定水溶液中 F^- 时，氟电极、饱和甘汞电极（外参比电极）和含氟水溶液组成的电池电池式为：

$$\text{Ag}|\text{AgCl}|\text{NaF}(0.1\text{mol/L})\cdot\text{NaCl}(0.1\text{mol/L})|\text{LaF}_3\text{单晶}|\\ \text{含氟试液}(a_{F^-})\parallel\text{KCl}(\text{饱和}),\text{Hg}_2\text{Cl}_2|\text{Hg} \quad (12\text{-}8)$$

实验装置如图 12-3 所示：

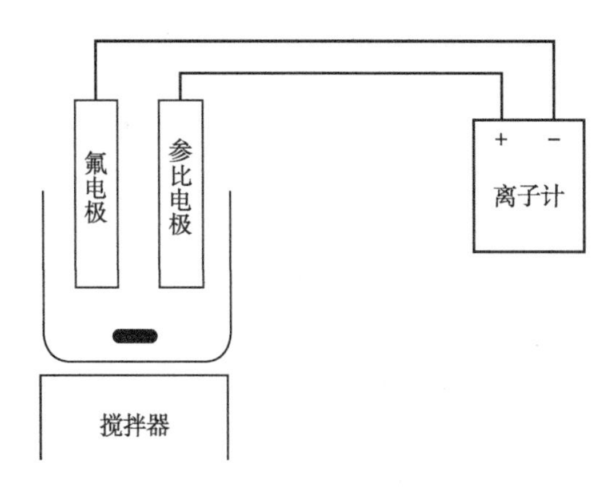

图 12-3　测定 F^- 的实验装置图

电池的电动势为

$$E = \varphi_{参比} - \varphi_{氟电极} + \varphi_{液接} \tag{12-9}$$

其中，$\varphi_{参比}$和 $\varphi_{液接}$是常数，氟电极对 F^- 的响应遵守 Nernst 方程式：

$$\varphi_{氟电极} = \varphi^0 - \frac{RT}{F}\ln a_{F^-} \tag{12-10}$$

代入式（12-9），并合并常数项得：

$$E = K + \frac{RT}{F}\ln a_{F^-} = K + 0.059\lg a_{F^-} \tag{12-11}$$

由于氟电极的主要干扰是 OH^-，必须引入一个比例系数来表达氟电极对 OH^- 的响应程度，则上式可改写成

$$E_{观察} = K + \frac{RT}{F}\ln a_{F^-} = K + 0.059\lg(a_{F^-} + K_{F^-.OH^-} \cdot a_{OH^-}) \tag{12-12}$$

式中，$K_{F^-.OH^-}$为选择性系数，它等于 F^- 和 OH^- 两种离子分别在各自的溶液中使电极电位相等时的活度之比，即

$$K_{F^-.OH^-} = \frac{a_{F^-}}{a_{OH^-}} \tag{12-13}$$

$K_{F^-.OH^-}$愈小，表示 OH^- 的干扰愈小，氟电极对 F^- 的选择性愈好。
本实验用混合溶液法测定 $K_{F^-.OH^-}$的方法是：

固定 F^- 的浓度 c_F 和其他条件，只改变试液的 pH（即改变 OH^- 的活度），在不同 pH 的试液中测量氟电极的电位（对饱和甘汞电极），绘制 pH-φ 曲线，干扰离子的活度 a_{OH}^-可从切点求出（例如切点对应的 pH 为 x，则 $a_{OH}^- = 10^{-14}/10^{-x}$而 a_F^- 值则用已知的 $c_F{}^-$ 近似代替，从而可从公式计算出 $K_{F^-.OH^-}$并可从 pH-φ 曲线上确定测定 F^- 的适宜 pH 范围。

在实际工作中需要测定的几乎都是离子的浓度而不是活度。通常是采取在标准溶液和待测溶液中，同样地加入一种离子强度很大的溶液，使两者的离子强度尽量接近，达到离子的活度系数基本相同。这样，从测量到的电池电动势即可求得离子的浓度。所加入的离子强度很大的溶液叫做总离子强度调节缓冲液（TISAB），测定氟离子时所用的总离子强度调节缓冲液除了有消除活度系数影响的作用外，还可维持溶液的酸度恒定，防止 OH^- 及 Al^{3+}、Fe^{3+} 等离子的干扰。

离子选择性电极除了对所测离子有响应外，也会对溶液中某些共存离子有不同程度的

响应。因此提出“选择性系数”这一概念来衡量选择性电极对其他离子的响应程度。选择性系数愈小，电极对其他离子的响应也愈小，即电极的选择性愈好。选择性系数的测定有不同方法，本实验用混合溶液法来测定氟离子选择性电极的选择性系数。

【仪器与试剂】

1. 仪器与器皿　酸度计；电磁搅拌器；氟离子选择电极和饱和甘汞电极；量筒；烧杯；容量瓶。

2. 试剂

（1）F^-标准储备液（0.1mol/L）：称取 NaF（120℃烘1小时）4.199g 于1000ml 容量瓶中，用蒸馏水溶解并稀释至刻度，摇匀，贮于聚乙烯瓶中保存。

（2）F^-标准工作溶液：在100ml 容量瓶中分别配制内含10ml 总离子强度调节缓冲液的1.0×10^{-2}，1.0×10^{-3}，1.0×10^{-4}，1.0×10^{-5}，1.0×10^{-6}mol/L 的标准工作溶液。

（3）TISAB（总离子强度调节缓冲液）：取57ml 冰醋酸，58g NaCl，12g 二水合枸橼酸钠加入到盛约500ml 蒸馏水的大烧杯中，搅拌使之溶解。慢慢加入6mol/L NaOH 溶液（约125ml）调节 pH 为5.0～5.5，冷至室温后，加水至1000ml。

以上试剂均系分析纯，所用水均为二次蒸馏水。

【实验步骤】

1. 氟电极的使用　将已活化好的氟电极（见注意事项）及饱和甘汞电极连接于酸度计上、再浸入有双蒸水的小烧杯内，在电磁搅拌下读取此时的平衡电位值（空白液），观察读数是否在合适的范围内，数值低于 -230mV 将不能使用。

2. F^-离子浓度一定时，则F^-离子测定的合适 pH 范围选定步骤为：

（1）在8个50ml 烧杯中，用吸量管加入0.4mol/L NaCl 溶液10ml，用量筒加入双蒸水约25ml，然后用稀 HCl 和 NaOH 调节溶液的 pH 分别为3、4、5、6、7、8、9、10，最后用酸度计测量其精确的 pH。

（2）把各溶液分别移入50ml 容量瓶中，用吸量管向各瓶中加入0.1mol/L 的氟工作液1.00ml，再用水稀释至刻度，摇匀。

（3）将各管溶液倒入烧杯中，按 pH 由高到低测量氟电极在各溶液中的平衡电位（φ）。

（4）根据记录的数据绘制 pH-φ 曲线（表12-2）。

表12-2　适宜 pH 范围测定（溶液中F^-浓度 = mol/L）

pH	
φ（*vs*，SCE，Mv）	
适宜 pH 浓度范围	

3. 线性范围的测量　取5只小烧杯，将标准工作溶液中的5种溶液分别倒入小烧杯中，然后由低含量至高含量逐个插入电极，测出各溶液平衡电位的毫伏数，作 φ-lg$c$ 的关系曲线，并确定其氟离子选择电极适合的浓度范围。测试完毕清洗电极待用。

4. 水样中氟含量测定　准确移取50.00ml 水样于100ml 容量瓶中，加入总离子强度调节缓冲剂10ml，用蒸馏水稀释至刻度，摇匀。倒入一干净的干烧杯中，插入电极，在搅拌下待电位稳定后测得电位值 φ_1，加入1.0×10^{-2}mol/L 的标准F^-溶液0.1ml 后再测得电位值 φ_2。

5. 结果计算

（1）用标准曲线法求水样中 F^- 含量，以 mg/L 表示，据所测的 φ-lg*c* 曲线及 φ_1，从图上查出被测样中 F^- 浓度。

（2）以标准加入法求水样中 F^- 含量，以 mg/L 表示：

$$\varphi_1 = b + \frac{2.303RT}{nF}\lg f_x \cdot c_x = b + s\lg f_x \cdot c_x \qquad (12\text{-}14)$$

$$\varphi_2 = b + \frac{2.303RT}{nF}\lg f_x' \cdot \frac{c_x V_0 + c_s V_s}{V_0 + V_s} = b + s\lg f_x \cdot c_x \qquad (12\text{-}15)$$

因为 $f_x' = f_x V_s << V_0$，两式相减，并整理得

$$c_x = c_s \frac{V_s}{V_0}(10^{\Delta E/s} - 1)^{-1} \qquad (12\text{-}16)$$

式中：V_s，c_s——加入的标准 F^- 溶液的体积和浓度；

V_0——测试样品的体积；

ΔE——$\varphi_2 - \varphi_1$；

S——实际斜率，在 φ-lg*c* 曲线上求得。

$$水样含\ F^-量(mg/L) = \frac{c_x \times 18.998}{1000} \cdot \frac{V_0}{V_{样}} \times 1000 \times 1000 \qquad (12\text{-}17)$$

【注意事项】

1. 氟离子选择电极的活化　将氟电极在含 1.0×10^{-4}mol/L 或更低浓度的 F^- 溶液中浸泡半小时左右，然后用双蒸水清洗至电位值约在 −300mV 左右。连续使用的中间空隙应浸泡纯水中。电极若暂不使用宜风干保存。电极晶片要小心保护，切勿与尖硬物碰撞。如沾有油污，可用脱脂棉依次涂酒精和丙酮轻拭，再以纯水洗净。

2. 电极在接触浓的含氟溶液后再测稀溶液时，往往伴有迟滞效应，测定顺序宜由稀溶液到浓溶液进行。

3. 电极电位的平衡时间随氟离子浓度降低而延长。测定时，如果电位在 1 分钟变化不超过 1mV 时即可读取平衡电位值。

【思考题】

1. 实验中加入了总离子强度调节缓冲剂，其组成和作用各是什么？

2. 氟离子选择电极在使用时应该注意哪些问题？

3. 溶液的酸度对氟离子的测定有何影响？

（施致雄）

第十三章 电导分析法

第一节 基础知识

一、仪器结构与原理

以测量溶液电导值为基础的分析方法称为电导分析法。包括直接电导法和电导滴定法两类。直接电导法是将试液放在由固定面积和距离的两个铂电极构成的电导池中，通过测量溶液的电导来确定被测物质含量的方法。电导滴定法则是利用滴定过程中所发生的化学反应引起溶液电导的变化，以此确定滴定反应终点的方法。电导分析仪可用于测定水质纯度、海水或土壤总盐度，大气中 SO_2、NH_3 等气体的测定，以及某些物理化学参数如弱电解质电离常数、难溶盐的溶度积测定等。也可用做离子色谱的检测器。电导分析仪主要有电导池、测量电源和电路构成，电导池是由硬质玻璃做成的容器中插上一对面积相同、两电极间距离恒定不变的铂电极构成。铂电极可分为镀铂黑和光亮两种。在测定电导较大的溶液时用铂黑电极，测定低电导溶液时则用光亮铂电极。

二、仪器使用注意事项

1. 电导滴定实验时，为了避免稀释效应对溶液电导的影响，滴定剂的浓度至少要是滴定液浓度 10～20 倍；滴定过程中必须保持电极间相对位置不变；每次加滴定剂后，都应注意搅拌，测量时要停止搅拌。

2. 测定电导率时，电导池不需要恒温，但对温度有明显变化的反应，要注意恒温。整个温度变化不要超过 1℃。

第二节 实验内容

实验一 电导滴定法测定混合酸中盐酸和醋酸含量

【实验目的】

1. 掌握采用电导滴定法测定混酸中盐酸和醋酸浓度的方法。
2. 熟悉电导率仪的操作技术。
3. 了解电导测定的基本原理。

【实验原理】

通过测量被滴定溶液的电导的变化来确定等电点的方法，称为电导滴定法。凡反应物离子和生成物离子的淌度有较大改变的化学反应都能测定，尤其是有 H^+ 和 OH^- 参与的反应，电导变化更为明显。

本实验用氢氧化钠（NaOH）标准溶液滴定盐酸（HCl）和醋酸（HAc）的混合液。当 NaOH 滴定时，先中和 HCl，H^+ 不断被消耗，由于 H^+ 的迁移率（淌度）远远大于 Na^+，溶液电导不断下降。中和完 HCl 后，再滴入的 NaOH 就与 HAc 反应，此时电导缓慢增加，(因溶液中的 Na^+ 浓度不断增加)，当 HAc 被中和完毕，再加入 NaOH，溶液电导又迅速上升，滴定曲线为三条曲线，三条曲线的两个交点为滴定 HCl 所用滴定剂的体积和滴定整个混合酸所消耗的滴定剂的体积。后者减前者，则得到滴定 HAc 所耗 NaOH 的体积。NaOH 标准溶液滴定 HCl 和 HAc 的混合液的电导滴定曲线见图 13-1。

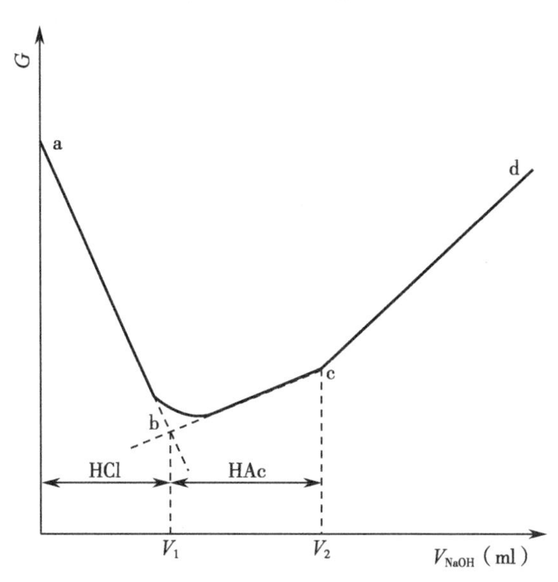

图 13-1　NaOH 标准溶液滴定 HCl 和 HAc 混合液的电导滴定曲线

图中：V_1——滴定 HCl 所耗 NaOH 的体积；

V_2——滴定 HCl 和 HAc 所耗 NaOH 体积；

$V_2 - V_1$——滴定 HAc 所耗 NaOH 的体积。

【仪器与试剂】

1. 仪器与器皿　电导率仪，配备铂黑电极及铂光亮电极；磁力搅拌器；微量滴定管；50ml 移液管；100ml 烧杯等。

2. 试剂　NaOH 溶液（0.1mol/L），HCl 和 HAc 的混合液。

【实验步骤】

1. 用已知浓度的 NaOH 标准溶液洗涤微量滴定管 2 ~ 3 次，将 NaOH 装入滴定管，调好液面，记下滴定前的初读数。

2. 用 50ml 移液管吸取待测混合液 50.00ml 于干净小烧杯中，将烧杯置于电磁搅拌器上，放一搅拌子搅拌。

3. 电导率仪的操作（以 DDS-11A 型电导率仪为例）　仪器的外形及操作部件的名称见图 13-2。

（1）未打开电源之前，先观察指针是否指零。如不指零可调节表头上的螺丝，使表头

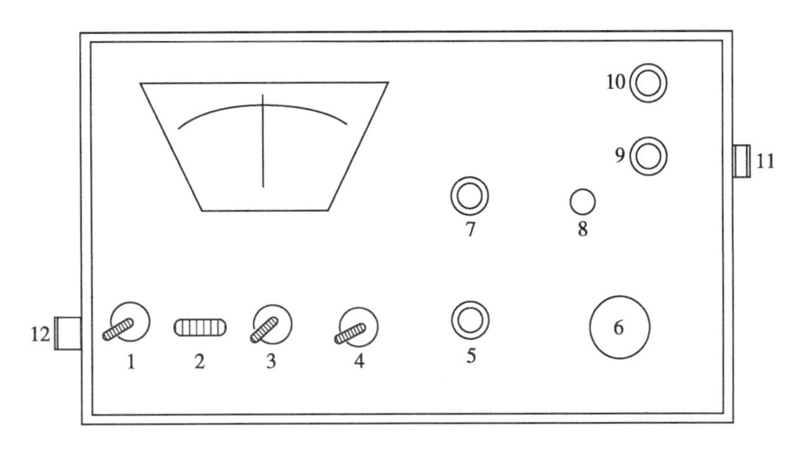

图 13-2　DDS-11A 型电导率仪面板图

1. K：电源开关；2. x：氖泡；3. K_3：高周、低周开关；4. K_2：校正、测量开关；5. Rw_3：校正调节器；
6. R_2：量程选择旋钮；7. Rw_2：电极常数调节器；8. Rw_1：电容补偿调节器；
9. Kx：电极插口；10. Ckx_2：10mV 输出插口；11. 电极固定杆安装处；12. 电源插口

指零。

（2）将校正、测量开关 K_2 置于“校正”位置。

（3）插上电源线．打开电源开关，预热数分钟。调节“校正”调节器 Rw。使指针偏到满度处。

（4）将铂黑电极接入电极插口 K_x 中，这时应把 Rw_2 调节在与所配套的电极的常数相对应的位置上。例如，配套电极的常数为 0.95，则把 Rw_2 调节在 0.95。

（5）将量程选择开关 R_1 置于最大（10^4 处）。然后逐渐缩小至所需的测量范围。

（6）将高低周选择置于“高周”。

（7）当使用 $\times 10^{-3}\mu S/cm$ 和 $\times 10^{-4}\mu S/cm$ 这两挡时，校正必须在电极接妥，且插入待测溶液的情况下进行。

（8）将 K_2 板向“测量”，读得表头指数乘以量程选择旋钮 R_1 的倍率即为被测溶液的电导率。

4. 测定未滴定时混合酸的电导率。

5. 开动电磁搅拌器，由滴定管加入 1.00ml NaOH，10 秒后，停止搅拌，测量溶液的电导率。

6. 将选择开关置于“校正”位置，调节“校正调节器”Rw_3，使表头指示满度。

7. 重复 5、6 步骤，每次加入 1.00ml NaOH 并测定溶液的电导率，中和完 HAc 后，每次加入 1.50ml NaOH 测定 4 点即可。

8. 测量完毕，关闭电源，取下电极，用去离子水洗净，放回盒中。

以 NaOH 的毫升数为横坐标，溶液电导率为纵坐标作图，绘制滴定曲线。从曲线中确定两种酸的滴定终点。按照以下公式计算 HCl 和 HAc 的浓度。

HCl 滴定终点体积：V_1(ml)

HAc 滴定终点体积：V_2(ml) − V_1(ml)

$$c_{HCl} = \frac{c_{NaOH} \times V_1}{50.00} \tag{13-1}$$

$$c_{HAc} = \frac{c_{NaOH} \times (V_2 - V_1)}{50.00} \tag{13-2}$$

【注意事项】

1. 测定电导率采用交流电源，交流电源有高频（1000Hz）和低频（50Hz）两种：测定电导率小的溶液使用低频，测定电导率大的溶液使用高频。

2. 电导低（<5μS）的溶液，用铂光亮电极；电导高（5μS～150ms）的溶液，用铂黑电极。电导池常数出厂时都有标记，一般不需测定。但电极在长期使用过程中，其面积及两极间距离可能发生变化而引起电导池常数改变，因此应定期标定。

3. 电导随温度升高而增大。通常情况下温度每升高1℃，电导约增加2%～2.5%，因此在测量过程中，温度必须保持不变。

【思考题】

1. 在电导滴定中为什么要求被测液浓度是滴定剂浓度1/10～1/20。

2. 正确绘制电导滴定曲线的方法是什么？其原因何在？

3. 本实验中为什么使用铂黑电极？

实验二　电导法检验水的纯度

【实验目的】

1. 掌握电导法测定水纯度的基本原理和方法。

2. 熟悉电导池常数的测定方法和电导率仪的使用方法。

3. 了解电导率仪的结构。

【实验原理】

在电解质溶液中，正负离子在外加电场的作用下定向移动，并在电极上发生电化学反应而传递电子，所以具有导电的能力。导电能力的强弱可用电导G（单位：西门子S）或电导率κ(S/cm）表示。电导、电导率与电导池常数的关系式：

$$\kappa = G\theta = G\frac{L}{A} \tag{13-3}$$

式中，A——为电极面积，cm^2；

L——电极间的距离，cm；

θ——电导池常数（cm^{-1}）。对于一个给定的电极而言，A和L都是固定不变的，故θ是个常数。

电导率κ是溶液中电解质含量的量度，电解质含量高的水，电导率大。所以，用电导率可以判定水的纯度或测定溶液中电解质的浓度，也可以初步评价天然水受导电物质的污染程度。25℃时，纯水的理论电导率为5.48×10^{-2}μS/cm，一般分析实验室使用的蒸馏水或去离子水的电导率要求<1μS/cm。

用电导率仪测定溶液的电导率，一般使用已知电导池常数的电导电极，读出电导值后再乘以电极的电导池常数，即得被测溶液电导率。

【仪器与试剂】

1. 仪器与器皿　电导率仪，配备铂光亮电极和铂黑电极；温度计；恒温槽；1000ml容量瓶；50ml烧杯等。

2. 试剂　标准KCl溶液（0.01mol/L）：KCl于120℃干燥4小时后，准确称取0.7456g，加纯水（电导率<0.1μS/cm）溶解后转入1000ml容量瓶，定容，储存于塑料瓶备用。

【实验步骤】

打开电导率仪电源开关，预热30分钟，用蒸馏水洗涤电极。

1. 电导池常数θ的测定

（1）参比溶液法：清洗电极，将0.01mol/L KCl标准溶液约30ml倒入50ml烧杯中，把电极插入该溶液中，并接上电导仪，调节仪器及溶液温度为25℃，测定其电导 G_{KCl}。查出该温度下0.01mol/L KCl溶液的电导率，可计算出电导池常数。

（2）比较法：用1支已知电导池常数（θ_s）的电极和1支未知电导池常数的电极（θ_x），测量同一溶液的电导。清洗两电极，以同样的温度插入溶液中，依次把它们接到电导率仪上，分别测出其电导为 G_s 和 G_x，按下式计算电导池常数：

$$\theta_x = \theta_s \times \frac{G_s}{G_x} \qquad (13\text{-}4)$$

选用合适的方法分别测定所选光亮铂电极和铂黑电极的电导池常数。

2. 去离子水、蒸馏水、市售纯净水电导率测定

（1）调节常数补偿旋钮：调节“电导池常数”补偿旋钮，使仪器显示值与所用电极电导池常数一致；调节“温度”补偿旋钮，使其指向待测溶液的温度值。

（2）测量：分别用去离子水、蒸馏水、市售纯净水润洗3个烧杯2～3次，然后分别倒入其中约30ml，选用光亮铂电极插入试液中，量程开关扳在合适的量程挡，待显示稳定后，将读数乘以量程，乘积即为被测溶液的电导率。各重复测定3次，取平均值。

3. 自来水、河水的电导率测定　用待测水样润洗烧杯2～3次，然后倒入约30ml水样，选用铂黑电极插入试液中。其他按照2中步骤测定水样电导率（表13-1）。

数据记录与处理：

表13-1　水样电导率的测定

待测水样	电导率
去离子水	
蒸馏水	
市售纯净水	
自来水	
河水	

【注意事项】

1. 测定电导率采用交流电源，交流电源有高频（1000Hz）和低频（50Hz）两种：测定电导率小的溶液使用低频，测定电导率大的溶液使用高频。为确保测量精度，电极使用前应用 $<0.5\mu S/cm$ 的蒸馏水（或去离子水）冲洗2次，然后用被测试样冲洗2～3次方可测量。

2. 电导低（$<5\mu S$）的溶液，用铂光亮电极；电导高（$5\mu S \sim 150ms$）的溶液，用铂黑电极。电导池常数出厂时都有标记，一般不需测定。但电极在长期使用过程中，其面积及两极间距离可能发生变化而引起电导池常数改变，因此应定期标定。

3. 电导随温度升高而增大。通常情况下温度每升高1℃，电导约增加2%～2.5%，因

此在测量过程中，温度必须保持不变。

【思考题】

1. 电导法测量高纯水时，在空气中放置时间长，电导率会增大，为什么？
2. 为什么要定期测定电极的电导池常数？如何测定？

（施致雄）

第十四章 溶出伏安法

第一节 基础知识

一、仪器结构与原理

溶出伏安法是将富集和测定结合在一起的电化学分析方法。实验包括电富集和电溶出两个过程，是把恒电位电解和伏安法结合在同一个电极上分步进行。溶出伏安法分为阳极溶出伏安法和阴极溶出伏安法两种。阳极溶出伏安法的富集过程是电还原，溶出过程是电氧化；阴极溶出伏安法的富集过程则是电氧化，溶出过程是电还原。溶出伏安法的富集过程是在选定的恒定电位下进行电解的过程，称为电沉积，电沉积的目的是经过电极反应将溶液中待测物质富集到电极表面，使得溶出时能产生很大的溶出电流信号，从而提高方法灵敏度。溶出过程是在富集后进行，溶出时改变电极的极性，向电极施加一个反方向线性扫描电压，使富集时沉积在工作电极上的待测物质发生富集过程的逆反应而溶出。利用溶出伏安线的峰电位在一定条件下只与待测物质本身性质有关的特性，作定性分析；溶出伏安线的峰电流与溶液中待测离子的初始浓度之间存在定量关系，作定量分析。溶出伏安法的实验装置主要由电解池、电极、电流及电位测量仪等部分构成。定量方法主要有标准曲线法和标准加入法。其中标准加入法在分析组分复杂的样品时，比其他方法能更好地排除干扰，结果更准确。

二、仪器使用注意事项

1. 如果使用玻碳电极，必须十分注意做好镀汞及使用后对电极膜表面的处理；应对能同时测定离子的浓度上限进行试验，以保证测定有较好的重现性，否则测定结果的精密度、准确度不好。

2. 溶出伏安法常采用饱和甘汞电极作为参比电极，电极内饱和 KCl 溶液的液位应保持足够的高度（以浸没内电极为止），不足时要补加。为了保证内参比溶液是饱和溶液，电极下端要保持有少量 KCl 晶体存在，否则必须由上加液口补加少量的 KCl 晶体。使用前应检查玻璃弯管处是否有气泡，若有气泡应及时排除掉，否则将引起电路断路或仪器读数不稳定。安装电极时，电极应垂直置于溶液中，内参比溶液的液面应高于待测溶液的液面，以防止待测溶液向电极内渗透。此外，饱和甘汞电极在温度改变时常显示出滞后效应，因此不宜在温度变化太大的环境中使用。

3. 为了使测定结果的精密度和准确度都比较好，测定条件如：汞滴大小、电解电压、富集时间、溶液的搅拌速度等均应保持一致。测定时温差不要太大。

第二节　实验内容

实验一　阳极溶出伏安法测定水中痕量Cu、Pb、Cd的浓度

【实验目的】

1. 掌握阳极溶出伏安法的基本原理。
2. 熟悉阳极溶出伏安法测定水中痕量Cu、Pb、Cd的方法。
3. 了解汞膜电极的制备方法。

【实验原理】

阳极溶出伏安法的测定分为两个基本过程，先把工作电极电位控制在某一固定值，使被测物质在电极表面通过还原沉积富集；然后将工作电极电位从负向正的方向扫描，使还原富集的金属从电极上氧化溶出，同时记录i～E曲线，根据溶出峰电流的大小进行分析测定。阳极溶出伏安法的全过程可表示为：

富集过程 $M^{n+} + ne + Hg = M(Hg)$

溶出过程 $M(Hg) - ne = M^{n+} + Hg$

溶出是富集的逆过程，但富集是缓慢的积累，溶出是突然的释放，因而作为信号的法拉第电流大为增加，从而提高了测定的灵敏度。

影响峰电流大小的因素主要有：预电解的时间，搅拌的速度，电极的面积，溶出时电位的扫描速度等，所以必须使测定的各种条件保持一致。

汞膜电极在阳极溶出伏安法中得到了广泛的应用。由于汞膜电极具有大的电流/电压比值，预电解的效率高，而且由于金属富集时向汞膜内部扩散和溶出时向外扩散路径极短，因而溶出峰尖锐，分辨能力好。通常采用玻碳电极来制备汞膜电极，即在分析前先使用一定浓度的汞盐溶液（$1\times10^{-5}\sim1\times10^{-6}$mol/L Hg^{2+}）以电解方法镀上一层汞，将玻碳电极改造成为汞膜电极。

本实验以NH_4Cl-$NH_3\cdot H_2O$（pH=7）为支持电解质，玻碳电极为工作电极（测定前通过镀汞实验改造成汞膜电极），饱和甘汞电极为参比电极，铂电极作为辅助电极，在-1.0V处富集，然后溶出，根据峰高及溶出电位，可对Cu、Pb、Cd同时进行定性定量测量。

【仪器和试剂】

1. 仪器与器皿　多功能电化学分析仪（自带磁力搅拌装置）；玻碳电极；饱和甘汞电极；铂辅助电极；100ml容量瓶；250ml容量瓶；1000ml容量瓶。

2. 试剂

（1）标准溶液：分别称取Cu、Pb、Cd各0.1000g，分别用1∶2 $HNO_3$10ml加热溶解后，用三个100ml容量瓶定容，则得含Cu、Pb、Cd为1.000mg/ml的三种标准溶液，使用时根据需要稀释。

（2）支持电解质，即NH_4Cl-$NH_3\cdot H_2O$缓冲液（pH 7.0）：称取107g氯化铵溶于约800ml水中，在搅拌下滴加氨水（经纯化），调pH至7.0，加水稀释至1L。

（3）亚硫酸钠饱和溶液：以亚硫酸钠溶于水中，使瓶底积有部分固体，装入塑料瓶中，贮于冰箱内保存。

（4）含汞40mg/L的氯化汞溶液：加少量盐酸溶解0.0541g氯化汞，用水稀释至1L。

（5）氯化钾饱和溶液。

（6）氨水，纯化过程：取分析纯浓氨水100ml置于烧杯中，另取一聚乙烯烧杯盛重蒸馏水，将两个烧杯并排放置于密闭容器中，24小时后，装蒸馏水的烧杯中的溶液即为纯化的氨水。

注：本实验所用试剂均为优级纯，所用蒸馏水均用重蒸馏水。

【实验步骤】

1. 水样预处理　取河水，用定量滤纸过滤后加稀HNO_3调pH至2以下保存。取20.00ml水样，滴加1.0ml浓HNO_3，煮沸10分钟，冷却，于250ml容量瓶中，用纯化的氨水调至pH 5～6（用广泛试纸测试pH），水稀释至刻度，移入干燥的聚乙烯烧杯中，加NH_4Cl-$NH_3 \cdot H_2O$缓冲液5.00ml。

2. 镀汞实验　50ml小烧杯中加20ml 2×10^{-2}mol/L氯化汞溶液，加入饱和亚硫酸钠0.10ml，以玻碳电极为工作电极，饱和甘汞电极为参比电极，Pt电极为对电极，选择“线性扫描溶出伏安法”，进行镀汞实验。仪器参数设置如下（以LK2006A型多功能电化学分析仪为例）：

灵敏度：10μA/V；

起始电位：0.000V；

滤波参数：10Hz；

电沉积电位：－1.000V；

放大倍率：1；

扫描速度：100mV/s；

平衡时间：10s；

电沉积时间：30s；

电位增量：1mV。

3. 水样的测定　取30ml待测水样于烧杯中，插入已经镀好汞的三电极系统。选择“方波溶出伏安法”，设定样品测定的实验条件参数，测定待测样品的峰电流值：

灵敏度：10μA/V；

起始电位：－0.100V；

方波周期：40ms；

滤波参数：10Hz；

电沉积电位：－1.000V；

方波幅度：20mV；

放大倍率：1；

电位增量：1mV；

平衡时间：10s；

电沉积时间：30s。

在待测样品中加入5ml的铅、镉、铜标准应用液并按上述步骤进行测定。记下峰电流值。

分别记录待测水样和加标后溶液的溶出峰曲线，峰电流值并保存。以标准加入法进行定量测定。

本实验的谱图有三个溶出峰：Cd 约 0.7V，Pb 约 0.5V，Cu^{2+} 约 0.3V，如要确认某一金属峰，可加入该种金属溶液，重复测定，观察谱图中第几个峰高有增高，该峰即为该种金属的溶出峰。根据该峰原来的峰高 h 及加标后的峰高 H 即可进行定量测定（表 14-1）。

$$h = Kc_x \tag{14-1}$$

$$H = K \cdot \frac{c_x \cdot V + c_s \cdot V_s}{V + V_s} \tag{14-2}$$

$$c_x = \frac{h \cdot c_s \cdot V_s}{(V + V_s)H - Vh} \tag{14-3}$$

式中：h——未加标时的溶出峰高；

H——加标后的溶出峰高；

c_s——所加标准液的浓度，mg/ml；

V_s——所加标准液的体积，ml。

数据记录：

表 14-1　峰电流结果记录

样品	峰电流值	加标液峰电流值	铅含量（mg/L）
水样 1			
水样 2			
水样 3			

【注意事项】

1. 玻碳电极操作条件要求严格，电极表面的处理与沾污对波谱影响很大，故应经常用无水酒精，氨水或酒精-乙酸乙酯（1∶1）混合液擦拭，必要时应抛光表面。

2. 玻碳电极表面抛光在抛光布轮上进行，抛光材料最好用 MgO 或 CaCO。条件不允许时亦可用牙膏在绒布上抛光。抛光后一定要在 2mol/L HCl 中浸泡，然后在 1mol/L $NH_3 \cdot H_2O$ + 1mol/L NH_4Cl 中处理。

3. Ag-AgCl 电极的处理　氯化前用药棉擦去污粉，擦净银电极表面，用蒸馏水冲洗干净。以银电极为阳极，铂电极为阴极，外加 0.5V 电压，在 0.1mol/L HCl 溶液中氯化，使银电极表面逐渐呈暗灰色，即得 Ag-AgCl 电极，为使制备的电极性能稳定，可再以银电极为阴极，铂电极为阳极，外加 1.5V 电压，使 Ag-AgCl 电极还原，表面变白，然后再氯化，如此反复几次即可。

【思考题】

1. 为什么阳极溶出伏安法测定时要搅拌，而经典极谱法不要求搅拌？

2. 为什么阳极溶出伏安法可同时进行定性及定量测量？

3. 为了获得再现性的溶出峰，实验时应注意什么？

（施致雄）

第十五章　气相色谱法

第一节　基础知识

一、仪器结构与原理

以气体作为流动相的色谱法叫气相色谱法（GC）。气相色谱法属于柱色谱法，按色谱柱分类又可以分为填充柱色谱法和毛细管柱色谱法两类。气相色谱法具有高分离效能、高选择性、高灵敏度、分析速度快和应用范围较广等特点。适用于分离、分析有一定挥发性和热稳定性的化合物，目前已广泛用于石油、化工、有机合成、医药卫生、环境监测及食品卫生等领域的科研和生产方面。

气相色谱仪种类型号很多，但所有气相色谱仪都主要由气路系统、进样系统、分离系统、检测系统和数据采集与处理系统五部分组成。气路系统主要包括气源、气体净化和气体流量控制和测量等装置；进样系统主要包括进样器、气化室和控温装置；分离系统主要包括色谱柱、柱箱和控温装置；检测系统主要包括检测器和控温装置；数据采集和处理系统主要包括放大器、数据采集装置及色谱工作站等。其中分离系统和检测系统是仪器的核心。

样品及其被测组分被气化后，由载气带入色谱柱中，利用被测各组分在色谱柱中的气相和固定相的溶解、解析、吸附、脱附或其他亲和作用性能的差别，在柱内形成组分迁移速度的差别而相互分离，再经过检测器检出，得到色谱图。根据色谱峰的保留时间进行定性，根据峰高或峰面积进行定量。

二、仪器使用注意事项

1. 气体纯度　对于热导检测器（TCD）、火焰离子化检测器（FID），载气纯度≥99.995%；对火焰光度检测器（FPD）、电子捕获检测器（ECD）、氮磷检测器（NPD），载气纯度≥99.999%。燃气纯度≥99.99%。助燃气不得含有影响仪器正常工作的灰尘、烃类、水分及腐蚀性物质。

2. 进样口　通常在进样 50～100 次或发现色谱峰保留值变化及峰形异常时，须更换进样隔垫。隔垫出现裂口、进样口衬管内有较多的隔垫碎屑、柱压或流量不稳定时，必须进行更换。进样口内的玻璃衬管要定期清洗，需要注意分流及不分流两种衬管，衬管内最好加石英棉，同时注意添加的位置，不用的进样口要堵上。

3. 色谱柱　安装毛细管色谱柱时两端切口要平整，长时间不用或新的毛细管柱两头要切掉 2cm 左右，再分别接进样口和检测器。两边长度参照随机附带的工具进行测量即可。色谱柱要进行老化后再接上检测器，以免柱流失造成检测器的污染或损坏。

4. 检测器　最好将不使用的检测器用死堵堵上，使之处于封闭状态。使用电子捕获检测器排放空气时需要通过导管引出室外，平时使用时尽量避免把空气带入到电子捕获检测器中。在使用火焰光度检测器时，安装滤光片不要拧得过紧。

第二节　实验内容

实验一　气相色谱-火焰离子化检测器的主要性能检定

【实验目的】

1. 掌握气相色谱仪主要性能的检定方法。
2. 熟悉气相色谱仪的主要性能和技术指标。
3. 了解气相色谱仪的基本结构。

【实验原理】

对气相色谱仪进行性能检定，是仪器安装调试、仪器检定以及样品分析前的重要工作。根据中华人民共和国国家计量检定规程（JJG 700-1999）气相色谱仪的检定规程，检定的主要技术指标如表15-1所示。本实验对气相色谱-火焰离子化检测器的主要性能进行检定。

表15-1　气相色谱仪的主要技术指标

	TCD	FID	FPD	NPD	ECD
载气流速稳定性（10min）	1%	—	—	—	1%
柱箱温度稳定性（10min）	0.5%	0.5%	0.5%	0.5%	0.5%
程序升温重复性	2%	2%	2%	2%	2%
基线噪声	≤0.1mV	$\leq 1\times10^{-12}$A	$\leq 5\times10^{-12}$A	$\leq 1\times10^{-12}$A	≤0.2mV
基线漂移（30min）	≤0.2mV	$\leq 1\times10^{-11}$A	$\leq 1\times10^{-10}$A	$\leq 5\times10^{-12}$A	≤0.5mV
灵敏度	≥800mV·ml/mg	—	—	—	—
检测限	—	$\leq 5\times10^{-10}$ g/s	$\leq 5\times10^{-10}$ g/s（硫） $\leq 1\times10^{-10}$ g/s（磷）	$\leq 5\times10^{-12}$ g/s（氮） $\leq 1\times10^{-11}$ g/s（磷）	$\leq 5\times10^{-12}$ g/ml
定量重复性	3%	3%	3%	3%	3%
衰减器误差	1%	1%	1%	1%	1%

【仪器与试剂】

1. 仪器与器皿　气相色谱仪，配火焰离子化检测器（FID）；10μl微量注射器；秒表，

分度值≤0.01s；流量计（测量不确定度≤1%）；Pt100 铂电阻温度计，准确度≤0.3℃；数字多用表：电压测量不确定度5μV，电阻测量不确定度0.04Ω（电流1mA），或色谱仪检定专用测量仪。

2. 试剂　正十六烷-异辛烷标准溶液（质量浓度为100μg/ml）：准确移取适量的正十六烷（优级纯，GR），溶于异辛烷（优级纯，GR）中，定容，摇匀。

【实验步骤】

1. 色谱参考条件　5% OV-101 填充柱，80～100 目白色硅烷化担体，柱长为1m（或者使用口径为0.53mm 或0.32mm 的毛细管柱）；载气：高纯氮气，填充柱的载气流速：50ml/min（0.53mm 口径毛细管柱载气流速：6～15ml/min，0.32mm 口径柱载气流速：4～10ml/min）；色谱柱温度：160℃，进样口温度：230℃，用毛细管柱时采用不分流进样；FID 检测器的温度：230℃，氢气流速：50ml/min，空气流速：500ml/min。

2. 载气流速稳定性　选择适当的载气流速，待稳定后，用流量计测量，连续测量6次，其平均值的相对标准偏差≤1%。

3. 柱箱温度稳定性　把铂电阻温度计的连线连接到数字多用表（或色谱仪检定专用测量仪）上，然后把温度计的探头固定在柱箱中部，设定柱箱温度为70℃。加热升温，待温度稳定后，观察10 分钟，每变化一个数记录一次，求出数字多用表最大值与最小值所对应的温度差值。其差值与10 分钟内温度测量的算术平均值的比值，即为柱箱温度稳定性。

4. 程序升温重复性　按上述的检定条件和检定方法进行程序升温重复性检定。选定初温50℃，终温200℃。升温速率10℃/min 左右。待初温稳定后，开始程序升温，每分钟记录数据一次，直至终温稳定。此实验重复2～3 次，求出相应点的最大相对偏差，其值应≤2%。

5. 衰减器换挡误差　在各检测器性能检定的条件下，检查与检测器相应的衰减器的误差。待仪器稳定后，把仪器的信号输出端连接到数字多用表（或色谱仪检定专用测量仪）上，在衰减为1 时，测得一个电压值，再把衰减置于2，4，8……直至实际使用的最大挡，测量其电压，相邻两挡的误差应<1%。

6. 基线噪声和基线漂移　在没有组分进入检测器的情况下，仅因为检测器本身及色谱条件波动使基线在短时间内发生的信号称为基线噪声。基线在一段时间内产生的偏离，称为基线漂移。按上述的检定条件，选择较灵敏挡，点火并待基线稳定后，调节输出信号至记录图或显示图中部，记录30 分钟，测量并计算基线噪声和基线漂移。

7. 检测限　按上述的检定条件，使仪器处于最佳运行状态，待基线稳定后，用微量注射器注入浓度为100μg/ml 的正十六烷-异辛烷标准溶液1μl，连续进样6 次，记录正十六烷的峰面积，计算峰面积的算术平均值，从而计算检测限。

8. 定量重复性　定量重复性以溶质峰面积测量的相对标准偏差（RSD）表示。

【数据处理】

1. 最大相对偏差 *RD*

$$RD = \frac{t_{max} - t_{min}}{t} \times 100\% \qquad (15\text{-}1)$$

式中：*RD*——相对偏差，%；

t_{max}——相应点的最大温度，℃；

t_{min}——相应点的最小温度,℃；

t——相应点的平均温度,℃。

2. 检测限

$$D_{FID}=\frac{2NW}{A} \tag{15-2}$$

式中：D_{FID}——FID 的检测限，g/s；

N——基线噪声，A；

W——正十六烷的进样量，g；

A——正十六烷峰面积的算术平均值，A·s。

3. 相对标准偏差（RSD）

$$RSD=\sqrt{\frac{\sum_{i=1}^{n}(x_i-\bar{x})^2}{n-1}}\times\frac{1}{\bar{x}}\times 100\% \tag{15-3}$$

式中：RSD——相对标准偏差,%；

n——测量次数；

x_i——第 i 次测量的峰面积；

$\bar{x}$——n 次进样的峰面积算术平均值；

i——进样序号。

【注意事项】

1. 应严格遵循气相色谱仪开、关机原则，即开机时“先通气，后通电”，关机时“先断电，后关气”。通电前必须检查气路的气密性。

2. 开机后要等基线稳定后才可以进行实验。

3. 注意检测器和色谱柱的最高使用温度，使用时不能超过此温度值。

4. 色谱柱固定相必须在使用之前充分老化，减少固定液流失和固定液中溶剂的挥发所造成的基线漂移。

【思考题】

1. 气相色谱仪有几个主要部分？说出气相色谱仪的主要部件及它们的主要功能。

2. 为什么检测限衡量检测器的性能比灵敏度好？

实验二　气相色谱分离条件的选择

【实验目的】

1. 掌握气相色谱仪分离条件选择的方法。

2. 熟悉影响分离度的主要因素。

3. 了解操作条件对柱效、分离度的影响。

【实验原理】

根据 Van Deemter 方程可知，在色谱柱确定后，影响分离的操作条件主要是载气流速和色谱柱温度。载气流速可通过测量不同载气流速下的塔板高度并绘制 H-u 曲线来选择，塔板高度最小（柱效最高）时的流速为最佳载气流速；色谱柱温度可通过测量不同柱温下两相邻组分的分离度来选择。实际上，载气流速和色谱柱温度对分离的影响是共同的。本实验分别考察载气流速和色谱柱温度对色谱分离的影响。

【仪器与试剂】

1. 仪器与器皿　气相色谱仪，配火焰离子化检测器 FID；10μl 微量注射器。

2. 试剂

（1）苯-二硫化碳标准溶液（0.20mg/ml）：准确移取适量的苯（优级纯，GR），溶于二硫化碳（优级纯，GR）中，定容至10ml，摇匀。

（2）混合标准溶液（苯和甲苯的质量浓度均为0.20mg/ml）：准确移取适量的苯和甲苯（优级纯，GR），溶于二硫化碳中，定容至10ml，摇匀。

【实验步骤】

1. 色谱参考条件　色谱柱：HP-1 或 DB-1（30m×0.32mm×0.25μm）；进样口温度：150℃，检测器温度：200℃，色谱柱温度：80℃；载气：高纯氮气，流速：1ml/min；氢气流速：40ml/min，空气流速：400ml/min。

2. 仪器操作

（1）将载气流速调节至所需值，并打开空气压缩机和氢气发生器电源，调节氢气和空气流速。

（2）打开气相色谱仪和计算机工作站电源。

（3）在计算机桌面上点击色谱工作站软件，联机。

（4）打开原有方法文件或重新设定新的参数，对自动进样器、进样口、色谱柱、柱温、检测器等进行设置。

（5）在 FID 检测器点火之前应检查空气和氢气是否已达到需要的压力，待检测器达到设定温度后点火，并检查燃烧情况。

（6）系统稳定且基线平稳后，进样，进行色谱分析及数据采集。

（7）分析结束后，首先关闭氢气和空气气源，待检测器、进样口、柱箱温度均降至至少50℃以下时，方可关闭色谱工作站软件、气相色谱仪电源和载气气源。

3. 载气流速对柱效的影响　每次取0.20mg/ml 苯-二硫化碳标准溶液1μl 注入色谱柱，其他色谱条件不变，测定载气流速分别为0.2、0.4、0.6、0.8、1.0、1.2ml/min 时的保留值和峰宽。根据所得数据，选择最佳流速。

4. 柱温对分离度的影响　根据上述的实验结果，选择最佳流速，分别在柱温为70℃、80℃和90℃时，向色谱柱注入浓度均为0.20mg/ml 的苯和甲苯混合标准溶液1μl，记录色谱图，选择适宜的柱温。

【数据处理】

1. 载气流速对柱效的影响　按表15-2记录数据，绘制 H-u 曲线，从图上找出塔板高度最小（柱效最高）时载气流速 u，即为最佳载气流速。

理论塔板数 n 按以下公式计算：

$$n = 5.54\left(\frac{t_R}{W_{1/2}}\right)^2 \tag{15-4}$$

式中：t_R——保留时间，min；

$W_{1/2}$——半峰宽，min。

塔板高度 H 按以下公式计算：

$$H = \frac{L}{n} \tag{15-5}$$

式中：L——色谱柱长，mm；

n——理论塔板数。

表 15-2　载气流速对柱效的影响

载气流速 u(ml/min)	0.2	0.4	0.6	0.8	1.0	1.2
保留时间 t_R(min)						
半峰宽 $W_{1/2}$(min)						
理论塔板数 n						
塔板高度 H(mm)						

2. 柱温对分离度的影响　按表 15-3 记录数据，计算不同柱温下的分离度 R 值，并选择适宜的柱温。分离度 R 按以下公式计算：

$$R=\frac{2(t_{R,2}-t_{R,1})}{(W_1+W_2)} \tag{15-6}$$

式中：$t_{R,1}$——苯的保留时间，min；

$t_{R,2}$——甲苯的保留时间，min；

W_1——苯的峰宽，min；

W_2——甲苯的峰宽，min。

表 15-3　柱温对分离度的影响

柱温,℃	组分名称	保留时间 t_R，min	峰宽 W，min	分离度 R
70	苯			
	甲苯			
80	苯			
	甲苯			
90	苯			
	甲苯			

【注意事项】

1. 进样口温度一般要比样品组分中最高的沸点再高 30～50℃，检测器温度必须高于柱温。

2. 判断氢火焰是否点燃的方法：将冷金属物置于检测器出口上方，若有水汽冷凝在金属表面，表明氢火焰已点燃；或基流值发生变化，说明火已经点燃。

3. 进样口的硅橡胶垫应注意及时更换，以免漏气导致进样失败。

4. 吸取试样时，微量注射器中不应留有气泡；注入样品体积必须准确、重现；每次插入和拔出微量注射器的速度应保持一致。

【思考题】

1. 影响分离度的因素有哪些？提高分离度的主要途径有哪些？

2. 使用气相色谱仪应注意哪些问题？

实验三　气相色谱的定性和定量分析（保留值法和归一化法）

【实验目的】

1. 掌握气相色谱保留值法定性和归一化法定量的方法。

2. 熟悉气相色谱法的定性和定量方法。

3. 了解火焰离子化检测器的结构及性能。

【实验原理】

当气相色谱的固定相、操作条件一定时，任何一种物质都有一定的保留值。因此，在同一条件下，比较已知物和未知物的保留值，就可确定某一色谱峰代表什么组分，该方法称为保留值定性法。

气相色谱定量分析方法有外标法、内标法、归一化法。当样品中各组分都能流出色谱柱且均能在检测器上有信号，并相互都能分开，则可以利用归一化法进行定量分析。本实验中对苯、甲苯和乙苯各组分进行定量测定，选用苯为标准物质，设定它的绝对校正因子 $f_s=1.0$，在实验条件确定下，色谱图上按苯、甲苯、乙苯次序出峰，故可采用归一化法对其进行定量分析。

设 f'_i 为待测定组分 i 的相对校正因子，f_i 为组分 i 的绝对校正因子，则

$$f'_i=f_i/f_s \tag{15-7}$$

设 A_i 为 i 组分的峰面积，m_i 为 i 组分的质量，

$$m_i=f_iA_i \tag{15-8}$$

$$f'_i=\frac{f_i}{f_s}=\frac{m_i/A_i}{m_s/A_s}=\frac{A_s}{A_i}\times\frac{m_i}{m_s} \tag{15-9}$$

故按归一化法原理及相对校正因子关系，组分 i 的百分含量 x_i 为：

$$x_i(\%)=\frac{f'_iA_i}{\sum f'_iA_i}\times 100 \tag{15-10}$$

【仪器与试剂】

1. 仪器与器皿　气相色谱仪，配火焰离子化检测器（FID）；1μl、100μl 微量注射器；滴管及具塞试管。

2. 试剂　标准物质苯、甲苯和乙苯均为优级纯。

【实验步骤】

1. 色谱参考条件　色谱柱：HP-1 或 DB-1（30m×0.32mm×0.25μm）；进样口温度：150℃，采用分流进样（分流比根据实际情况确定），进样量：1μl；检测器温度：200℃，色谱柱温度：80℃；载气：高纯氮气，流速：1ml/min；氢气流速：40ml/min，空气流速：400ml/min。

2. 样品　苯、甲苯、乙苯未知混合样品溶液。

3. 标准溶液的配制　各取苯、甲苯、乙苯标准物质 100μl，混合，配制混合标准溶液。

4. 测定　用微量注射器取苯、甲苯和乙苯混合标准溶液 1μl，进样，得到标准物质的色谱图，记录每一种物质的保留时间和相应的峰面积。

再取苯、甲苯、乙苯未知混合样品溶液 1μl，进样，平行测定三次，记录保留时间和峰面积。

【数据处理】

1. 保留值法定性　直接比较标准溶液和未知样品溶液中各组分的保留时间，确定样品色谱图中各峰所代表的物质的名称。

2. 计算相对校正因子　根据测定的混合标准溶液中各组分的峰面积 A 值，按下列公式分别计算甲苯、乙苯相对于标准苯的相对校正因子 f'_i（设标准物质苯的 $f_s=1.0$）：

$$f'_i=\frac{f_i}{f_s}=\frac{A_s}{A_i}\times\frac{m_i}{m_s} \qquad (15\text{-}11)$$

式中：A_i——混合标准溶液中组分 i 的峰面积；

A_s——混合标准溶液中标准物质苯的峰面积；

m_i——混合标准溶液中组分 i 的质量；

m_s——混合标准溶液中标准物质苯的质量。

3. 归一化法定量　采用归一化法计算苯、甲苯和乙苯未知混合样品溶液中各组分的含量，按下式进行计算：

$$x_i/(\%)=\frac{f'_iA_i}{\sum f'_iA_i}\times 100 \qquad (15\text{-}12)$$

【注意事项】

1. 苯、甲苯等均有毒，务必把洗涤液注入废液瓶中。密封，盖好瓶塞，否则蒸气挥发，危害人体健康。

2. 使用归一化法进行定量，优点是简便，定量结果与进样量无关，操作条件变化对结果影响较小。

3. 归一化法只适用于样品中所有组分都能从色谱柱流出并被检测器检出，而且都在线性范围内，同时又能测定或查出所有组分相对校正因子的样品。

【思考题】

1. 归一化法定量适用于什么情况？如果各组分不是等体积混合，该如何计算？

2. 试讨论气相色谱各种定量方法的优缺点及适用范围。

3. 为什么用归一化法定量时准确度与进样量无关？

实验四　气相色谱法测定苯系物（内标标准曲线法）

【实验目的】

1. 掌握气相色谱法测定苯系物的原理及实验方法。

2. 熟悉内标标准曲线法的定量方法。

3. 了解气相色谱仪的构造及火焰离子化检测器的使用。

【实验原理】

苯及苯系物为无色或浅黄色透明油状液体，易挥发为蒸气，易燃，并且有毒。甲苯、二甲苯属于苯的同系物，都是煤焦油分馏或石油的裂解产物。目前，苯系化合物已经被世界卫生组织确定为强致癌物质。

苯、甲苯等苯系物在弱极性或中等极性固定相上的分配系数不同，随着流动相的推移，各组分在两相中经过反复多次的分配，发生差速迁移，最后达到分离。在气相色谱中，苯和甲苯及苯系物的保留时间不同，按照沸点由低到高顺序先后流出色谱柱，可以通

过保留时间对样品中的苯系物进行定性分析，通过峰面积进行定量分析。

试样中苯系物先经二硫化碳萃取，然后用气相色谱柱分离，火焰离子化检测器检测样品中的苯和甲苯。以氯苯作内标，采用内标标准曲线法进行定量。

【仪器与试剂】

1. 仪器与器皿　气相色谱仪，配火焰离子化检测器（FID）；10μl、100μl 微量注射器；10ml 容量瓶；分液漏斗；1ml、5ml、10ml 移液管。

2. 试剂

（1）苯标准储备溶液（100μg/ml）：准确移取适量的苯（优级纯，GR），溶于二硫化碳中，定容至 10ml，摇匀。

（2）甲苯标准储备溶液（100μg/ml）：准确移取适量的甲苯（优级纯，GR），溶于二硫化碳中，定容至 10ml，摇匀。

（3）氯苯标准储备溶液（100μg/ml）：准确移取适量的氯苯（优级纯，GR），溶于二硫化碳中，定容至 10ml，摇匀。

【实验步骤】

1. 色谱参考条件　色谱柱：HP-1 或 DB-1（30m×0.32mm×0.25μm）；进样口温度：150℃，采用不分流进样，进样量：1μl；检测器温度：200℃，色谱柱温度：80℃；载气：高纯氮气，流速：1ml/min；氢气流速：40ml/min，空气流速：400ml/min。

2. 标准系列的配制　取 5 只 10ml 容量瓶，分别加入苯、甲苯标准储备液 10、20、50、100、200μl，各瓶中均加入氯苯标准储备液 50μl，用二硫化碳定容至刻度，摇匀，配制成苯和甲苯的混合标准系列溶液，苯和甲苯的浓度分别为 0.10、0.20、0.50、1.00、2.00μg/ml，其中氯苯的浓度均为 0.50μg/ml。

3. 样品处理　用移液管移取水样 25ml（含苯、甲苯 20～25μg）于 125ml 分液漏斗中，加 5.0ml 二硫化碳，振摇 1 分钟（注意多次放气），静置分层，分出下层二硫化碳层于具塞试管中。取萃取液 1.0ml 于 10ml 容量瓶中，加入氯苯标准储备液 50μl，用二硫化碳定容至 10ml，备用。

4. 内标标准曲线绘制　将配制好的混合标准系列溶液，按照由低到高浓度依次进样 1μl 到气相色谱仪中，获得标准系列溶液的色谱图及各组分的保留时间。测量各色谱峰的峰面积，每个浓度重复 3 次。

5. 样品测定　在相同的色谱条件下测定样品萃取液，取 1μl 进样，得到样品色谱图。

【数据处理】

1. 定性分析　将样品中各组分的保留时间与标准溶液中各组分的保留时间进行比较，对样品中各组分进行定性分析。

2. 内标标准曲线绘制　由标准系列溶液的色谱图分别测量各组分的峰面积，计算 3 次测定的峰面积平均值，并计算苯、甲苯与内标物氯苯的平均峰面积之比，以平均峰面积之比对浓度作图，分别得到苯、甲苯的内标标准曲线。

3. 样品测定　测量样品萃取液色谱图中各组分的峰面积，计算苯、甲苯与内标物氯苯的平均峰面积之比，根据样品萃取液中相应色谱峰对氯苯的峰面积之比，分别从苯和甲苯的内标标准曲线中查得苯、甲苯的浓度。

样品中各组分的质量浓度计算如下：

$$\rho = \rho_0 \times \frac{10}{V_1} \times \frac{5}{V_2} \qquad (15\text{-}13)$$

式中：ρ——苯系物浓度，μg/ml；

ρ_0——内标标准曲线上查得的样品中各组分的浓度，μg/ml；

V_1——取样品萃取液体积，ml；

V_2——水样体积，ml。

【注意事项】

1. 用二硫化碳萃取水样时，因其比重大，静置分层后在分液漏斗的下层。从分液漏斗的下部放出下层萃取液时，应打开分液漏斗盖。

2. 二硫化碳极易挥发，取样后应立即盖好试管塞和容量瓶塞。

3. 使用内标标准曲线法定量时，各标准管和试样管中加入内标物氯苯的量必须相同。每次测定取的试样量也必须相同。

【思考题】

1. 内标标准曲线法定量的依据是什么？为什么各标准管和试样管中加入内标物氯苯的量必须相同？每次测定取的试样量也必须相同？

2. 试述内标法和外标法定量的优缺点，内标标准曲线法比外标标准曲线法又有何优越性？

3. 试解释苯、甲苯、氯苯流出的先后顺序。

实验五　气相色谱-火焰光度检测法测定有机磷农药残留

【实验目的】

1. 掌握气相色谱-火焰光度检测法测定有机磷农药残留的基本原理。

2. 熟悉气相色谱仪的操作方法和火焰光度检测器的使用。

3. 了解火焰光度检测器的使用注意事项。

【实验原理】

火焰光度检测器（FPD）是一种只对含硫和含磷的有机化合物具有响应的高灵敏度专属型检测器，也叫硫磷检测器。常用于分析含硫、磷的农药及环境监测中分析含微量硫、磷的有机污染物。

当含硫或含磷的试样被载气带入检测器，并在富氢火焰（$H_2 : O_2 > 3 : 1$）中燃烧时，含硫化合物会发出394nm的特征谱线，含磷化合物会发出526nm的特征谱线。当测定含硫化合物或含磷化合物时，分别采用不同的滤光片，使发射光通过滤光片照射到光电倍增管上，光电倍增管将光转变成电流，电流经放大后记录下来。

本实验将蔬菜样品用二氯甲烷超声提取后，用气相色谱-火焰光度法检测蔬菜中的有机磷农药残留。用保留时间对样品中的有机磷农药进行定性分析，用峰面积进行定量分析。

【仪器与试剂】

1. 仪器与器皿　气相色谱仪，带火焰光度检测器（磷滤光片）；电动捣碎机，研钵，天平，超声振荡器，250ml具塞锥形瓶，10ml容量瓶，8cm玻璃漏斗，50ml烧杯。

2. 试剂

（1）实验用水为超纯水。

（2）无水硫酸钠（分析纯，AR）。

（3）活性炭（分析纯，AR）。

（4）甲胺磷标准储备液（100μg/ml）：准确称取适量的甲胺磷标准品（含量≥98%），用二氯甲烷（分析纯，AR）稀释定容，摇匀。

【实验步骤】

1. 色谱参考条件　色谱柱：HP-5（30m × 0.32mm × 0.25μm）；色谱柱初始温度70℃，保持1分钟，以15℃/min速率升温至235℃，保持2分钟；进样口温度：230℃，检测器温度：250℃；载气：高纯氮气，流速：1.6ml/min；氢气流量：75ml/min，空气流量：100ml/min；进样方式：无分流进样1μl。

2. 标准系列的配制　用二氯甲烷逐级将甲胺磷标准储备液稀释成浓度为0.20、0.50、1.00、2.00、5.00μg/ml的标准系列溶液。同时用二氯甲烷作空白对照。

3. 样品处理　将蔬菜切碎混匀，称取10g样品，置于研钵中，加入无水硫酸钠共同研磨至粉末状，转移至250ml具塞锥形瓶中。加入0.1g活性炭，再加入少量无水硫酸钠至研钵，研磨至粉末状并转入锥形瓶中。加入二氯甲烷约50ml（以浸泡过样品为准），于超声振荡器上提取30分钟。溶液过滤到烧杯中，用氮气吹至近干，转移至10ml容量瓶中，用少量二氯甲烷分多次洗涤烧杯，并移至10ml容量瓶中，最后定容至10ml。吸取2μl溶液进样分析。

4. 标准曲线绘制　在规定的气相色谱条件下，采用自动进样器进样，进样体积为1μl，测定甲胺磷标准系列溶液的响应峰面积，平行测定3次，记录测定数据，绘制标准曲线。

5. 样品测定　在相同的实验条件下，测定蔬菜样品提取液中甲胺磷的响应峰面积，平行测定3次，并记录测定数据。

【数据处理】

1. 定性分析　将样品中待测组分的保留时间与标准溶液中甲胺磷的保留时间进行比较，对样品中待测组分进行定性分析。

2. 标准曲线绘制　将标准系列溶液平行测定3次，计算各个浓度标准溶液峰面积的平均值，以甲胺磷浓度为横坐标，测得的峰面积为纵坐标，绘制标准曲线，计算线性回归方程。

3. 样品测定　计算蔬菜样品提取液峰面积的平均值，通过标准曲线求得蔬菜样品提取液中甲胺磷的浓度（扣除空白），从而计算蔬菜样品中甲胺磷农药残留量。

蔬菜中甲胺磷农药残留量计算公式：

$$X = \frac{\rho \times V}{m} \tag{15-14}$$

式中：X——蔬菜中甲胺磷农药残留量，mg/kg；

ρ——样品提取液中甲胺磷的质量浓度，μg/ml；

V——样品提取液最终定容体积，ml；

m——称取的蔬菜样品质量，g。

【注意事项】

1. 使用FPD最好用氢气作载气，其次是氦气，最好不要用氮气。这是因为用氮气作载气时，FPD对硫的响应值随氮气流速的增加而减小。氢气作载气时，在相当大的范围内响应值随氢气流速增加而增大。因此，最佳载气流速应通过实验来确定。

2. 氧气与氢气比决定了火焰的性质和温度，从而影响 FPD 的灵敏度，是最关键的影响因素。实际工作中应根据被测组分性质，通过实际确定最佳氧气与氢气比。

3. FPD 检测硫时灵敏度随检测器的温度升高而减小，而检测磷时灵敏度基本上不受检测器温度的影响。

4. 实际操作中，检测器的操作温度应 >100℃，以防氢气燃烧生成的水蒸气在检测器中冷凝而增大噪声。

【思考题】

1. 火焰光度检测器可以同时检测硫和磷吗？

2. 使用火焰光度检测器时应注意些什么？

实验六　气相色谱-电子捕获检测法测定氯代烃

【实验目的】

1. 掌握气相色谱-电子捕获检测法测定氯代烃的基本原理。

2. 熟悉气相色谱仪的操作方法和电子捕获检测器的使用。

3. 了解电子捕获检测器的使用注意事项。

【实验原理】

电子捕获检测器（ECD）是一种选择性很强的高灵敏度检测器，它只对含有电负性元素的组分产生响应，如含卤素、硫、磷、氮、氮等元素的物质，物质的电负性越强，检测器的灵敏度越高，而对电中性的物质如烷烃等则无信号。

ECD 要求载气为高纯氮气，当 N_2 进入检测器时，在放射源的 β 射线作用下发生电离，生成的正离子和电子在电场的作用下，分别向极性相反的两极运动，形成恒定的电流，即基流。当电负性组分进入检测器时，将捕获这些电子，形成带负电荷的分子离子，使基流降低，产生负信号而形成倒峰。信号强度与进入检测器的电负性组分的浓度成正比。

ECD 检测器特别适用于分析多卤化物、多环芳烃、金属离子的有机螯合物，还广泛应用于农药、大气及水质污染的检测。本实验采用正庚烷稀释修正液样品后，使用气相色谱法-电子捕获检测器对其中的 3 种对人体有害的氯代烃，即二氯甲烷、三氯甲烷、四氯化碳进行分析。

【仪器与试剂】

1. 仪器与器皿　气相色谱仪，配电子捕获检测器（ECD）；电子天平，25ml 容量瓶。

2. 试剂

（1）二氯甲烷标准储备液（1mg/ml）：准确称取适量的二氯甲烷（优级纯，GR），用正庚烷（分析纯，AR）稀释定容，摇匀。

（2）三氯甲烷标准储备液（1mg/ml）：准确称取适量的三氯甲烷（优级纯，GR），用正庚烷稀释定容，摇匀。

（3）四氯化碳标准储备液（1mg/ml）：准确称取适量的四氯化碳（优级纯，GR），用正庚烷稀释定容，摇匀。

（4）混合标准溶液（二氯甲烷、三氯甲烷和四氯化碳均为 100μg/ml）：分别移取 1.0ml 二氯甲烷、三氯甲烷和四氯化碳的标准储备液于 10ml 容量瓶中，用正庚烷定容，

摇匀。

【实验步骤】

1. 色谱参考条件　色谱柱：HP-5MS（30m×0.32mm×0.25μm）；载气：高纯氮气，流速：1.0ml/min；程序升温：初始温度40℃，保持2分钟，再以20℃/min升至150℃，保持5分钟；进样口温度：250℃，检测器温度：300℃，进样量：1μl。

2. 标准系列的配制　使用正庚烷逐级稀释混合标准溶液，配制成浓度分别为0.50、1.00、2.00、5.00、10.00μg/ml的标准系列溶液。同时用正庚烷作空白对照。

3. 样品处理　称取2g修正液样品于25ml容量瓶中，用正庚烷稀释至刻度，混匀，静置后取上清液用于测定，同时做试剂空白试验。

4. 标准曲线绘制　按上述的色谱条件对标准系列溶液进行测定，平行测定3次，记录测定的峰面积，以各组分的质量浓度为横坐标，各组分的平均峰面积为纵坐标，绘制标准曲线。

5. 样品测定　在相同的实验条件下，测定修正液样品稀释液中二氯甲烷、三氯甲烷和四氯化碳的峰面积，平行测定3次。

【数据处理】

1. 定性分析　将修正液样品中各组分的保留时间与标准溶液中各组分的保留时间进行比较，对样品中各组分进行定性分析。

2. 标准曲线绘制　将标准系列溶液平行测定3次，计算各个浓度标准溶液峰面积的平均值，以氯代烃的浓度为横坐标，测得的峰面积为纵坐标，绘制标准曲线，计算线性回归方程。

3. 样品测定　计算修正液样品稀释液峰面积的平均值，通过标准曲线求得修正液样品稀释液中二氯甲烷、三氯甲烷和四氯化碳的浓度（扣除空白），从而计算修正液样品中氯代烃的含量。

修正液样品中氯代烃的含量计算公式：

$$X=\frac{\rho\times V}{m} \tag{15-15}$$

式中：X——修正液样品中氯代烃的含量，mg/kg；

ρ——样品稀释液中氯代烃的质量浓度，μg/ml；

V——样品稀释液最终定容体积，ml；

m——称取的修正液样品质量，g。

【注意事项】

1. ECD可以使用氮气或氩气作载气，最常采用氮气作载气。载气和尾吹气的纯度应≥99.999%，载气必须彻底除去水和氧气。

2. ECD的使用温度必须高于柱温10℃以上，并保证样品中的各种组分及色谱柱流失的固定液在检测器中不发生冷凝。采用^{63}Ni作放射源时，检测器最高使用温度可达400℃；当采用^{3}H作放射源时，检测器温度≤220℃。

3. ECD极化电压对基流和响应值都有影响，选择饱和基流值85%时的极化电压为最佳极化电压。直流供电型的ECD，极化电压为20～40V；脉冲供电型的ECD，极化电压为30～50V。

4. ECD中安装有^{63}Ni放射源，使用中必须严格执行放射源使用、存放管理条例；拆卸、清洗应由专业人员进行；尾气必须排放到室外，严禁检测器的温度超过最高使用温度。

【思考题】

1. 测定修正液中的氯代烃除了本实验所用的方法外，还可以用什么方法测定？简述测定方法的基本原理和一般操作过程。

2. 和填充柱气相色谱法相比，毛细管柱气相色谱法有何特点？

（肖　琴）

第十六章　高效液相色谱法

第一节　基础知识

一、仪器结构与原理

高效液相色谱法（HPLC）是在经典液相色谱的基础上，引入气相色谱的理论和实验技术，以高压输液泵输送流动相，采用高效固定相及高灵敏度检测器的一种现代液相色谱分析方法。高效液相色谱仪主要由高压输液系统、进样系统、色谱分离系统、检测系统、数据处理和控制系统组成，包括储液瓶、高压泵、进样器、色谱柱、检测器、记录仪（或数据处理装置）等主要部件，其中对分离、分析起关键作用的是高压泵、色谱柱和检测器三大部件。高效液相色谱仪工作过程为：高压泵将储液瓶中的流动相经进样器以一定的速度送入色谱柱，然后由检测器出口流出。当流动相携带试样组分通过固定相时，和固定相作用力强的，移动速度慢（或在固定相中保留的时间长），作用力弱的，移动速度快（或在固定相中保留的时间短），致使性质有微小差异的不同组分被分离，依次从柱内流出进入检测器。检测器将各组分浓度转换成电信号输出给记录仪或数据处理装置，得到色谱图。高效液相色谱法的定性是以色谱保留值或检测器检测得到的物质特征图谱为依据；定量则依据物质的含量或进样量与峰面积成正比，定量分析方法包括外标法和内标法。在HPLC中，因进样量较大，且一般用六通阀（定量环）或自动进样器定量进样，进样量误差较小，因此，外标法是HPLC最常用的定量分析方法。

超高效液相色谱（UPLC）是在高效液相色谱基础上，使用固定相粒度 dp 仅为1.7μm的新型固定相、超高压输液泵（压力高达120MPa）和高速检测技术，全面提升了液相色谱的分离效能，不仅提高了分辨率，也使检测灵敏度和分析速度大大提高，从而拓宽了液相色谱的应用范围，增强了UPLC在分离科学中的重要性。

二、仪器使用注意事项

1. 流动相　要尽量使用色谱纯或优级纯溶剂作为流动相，在进入仪器前用0.45μm滤膜过滤，并进行严格脱气处理。避免使用高黏度的溶剂作为流动相，以防阻力过大，柱效下降。

2. 高压泵　高压泵开始使用时一定要排气数分钟，防止产生气泡；使用完毕，要用流动相清洗泵和色谱柱约30分钟；如果使用了缓冲溶液，一定要用合适的流动相彻底清洗干净。

3. 进样阀　样品溶液进样前必须用0.45μm滤膜过滤，以减少微粒对进样阀的磨损。

为防止缓冲盐和样品残留在进样阀中，每次分析结束后应冲洗进样阀。通常可用水冲洗，或先用能溶解样品的溶剂冲洗，再用水冲洗。每次分析结束后，要反复冲洗进样口，防止样品的交叉污染。

4. 色谱柱 柱子在任何情况下不能碰撞、弯曲或强烈震动，以免损坏柱床，导致柱效下降。严格控制进样量，避免超出柱负荷。分析测定结束后，要用适当的溶剂清洗柱子；并定期用合适的溶剂（说明书推荐的溶剂）清洗或再生色谱柱。为了延长色谱柱使用寿命，建议使用保护柱。

5. 检测器 为延长紫外检测器紫外灯的使用寿命，应在分析前、柱平衡接近完成时再打开检测器；在分析完成后，要马上关闭检测器。不要频繁开关紫外灯，否则同样会损害紫外灯的寿命。一般间隔时间在3小时以上。要定期清洗检测器流路，防止污染物吸附造成基线噪声增大。清洗时用注射器吸取一定量的异丙醇，注入流路中清洗样品池；如污染严重，可拆开样品池，将透镜等放入异丙醇中清洗。

第二节 实验内容

实验一 液相色谱仪-紫外检测器主要性能检定

【实验目的】

1. 掌握液相色谱仪主要性能的检定方法。
2. 熟悉液相色谱仪的主要性能和技术指标。
3. 了解液相色谱仪的基本结构。

【实验原理】

对液相色谱仪进行性能检定，是仪器安装调试、仪器检定以及样品分析前的重要工作。根据中华人民共和国国家计量检定规程（JJG705-2014）液相色谱仪的检定规程，检定的主要技术指标如表16-1所示。本实验对液相色谱-紫外-可见光检测器或二极管阵列检测器的主要性能进行检定。

表16-1 液相色谱仪的检定项目和主要性能技术指标要求

检定项目		性能和技术指标
输液系统	泵流量稳定性 S_R	3%（泵流量设定值：0.2～0.5ml/min） 2%（泵流量设定值：0.6～1.0ml/min） 2%（泵流量设定值：>1.0ml/min）
检测器	基线噪声	$\leqslant 5\times10^{-4}$AU
	基线漂移	$\leqslant 5\times10^{-3}$AU/30min
整机	定性重复性	≤1.0%
	定量重复性	≤3.0%

【仪器与试剂】

1. 仪器与器皿 高效液相色谱仪，配紫外检测器（UV）；C_{18}色谱柱；注射器：10μl，

50μl 和 10ml 各一支；容量瓶：50ml，10 个；秒表，最小分度值≤0.1s；分析天平：最大称量≥100 克，最小分度值≤1mg；数字温度计：测量范围为（0～100）℃，最大允许误差为 ±0.3℃。

2. 试剂 甲醇（色谱纯）；纯水；萘-甲醇溶液标准物质：认定值为 1.00×10^{4}g/ml，扩展不确定度 <4%，$k=2$。

【实验步骤】

1. 泵流量稳定性 S_R 将仪器各部分连接好，以 100% 甲醇（或纯水）为流动相，按表 16-1的要求设定流量，启动仪器，压力稳定后，在流动相出口处用事先称重过的洁净容量瓶收集流动相，同时用秒表计时，收集表 16-1 规定时间流出的流动相，在分析天平上称重，按下式计算 S_R。每一设定流量，重复测量 3 次。

$$S_R=\frac{F_{max}-F_{min}}{F_m}\times100\% \tag{16-1}$$

式中：F_{max}——同一设定流量 3 次测量值的最大值，ml/min；

F_{min}——同一设定流量 3 次测量值的最小值，ml/min。

2. 检测器性能——基线噪声和基线漂移 选用 C_{18} 色谱柱，以 100% 甲醇为流动相，流量为 1.0ml/min，紫外检测器的波长设定为 254nm，检测灵敏度调到最灵敏挡。开机预热，待仪器稳定后记录基线 30 分钟，选取基线中噪声最大峰-峰高对应的信号值，按下式计算基线噪声，用检测器自身的物理量（AU）作单位表示。基线漂移用 30 分钟内基线偏离起始点最大信号值（AU/30min）表示。

$$N_d=KB \tag{16-2}$$

式中：N_d——检测器基线噪声；

K——衰减倍数；

B——测得基线峰-峰高对应的信号值，AU。

3. 整机性能（定性、定量重复性） 将仪器各部分连接好，选用 C_{18} 色谱柱，用 100% 甲醇为流动相，流量为 1.0ml/min，检测器波长设定为 254nm，灵敏度选择适中，基线稳定后由进样系统注入一定体积的 1.0×10^{4}g/ml 萘-甲醇溶液标准物质。连续测量 6 次，记录色谱峰的保留时间和峰面积，按下式计算相对标准偏差 RSD_6。

$$RSD_{6定性(定量)}=\frac{1}{\overline{X}}\sqrt{\sum_{i=1}^{n}(X_i-\overline{X})^2/(n-1)}\times100\% \tag{16-3}$$

式中：$RSD_{6定性(定量)}$——定性（定量）测量重复性相对标准偏差；

X_i——第 i 次测得的保留时间或峰面积；

$\overline{X}$——6 次测量结果的算术平均值；

i——测量序号；

n——测量次数。

【注意事项】

1. 仪器应平稳地放在工作台上，周围无强烈机械振动和电磁干扰源，仪器接地良好。

2. 仪器工作环境的温度为 15～30℃，检定过程中温度变化不超过 3℃，相对湿度 20%～85%。检定室应清洁无尘，无易燃、易爆和腐蚀性气体，通风良好。

3. 电源电压为（220±22）V，频率为（50±0.5）Hz。

4. 秒表、分析天平和数字温度计需经计量检定合格。

【思考题】

1. 检查液相色谱仪的上述性能，有何实际意义？

2. 高效液相色谱仪有几个主要部分？说出高效液相色谱仪的主要部件及它们的主要功能。

实验二 高效液相色谱柱效能的测定

【实验目的】

1. 掌握色谱柱主要性能和技术指标的计算方法。

2. 熟悉应用色谱图计算分离度的方法。

3. 了解高效液相色谱仪的构造及使用方法。

【实验原理】

色谱柱性能评价包括色谱柱的分离度、对指定溶质的选择性、在不同 pH 介质中样品测定的稳定性和重现性、色谱柱压力、柱子的样品负载量、回收率等。本实验主要测试理论塔板数、理论塔板高度、峰对称性和分离度。

在色谱柱性能测试中，理论塔板数是最重要的指标，它反映色谱柱本身的特征，一般用来衡量柱效能。塔板数愈大，塔高愈小，柱效能越高。根据液相色谱仪检测规程（JJG705-2014）的规定，反相色谱柱的理论塔板数一般在 $3\times10^4\sim4\times10^4$/m 范围内，正相色谱柱的理论塔板数在 4×10^4/m ~ 5×10^4/m 范围内。本实验通过测试苯和甲苯的理论塔板数判断柱效的高低。

色谱柱的热力学性质和柱填充的均匀与否，影响色谱峰的对称性。色谱峰的对称性可用对称因子（f_s）或拖尾因子（T）来衡量，对称因子应在 0.95 ~ 1.05 之间。

分离度是判断相邻两组分在色谱柱中总分离效能的指标，用 R 表示。相邻两组分的分离度应大于 1.5，才能达到完全分离。

【仪器与试剂】

1. 仪器 高效液相色谱仪，配紫外检测器。

2. 试剂 苯（分析纯，A. R.）；甲苯（分析纯，A. R.）；甲醇（优级纯，G. R.）；去离子水。

【实验步骤】

1. 色谱条件 固定相：C_{18}反相键合相色谱柱（250mm × 4.6mm × 5μm）；流动相：甲醇 + 水（80 + 20）；检测波长：254nm；流速：1.0ml/min；柱温：30℃。

2. 样品溶液的配制 配制苯、甲苯的甲醇溶液（1μg/m）作为样品溶液。

3. 进样分析 在选定的实验条件下，样品溶液各进样 20μl，记录色谱图。

4. 计算 根据色谱图，计算色谱柱的理论塔板数 n、各组分的拖尾因子 T 以及苯和甲苯的分离度 R。

（1）根据色谱峰的保留时间 t_R 和半峰宽 $W_{1/2}$，按下式计算色谱柱的理论塔板数：

$$n = 5.54\left(\frac{t_R}{W_{1/2}}\right)^2 \tag{16-4}$$

（2）根据色谱峰，按下式计算组分的拖尾因子 T：

$$T=\frac{W_{0.05h}}{2d}=\frac{A+B}{2A} \tag{16-5}$$

式中：$W_{0.05h}$——0.05 倍峰高处的色谱峰宽；

A 和 B——在该处的色谱峰前沿、后沿与色谱峰顶点至基线的垂线之间的距离。

（3）根据色谱图，按下式计算相邻两组分的分离度：

$$R=\frac{2(t_{R_2}-t_{R_1})}{W_1+W_2} \tag{16-6}$$

式中：t_{R_1} 和 t_{R_2}——两相邻色谱峰的保留时间；

W_1 和 W_2——两色谱峰的峰宽。

【注意事项】

1. 计算塔板数和分离度时，应注意 t_R 和 $W_{1/2}$ 单位一致。

2. 每次进样前用进样溶液润洗进样器至少 3 次，并赶尽气泡，以免影响进样分析结果。

【思考题】

1. 用苯和甲苯表示的同一色谱柱的柱效能是否一样？

2. 什么是分离度？如何提高分离度？

3. 若欲减小各组分的保留时间，可改变哪些操作条件？如何改变？

4. 若实验中的色谱峰无法完全分离，应如何改善实验条件？

5. 简述高效液相色谱中引起色谱峰扩展的主要因素。如何减少谱带扩张，提高柱效？

实验三　高效液相色谱测定糖精钠

【实验目的】

1. 掌握高效液相色谱法的基本原理。

2. 熟悉高效液相色谱法的定性和定量方法。

3. 了解高效液相色谱仪的使用方法。

【实验原理】

糖精钠（$C_7H_4NNaO_3S \cdot 2H_2O$）是一种合成的甜味剂，相对分子质量为 241.19，化学名称为邻磺酞苯甲酞亚胺钠（邻磺酰苯酰亚胺），结构式如下：

糖精钠水溶液呈微碱性。易溶于水，不溶于乙醚、三氯甲烷等有机溶剂。糖精钠测定方法有多种，国家标准法有高效液相色谱法、薄层色谱法、离子选择性电极法。此外还有紫外分光光度法、酚磺酞比色法、纳氏比色法等。样品经提取后，将提取液过滤，经反相高效液相色谱分离测定，根据保留时间定性，外标法峰面积定量。

【仪器与试剂】

1. 仪器　高效液相色谱仪，配有紫外检测器；天平：分度值为 0.01g 和 0.1mg；微孔滤膜：0.45μm，水相。

2. 试剂

(1) 甲醇：色谱纯。

(2) 乙酸铵溶液（0.02mol/L）：称取1.54g乙酸铵，加水溶解并稀释至100ml，经微孔滤膜过滤。

(3) 氨水（1+1）：氨水与水等体积混合。

(4) 糖精钠标准储备液（1.00mg/ml）：准确称取0.1702g糖精钠（120℃烘干4小时），加水溶解并定容至200ml。

(5) 标准使用液：准确吸取不同体积糖精钠标准储备溶液，将其稀释成糖精钠含量分别为0.000、0.020、0.040、0.080、0.160、0.320mg/ml的标准使用液。除另有说明外，所用试剂均为分析纯。

【实验步骤】

1. 样品处理　称取10g样品（碳酸饮料、果酒、葡萄酒等液体样品，精确至0.001g，如含有乙醇需水浴加热除去乙醇后再用水定容至原体积）于25ml容量瓶中，用氨水（1+1）调节pH至近中性，用水定容至刻度，混匀，经微孔滤膜过滤，滤液待上机分析。

2. 色谱条件　色谱柱：C_{18}柱（250mm×4.6mm×10μm）；流动相：甲醇+乙酸铵溶液（5+95）；流速：1ml/min；检测波长：230nm；进样量：10μl。

3. 测定　取处理液和标准使用液各10μl注入高效液相色谱仪进行分离，以其标准溶液峰的保留时间为依据定性，以其峰面积求出样液中被测物质含量，供计算。

4. 结果计算　样品中糖精钠的含量按下式计算：

$$X=\frac{c\times V\times 1000}{m\times 1000} \tag{16-7}$$

式中：X——样品中待测组分含量，单位为克每千克（g/kg）；

c——由标准曲线得出的样液中待测物的浓度，单位为毫克每毫升（mg/ml）；

V——样品定容体积，单位为毫升（ml）；

m——样品质量，单位为克（g）。

计算结果保留两位有效数字。

5. 精密度　在重复性条件下获得的两次独立测定结果的绝对差值不得超过算术平均值的10%。

【注意事项】

液相色谱法测定各类食品中糖精钠时，即使是可乐等清凉饮料，样品经过脱气、稀释、过滤的简单处理即上机分析，也极易堵塞色谱柱，造成柱压上升，柱效下降，对色谱柱造成难以修复的损坏。

【思考题】

1. 为什么通常在食品中添加糖精钠而非糖精？

2. 具有什么结构特征的化合物适用于紫外检测器检测？

实验四　高效液相色谱法测定绿原酸含量

【实验目的】

1. 掌握高效液相色谱法测定组分含量的原理和方法。

2. 熟悉外标法定量分析原理。

【实验原理】

双黄连口服液处方由金银花、黄芩和连翘等组成，绿原酸是其中君药金银花的主要成分，其含量是检测药品质量的重要指标。绿原酸为脂溶性成分，且有紫外吸收，故可采用反相高效液相色谱法结合紫外检测器，依据绿原酸的保留时间定性，在绿原酸的标准曲线的线性范围内，可用外标单点法进行定量，即配制一个与被测组分含量相近的标准溶液，在同一条件下对被测组分和标准溶液进行测定，被测组分的质量分数 p_i 为

$$p_i = \frac{A_i}{A_s} \times \frac{m_s}{m} \times p_s \times 100\% \qquad (16\text{-}8)$$

式中，m_s——标准溶液中标准物质的质量（g）；

m——称取的样品质量（g）；

p_s——标准物质纯度，如99.00%等；

A_i——样品溶液中待测组分 i 的数次峰面积的平均值；

A_s——标准溶液中组分 i 数次峰面积的平均值，也可以用峰高代替峰面积进行计算。

【仪器与试剂】

1. 仪器与器皿　高效液相色谱仪，配紫外检测器，色谱工作站；超声清洗器；混纤微孔滤膜。量瓶（5ml、50ml）；吸量管（1ml、2ml）。

2. 试剂　绿原酸对照品；甲醇（色谱纯）；重蒸馏水；冰醋酸（色谱纯）；双黄连口服液。

【实验步骤】

1. 色谱条件　C_{18}反相键合相色谱柱；流动相：甲醇 + 水 + 冰醋酸（20 + 80 + 1），流速为1.0ml/min，检测波长324nm。

2. 对照品溶液的制备　精密称取绿原酸对照品10mg，置5ml棕色量瓶中，加甲醇至刻度，摇匀。精密量取1ml，置50ml棕色量瓶中，加甲醇至刻度，摇匀，即得（每1ml含绿原酸40μg）。

3. 供试品溶液的制备　精密量取双黄连口服液2ml置50ml量瓶中，加水稀释至刻度，摇匀，过0.45μm滤膜。

4. 测定　分别精密吸取对照品溶液与供试品溶液各10μl，注入液相色谱仪，测定。

5. 结果计算　记录对照品溶液与供试品溶液的峰面积，按下式计算含量：

$$含量(\%) = \frac{A_{样} C_{对}}{A_{对}} \times \frac{V_{样}}{取样量} \times 100\% \qquad (16\text{-}9)$$

式中：$A_{样}$、$A_{对}$——分别为样品和对照品的峰面积值（或峰高）；

$C_{对}$——对照品溶液的浓度，μg/ml；

$V_{样}$——样品定容体积，ml。

【注意事项】

1. 取样要准确，确保进样体积准确，润洗时要排除进样针中残留的气泡。

2. 每次进样前用进样溶液润洗进样器至少三次，每次润洗体积10～15μl。

3. 用微量注射器进样时，必须注意排除气泡。抽液时应缓慢上提针芯，若有气泡，可将注射器针尖向上，使气泡上浮后推出。

4. 实验完毕，必须冲洗柱子。

【思考题】

1. 外标法应用于哪些情况？它与内标法比较有何优缺点？
2. 什么是化学键合固定相？它的突出优点是什么？

实验五　高效液相色谱法测定萘和硝基苯

【实验目的】

1. 掌握高效液相色谱法的分离原理和定性定量方法。
2. 熟悉高效液相色谱仪的结构和各单位组件的功能。
3. 了解反相色谱法的优点及应用。

【实验原理】

在高效液相色谱中，若采用非极性固定相（ODS），极性流动相，这种色谱法称为反相色谱法。反相色谱法特别适合于同系物的分析。萘和硝基苯属于芳香烃或取代芳香烃，都是平面共轭分子，均有紫外吸收。由于萘和硝基苯分子结构和分子极性的差异，在 ODS 柱上的作用力大小不等，它们的 k′值不等（k′为不同组分的分配比），在柱内的移动速率不同，因而先后流出柱子。

在一定的固定相和恒定的操作条件（如柱温、流动相的流速、柱长、柱径等）下，每种物质都有一定的保留值（t_R 或 V_R），一般不受其他组分的影响，表现为每一组分的特征值。因此可利用已知物的保留值和未知物的保留值对照进行定性。在样品 2 个组分有效分离的前提下，用标准曲线法对各组分定量。

【仪器与试剂】

1. 仪器　高效液相色谱仪，配紫外检测器；色谱管理系统；色谱柱：Nova-Pak C_{18}（150mm × 3.9mm × 4μm）；微量注射器。

2. 试剂　甲醇（色谱试剂）；二次蒸馏水；萘、硝基苯均为 A. R. 级。

【实验步骤】

1. 色谱条件　固定相：C_{18}色谱柱；柱温：室温；流动相：甲醇 + 水（85 + 15）；流量：1.0ml/min；检测器工作波长：254nm。

2. 标准溶液配制　萘、硝基苯标准品用甲醇（色谱试剂）配成储备液，浓度为 1mg/ml。分别精确吸取一定量的萘、硝基苯标准储备液用甲醇稀释成浓度分别为 10.00、20.00、30.00、40.00μg/ml 的标准系列应用液。

3. 测定

（1）分别注入萘、硝基苯标准溶液 20μl，记下各组分保留时间、峰面积。

（2）注入样品 20μl，记下保留时间、峰面积。重复两次。

4. 结果处理

（1）确定未知样中各组分的出峰次序。

（2）以浓度对样品的峰面积进行回归分析，算出线性回归方程。

（3）由工作曲线算出未知样浓度。

【注意事项】

1. 实验完毕后请用蒸馏水清洗进样器。
2. 室温较低时，为加速萘的溶解，可用红外灯稍稍加热。

【思考题】

1. 色谱法有哪些类型？其分离的基本原理是什么？
2. 从分离原理、仪器构造和应用范围几方面简要比较 HPLC 和 GC 的异同点。
3. 使用反相化学键合相色谱柱时，流动相 pH 一般应控制在什么范围内？
4. 指出下列物质在正相色谱和反相色谱中的洗脱顺序：

（1）正己烷、正己醇和苯；（2）乙酸乙酯、乙醚和硝基丁烷。

实验六　高效液相色谱法测定阿司匹林的有效成分

【实验目的】

1. 掌握高效液相色谱仪的使用方法和定性定量的基本方法。
2. 熟悉高效液相色谱法的基本理论。
3. 了解高效液相色谱仪的结构和色谱软件的使用方法。

【实验原理】

阿司匹林，化学名称为乙酰水杨酸，具有镇痛、退热和抗风湿等功效。其结构式如下：

COOH　O

$-O-C-CH_3$

阿司匹林分子中含有苯环，并具有共轭体系，因此可吸收紫外光。阿司匹林较易水解，药品在常温下密封保存，也会有少量水解为水杨酸，其结构式如下：

COOH

OH

水杨酸在紫外区有吸收。因此可采用高效液相色谱法对二组分进行分离，然后用紫外检测器对药剂中阿司匹林中有效成分进行定量。

阿司匹林的有效成分的测定采用外标法，也称校正法或定量进样法。本法要求进样量必须准确，具体方法如下：精密称（量）取对照品和试样，分别配制准确浓度的溶液，再稀释成一定浓度的试液，分别精密量取一定量的试液，注入仪器，记录色谱图，测量对照品和试样待测成分的峰面积（或峰高），即可对有效成分进行定量。

【仪器与试剂】

1. 仪器与器皿　高效液相色谱仪，配紫外检测器；超声震荡仪；0.45μm 微孔滤膜；分析天平；容量瓶。

2. 试剂　甲醇（色谱纯），1% 醋酸溶液，二次蒸馏水，阿司匹林（分析纯），阿司匹林肠溶片。

【实验步骤】

1. 阿司匹林标准品溶液的配制（0.200mg/ml）　准确称取阿司匹林标准品 0.010g，置于 50ml 容量瓶中，加甲醇 +1% 醋酸溶液（40 +60）使溶解并稀释至刻度，摇匀。

2. 样品溶液的配制　取阿司匹林肠溶片研细至粉末，精密称取样品粉末 0.020g，置于 100ml 容量瓶中，加甲醇 +1% 醋酸溶液（40 +60）使溶解并稀释至刻度，摇匀。使用微孔滤膜过滤，备用。

3. 色谱条件　固定相：C_{18}反相键合相色谱柱（250mm×4.6mm×5μm）；流动相：甲醇+1%醋酸溶液（40+60），流速1.0ml/min；紫外检测器波长280nm。

4. 标准品和样品测定　分别取标准品和样品20μl进样测定，重复3次，求取平均值，记录数据。

5. 结果计算　按下式计算乙酰水杨酸含量：

$$C_x = C_r \frac{A_x}{A_r} \tag{16-10}$$

式中：C_x——试样的浓度；

A_x——试样的峰面积或峰高；

C_r——对照品的浓度（0.200mg/ml）；

A_r——对照品的峰面积或峰高。

【注意事项】

1. 为防止阿司匹林水解，0.200mg/ml乙酰水杨酸标准溶液需现用现配。

2. 实验结束后用水冲洗柱子5分钟，水+甲醇（8+2）冲洗柱子30分钟后关机。

【思考题】

1. 高效液相色谱仪有哪些主要部件？

2. 除用外标法定量外，还可采用哪些定量方法？各有什么优缺点？

3. 什么叫梯度洗脱？

实验七　高效液相色谱法测定血清及尿中呋塞米（速尿）的含量

【实验目的】

1. 掌握高效液相色谱仪的基本构造与操作方法。

2. 熟悉电化学检测器的工作原理。

3. 了解内标法定量分析原理。

【实验原理】

很多化合物由于存在电位差，可以被氧化或还原，即使含量极低，也能被电化学检测器（EC）检测。呋塞米（速尿）为广泛应用的利尿药。长期服用时，由于血液中钾离子浓度降低而产生电解质代谢异常的副作用。FD在服药者血清和尿中的含量以ng计，可利用高效液相色谱仪，配电化学检测器（EC），使用呋塞米酰胺（FD-Val-OH）为内标物进行血清及尿中痕量呋塞米的测定。

【仪器与试剂】

1. 仪器　高效液相色谱仪，配电化学检测器；6000A型泵；U6K型注射装置；离心机。

2. 试剂　呋塞米，缬氨酸甲酯，四丁基铵磷酸盐，乙醇（色谱纯），未注明试剂均为特级试剂。呋塞米酰胺溶液（$C_{17}H_{20}ClN_3O_6S$，MW429）：1mg FD-Val-OH溶于100ml乙腈中。

【实验步骤】

1. 色谱条件　色谱柱：8MBC$_{18}$（100mm×8mm×10μm）分析柱；流动相：含35%乙醇的5mmol/L四丁基铵水溶液（pH 7.50）；流速1.0ml/min；电化学检测器，检测电压0.90V；室温下操作。

2. 标准曲线的绘制

（1）在血清中添加不同量的呋塞米制成标准系列浓度溶液（0.25，0.50，1.00，2.50，5.00ng/μl），分别加内标物 FD-Val-OH（使浓度均为 5ng/μl），混合。以 10000r/min离心分离 2 分钟。各浓度溶液每次取上清液 10μl 注入色谱仪，测定 3 次，求峰高或峰面积平均值。以呋塞米对内标物的峰高或峰面积比为纵坐标，以血清呋塞米浓度为横坐标，求得回归直线方程式和相关系数。

（2）在稀释 50 倍的尿液中添加不同量的呋塞米制成系列浓度溶液（0.50，1.00，2.00，5.00，10.00ng/μl），分别加内标物 FD-Val-OH（使浓度均为 10ng/μl），混合。各浓度溶液每次取 10μl 注入色谱仪，测定 3 次，同上法求得回归直线方程式和相关系数。

3. 样品测定方法

（1）取 100μl 血清样品置 1.5ml 离心管中，加 100μl 内标溶液，混合（漩涡混合器）数秒后，以 10000r/min 离心分离 2 分钟。取 10μl 上清液注入色谱仪。由色谱图求出呋塞米对内标物的峰高或峰面积比，按标准曲线的回归直线方程计算含量。

（2）样取 100μl 尿液，置 10ml 刻度试管中，加蒸馏水定容至 5ml，混合。取 50μl 稀释尿液，加 50μl 内标溶液，混合。取 10μl 此尿液注入色谱仪，同上法计算含量。

【注意事项】

1. 血清及尿中的最低检测浓度分别为 16ng/ml 和 9ng/ml。标准曲线在 0.25ng/μl ~ 5.00ng/μl（血清）、0.5ng/μl ~ 10.0ng/μl（尿）的浓度范围内呈线性关系。

2. 血清用乙腈除蛋白，尿用蒸馏水稀释 50 倍。

3. 实验完毕，必须冲洗柱子。

【思考题】

1. 试述电化学检测器的检测原理、适用范围以及主要特点。

2. 试解释内标法的定量测定原理。

3. 简述血清样品的处理方法。

实验八　超高效液相色谱法快速检测黄曲霉毒素的含量

【实验目的】

1. 掌握超高效液相色谱法的基本原理。

2. 熟悉超高效液相色谱仪的基本操作。

3. 了解超高效液相色谱法在快速检测方面的应用。

【实验原理】

黄曲霉毒素（Aflatoxins，AF）是黄曲霉（Aspergillus flavus）、寄生曲霉（A. parasiticus）和模式曲霉（A. nomius）等在合适的温度和湿度条件下产生的真菌毒素，对人畜有强烈的致病性、致癌性，严重危害人体健康，是危害最严重的真菌毒素，在自然界中广泛存在。污染粮食的黄曲霉毒素主要有 B_1，B_2，G_1 和 G_2。国内外非常重视黄曲霉毒素的防控，我国也制定了相应的粮食和食品中黄曲霉毒素 B_1（AFB1）的限量标准，各种粮食中允许的检出限量为 5μg/kg ~ 20μg/kg。

由于黄曲霉毒素 B_1 和 G_1 接触水以后，会发生荧光淬灭现象，原有较强的荧光特性基本消失，很难用普通液相色谱检测出来，分析时一般需要柱前或柱后衍生，检测步骤增加，造成分析速度较慢，耗费有机溶剂较多，费时费力。超高效液相色谱系统（UPLC），配荧光检测器，具有超高分离度、超快速度、超高灵敏度的特点，适于微量快速分析。

【仪器与试剂】

1. 仪器　超高效液相色谱仪，配荧光检测器，色谱工作站；黄曲霉毒素免疫亲和柱；玻璃纤维滤纸；0.22μm 有机滤膜；6 位泵流操作架；电子分析天平；高速旋转粉碎机；高速均质器；氮吹仪。

2. 试剂　黄曲霉毒素标准品（纯度≥99%），甲醇、乙腈（色谱纯），实验用水为超纯水。

【实验步骤】

1. 色谱条件　Acquity UPLC；Acquity UPLC BEH C_{18}（50mm×2.1mm×1.7μm）色谱柱；流动相：甲醇＋水（40＋60，V/V），流速：0.2ml/min；柱温：25℃；进样量：1μl；检测器：Acquity FLD 检测器，激发波长 360nm，发射波长为 440nm；样品室温度：25℃。

2. 黄曲霉毒素标准溶液的配制　分别准确称取 1mg（精确至 0.01mg）黄曲霉毒素 B_1，B_2，G_1 和 G_2 标准品于 10ml 棕色容量瓶中，用甲醇溶解并定容，配制成 100mg/L 的黄曲霉毒素 B_1，B_2，G_1 和 G_2 标准储备液，于－20℃保存。临用前，用甲醇＋水（40＋60，V/V）溶液稀释成以 AFB1 浓度为 0.4，0.8，2.0，4.0，8.0，20.0 和 60.0μg/L 的系列黄曲霉毒素 B_1，B_2，G_1 和 G_2 混合标准工作溶液（其余 3 种毒素浓度按 B_1∶B_2∶G_1∶G_2 为 4∶1∶4∶1 混配）。

3. 样品加标　未检出 AF 的稻谷、小麦、玉米样品用高速旋转粉碎机粉碎过 0.5mm 筛。称取 25g 粉碎的稻谷、小麦、玉米样品分别放入 250ml 具塞三角瓶中，添加黄曲霉毒素混合标准溶液，使稻谷、小麦、玉米中 AFB1 的含量分别为 5，10 和 20ng/g（其余 3 种毒素浓度按 B_1∶B_2∶G_1∶G_2 为 4∶1∶4∶1 混配），避光，室温过夜。

4. 样品提取与净化

（1）样品提取：将稻谷、小麦、玉米样品及过夜后的加标样品加 5.0g NaCl、100ml 甲醇＋水（80＋20，V/V），置于高速均质器中均质提取 2 分钟，静置 3～5 分钟后，用定量滤纸过滤后，以玻璃纤维滤纸过滤至滤液澄清（1～2 次），待净化。

（2）样品净化与洗脱：将黄曲霉毒素免疫亲和柱连接于 10.0ml 玻璃注射器筒下，准确移取 2ml 上述滤液注入玻璃注射器中，将空气压力泵与玻璃注射器连接，调节压力使溶液以约每秒 1 滴的流速通过免疫亲和柱，直至空气进入亲和柱中。然后用 10.0ml 水淋洗免疫亲和柱，流速约为每秒 1～2 滴，直至空气进入亲和柱中。准确加入 1.0ml 甲醇将免疫亲和柱吸附的黄曲霉毒素洗脱，流速约为每秒 1 滴，收集全部洗脱液于干净的玻璃试管中，用氮气吹干，残留物加 500μl 流动相溶解，于漩涡混合器上振荡 1 分钟，过 0.22μm 有机滤膜，供 UPLC 测定。

【注意事项】

1. 考虑到黄曲霉毒素的毒性，建议购买标准母液进行稀释配制标准工作溶液。

2. 实验完毕，必须冲洗柱子。

【思考题】

1. 简述荧光检测器的特点、工作原理和适用范围。
2. 超高效液相色谱法与高效液相色谱法相比，有了哪些改进？
3. 为什么减小固定相粒度可以提高色谱柱的柱效和分离度？

（周兆平）

第十七章 离子色谱法

第一节 基础知识

一、仪器结构与原理

离子色谱法是高效液相色谱的一个分支，是分析离子的一种液相色谱方法。它是以离子交换树脂为固定相，洗脱液为流动相，根据试液中各种离子对固定相亲和力的差异而分离，然后进行检测的一种分离分析技术。根据分离机制的不同，离子色谱可分为高效离子交换色谱（HPIC），离子排斥色谱（HPIEC）和离子对色谱（MPIC）。

离子色谱仪的构成与高效液相色谱仪相同，最基本的组件是高压输液泵、进样器、色谱柱、检测器和数据系统。此外，还可根据需要配置流动相在线脱气装置、梯度装置、自动进样系统、流动相抑制系统、柱后反应系统和全自动控制系统等。离子色谱的流动相需要耐酸碱腐蚀的系统。因此，凡流动相通过的管道、阀门、泵、柱子及接头等都要求耐高压和耐酸碱腐蚀。电导检测器是离子色谱仪常用的检测器，有非抑制型、抑制型两种类型，其中抑制型离子色谱仪应用广泛。离子色谱法可根据待测组分保留时间进行定性分析，也可以通过归一化法、内标法、外标法以及标准加入法进行定量分析。离子色谱法优势主要体现在对无机阴离子的分析，也可用于无机阳离子、有机酸碱、糖类、氨基酸和蛋白质等化合物的分析。该方法具有选择性好、灵敏、快速、简便等优点，并且可同时测定多种组分。

二、仪器使用注意事项

1. 水和试剂　离子色谱用水要求电阻 > 18.2MΩ，无颗粒，用 ≤0.45μm 微孔滤膜过滤。试剂尽可能使用优级纯，配制标准的试剂应预先干燥，配好的试剂贮存于聚丙烯瓶（PP）中，在 4℃左右避光保存。

2. 淋洗液使用　淋洗液使用前应过滤、脱气，以去除其中的颗粒物及气泡。细菌滋生会堵塞系统或破坏分离柱，因此淋洗液应当保持新鲜，定期更换。酸、碱两种性质淋洗液更换时，必须取下保护柱、分析柱和抑制器，连接全部管路，冲洗相应的酸和碱溶液。

3. 抑制器　避免在未通液体时抑制器空转，以减少柱芯陶瓷片磨损。长时间走基线时要定时切换抑制柱，否则背景值明显增高。电源关闭时不要连续向抑制器内泵淋洗液，停泵时抑制器电源应关闭。清洗抑制器时应先关闭抑制器电源；清洗后要向抑制器内泵 10 分钟高纯水，以便于平衡系统。离子色谱仪器最好一周运行一次，若超过 1 个月未用，抑制器必须活化，取下抑制器后从四个小孔中用高纯水注入 10 ~ 30ml，放置 30 分钟后，重新连接后再使用，否则，容易损坏抑制器。

4. 色谱柱　清洗色谱柱时，最好分别清洗保护柱与分离柱；如要同时清洗，应将分离柱置于保护柱之前。色谱柱填料的不同，其色谱柱的保存方法也各异。需要长时间保存时（30天以上），先按要求向柱内泵入保存液，然后将柱子从仪器上取下，用无孔接头将柱子两端堵死后放在通风干燥处保存。

5. 高压泵　启动泵前需观察从流动相瓶到泵之间的管路中是否有气泡，如果有则应将其排除。仪器使用前后，均需通纯水20分钟，前者用于清洗泵和整个流路，后者是将泵中残留的流动相清洗干净。

第二节　实验内容

实验一　离子色谱法测定水中常见的4种阴离子

【目的与要求】

1. 掌握离子色谱法测定水中常见的4种阴离子的基本原理。
2. 熟悉测定阴离子淋洗液系统的种类及一般选择方法。
3. 了解离子色谱仪的基本结构和操作方法。

【方法原理】

以氢氧化钠溶液为淋洗液，水样中待测阴离子（F^-、Cl^-、NO_3^- 和 SO_4^{2-}）随淋洗液进入离子交换系统，根据分离柱对各阴离子的亲和度不同进行分离，用电导检测器测量各阴离子的电导率。根据相对保留时间定性，峰高或峰面积定量。

【仪器与试剂】

1. 仪器与器皿　离子色谱仪，配备电导检测器；超声波清洗器；容量瓶；烧杯；刻度吸管等。

2. 试剂

（1）纯水：新制备的去离子水（电阻率 > 18.2MΩ·cm），并经过0.45μm微孔滤膜过滤和超声脱气。

（2）淋洗储备液（50% NaOH溶液）：称取50.0g NaOH溶于纯水中，转移至100ml容量瓶，纯水定容。

（3）淋洗液使用液（50mmol/L NaOH溶液）：移取2.62ml NaOH储备液，用超纯水稀释至1L。

（4）4种阴离子标准储备液（F^-、Cl^-、NO_3^- 和 SO_4^{2-} 的质量浓度均为1.0mg/ml）：称取适量的NaF、KCl、$NaNO_3$ 和 K_2SO_4（于105℃下烘干2小时，保存在干燥器内）溶于纯水中，分别转移至4个1000ml容量瓶中，纯水定容。或采用由中国计量科学研究院提供的标准溶液，浓度均为 1×10^3μg/ml。

（5）4种阴离子混合标准使用液（F^- 10mg/L，Cl^- 20mg/L，NO_3^- 20mg/L，SO_4^{2-} 80mg/L）：分别移取 F^- 标准储备液1.00ml，Cl^- 和 NO_3^- 标准储备液各2.00ml，SO_4^{2-} 标准储备液8.00ml于100ml容量瓶中，纯水定容。

【实验步骤】

1. 样品的预处理　将水样经0.45μm微孔滤膜过滤除去浑浊物质。对硬度高的水样，可先经过阳离子交换树脂柱，然后再用0.45μm微孔滤膜过滤。对含有机物水样可先用

C_{18}固相萃取小柱过滤去除。同时做样品空白，用纯水代替水样。

2. 标准系列的配制　分别准确移取0、1.00、2.00、3.00、4.00、5.00ml四种阴离子混合标准使用液于10ml容量瓶中，纯水定容。配制的标准系列F^-质量浓度分别为0.0、1.0、2.0、3.0、4.0、5.0mg/L，Cl^-和NO_3^-质量浓度分别为0.0、2.0、4.0、6.0、8.0、10.0mg/L，SO_4^{2-}质量浓度分别为0.0、8.0、16.0、24.0、32.0、40.0mg/L。

3. 色谱参考条件　色谱柱：As19（4.0mm×250mm）分析柱，AG19（4.0mm×50mm）保护柱；检测器：电导检测器；阴离子抑制器：ASRS300-4mm，抑制电流30mA；淋洗液：50%纯水+50% 50mmol/L NaOH溶液；流速：1.0ml/min；进样体积：25μl；柱温：30℃。

4. 测定

（1）标准曲线的绘制：在设定的仪器工作条件下从低浓度到高浓度依次测定标准系列，测定前标准溶液需经0.45μm微孔滤膜过滤。以峰面积为纵坐标，质量浓度为横坐标，分别绘制各阴离子标准曲线图，计算回归方程。

（2）样品测定：将预处理好的样品直接进样，依据色谱峰的保留时间定性，峰面积定量。从标准曲线上查出或根据回归方程求出样品液中各阴离子的质量浓度。

5. 结果处理　按照下式，可计算水样中F^-、Cl^-、NO_3^-和SO_4^{2-}的质量浓度（mg/L）：

$$\rho(\mathrm{mg/L}) = \frac{A - A_0 - a}{b} \tag{17-1}$$

式中：ρ——水样中某种阴离子的质量浓度，mg/L；

A——水样中某种阴离子的峰面积值（或峰高）；

A_0——空白试样的峰面积值（或峰高）；

b——回归方程斜率；

a——回归方程截距。

【注意事项】

1. 所用淋洗液和样品应过滤（0.45μm微孔滤膜）并用超声波清洗器脱气。

2. 流动相瓶中滤头要注意始终处于液面以下，防止将溶液吸干。

3. 使用阴离子色谱柱检测，通流动相时注意将电流旋钮翻开，调至90～100mA，使用完毕后要将电流旋钮封闭。

【思考题】

1. 离子色谱仪常用的检测器有哪些？

2. 为什么需要在电导检测器前加入抑制器？

实验二　离子色谱法测定水中6种阳离子

【目的与要求】

1. 掌握离子色谱法测定阳离子的基本原理。

2. 熟悉离子色谱仪的构造和测定阳离子的操作方法。

3. 了解饮用水的预处理方法。

【方法原理】

水样中阳离子Li^+、Na^+、NH_4^+、K^+、Ca^{2+}和Mg^{2+}，随甲烷磺酸（MSA）淋洗液进入阳离子分离柱，根据离子交换树脂对各阳离子的不同亲合程度进行分离，经分离后的各组分流经抑制系统，将强电解的淋洗液转换为弱电解溶液，降低了背景电导。流经电导检测系统，测量各阳离子组分的电导率。根据相对保留时间定性，峰高或峰面积定量。

【仪器与试剂】

1. 仪器与器皿　离子色谱仪，配备电导检测器；超声波清洗器；容量瓶；烧杯；刻度吸管等。

2. 试剂

(1) 实验用水：新制备的去离子水（电阻率 > 18.2MΩ · cm），并经过 0.45μm 微孔滤膜的过滤和脱气处理。

(2) 淋洗储备液（1.00mol/L 甲烷磺酸溶液）：移取 32.36ml 甲烷磺酸（GR）溶于纯水中，然后移至 500ml 容量瓶中，用水稀释至标线，混匀。贮存于聚乙烯塑料瓶中，于冰箱 4℃内避光保存。

(3) 淋洗使用液（20mmol/L 甲烷磺酸溶液）：准确移取 20.00ml 淋洗储备液于 1000ml 容量瓶中，用水稀释至标线，混匀。贮存于聚乙烯塑料瓶中，此淋洗使用液应每隔 3 天重新配制一次。

(4) 6 种阳离子标准储备液（Li^+、Na^+、NH_4^+、K^+、Ca^{2+} 和 Mg^{2+} 的质量浓度均为 1.0mg/ml）：称取适量的 $LiNO_3$、$NaNO_3$、KNO_3 和 NH_4Cl（于 105℃下烘干 2 小时，保存在干燥器内），以及 $Ca(NO_3)_2$、$Mg(NO_3)_2$（试剂使用前，干燥器中平衡 24 小时）溶于纯水中，分别转移到 6 个 1000ml 容量瓶中，纯水定容。贮存于聚乙烯塑料瓶中，于冰箱 4℃内保存。或采用由中国计量科学研究院提供的标准溶液，浓度均为 1×10^3μg/ml。

(5) 6 种阳离子混合标准使用液（Li^+ 5mg/L，Na^+ 125mg/L，NH_4^+ 125mg/L，K^+ 125mg/L，Ca^{2+} 500mg/L，Mg^{2+} 75mg/L）：分别移取 Li^+ 标准储备液 0.50ml，Na^+、K^+ 和 NH_4^+ 标准储备液各 12.50ml，Ca^{2+} 标准储备液 50.00ml，以及 Mg^{2+} 标准储备液 7.50ml 于 100ml 容量瓶中，纯水定容。贮存于聚乙烯塑料瓶中，于冰箱 4℃内保存。

【实验步骤】

1. 水样的预处理　饮用水样在经过 0.45μm 滤膜过滤后可直接进样。同时做样品空白，用纯水代替水样。

2. 标准系列的配制　分别准确移取 0、1.00、2.00、3.00、5.00ml 6 种阳离子混合标准使用液于 25ml 容量瓶中，纯水定容。配制成 5 种不同浓度的 6 种阳离子（Li^+、Na^+、NH_4^+、K^+、Ca^{2+}、Mg^{2+}）的配制的标准系列，浓度见表 17-1。

表 17-1　6 种阳离子标准系列的质量浓度

目标物	标准系列（mg/L）				
	1#	2#	3#	4#	5#
Li^+	0.00	0.20	0.40	0.60	1.00
Na^+	0.00	5.00	10.00	15.00	25.00
NH_4^+	0.00	5.00	10.00	15.00	25.00
K^+	0.00	5.00	10.00	15.00	25.00
Ca^{2+}	0.00	20.00	40.00	60.00	100.0
Mg^{2+}	0.00	3.00	6.00	9.00	15.00

3. 色谱参考条件　色谱柱：IonPac CS12A（4.0mm×250mm）分析柱，IonPac CG12A（4.0mm×50mm）保护柱；检测器：电导检测器；抑制器：CSRS300-4mm，自循环再生模式，抑制电流59mA；淋洗液：20mmol/L甲烷磺酸；流速：1.0ml/min；进样体积：25μl；柱温：30℃。

4. 测定

（1）标准曲线的绘制：在设定的仪器工作条件下从低浓度到高浓度依次测定标准系列，测定前标准溶液需经0.45μm微孔滤膜过滤。以各阳离子浓度为横坐标，峰面积为纵坐标，绘制各阳离子标准曲线图，计算回归方程。

（2）样品测定：将预处理好的样品直接进样，依据色谱峰的保留时间定性，峰面积定量。从标准曲线上查出或根据回归方程求出样品液中各阳离子的质量浓度。

5. 结果处理　按照下式，可计算水样中 Li^+、Na^+、NH_4^+、K^+、Ca^{2+}、Mg^{2+} 的质量浓度（mg/L）。

$$\rho(\text{mg/L}) = \frac{A - A_0 - a}{b} \tag{17-2}$$

式中：ρ——水样中某种阳离子的质量浓度，mg/L；

A——水样中某种阳离子的峰面积值（或峰高）；

A_0——空白试样的峰面积值（或峰高）；

b——回归方程斜率；

a——回归方程截距。

【注意事项】

1. 测定阳离子时最好用塑料容量瓶和移液管。不可将原子吸收光谱法的阳离子标准溶液用来做离子色谱分析。

2. 进样时阀的扳动要注意，不能太快，以免损伤阀体；也不能太慢，以免造成样品流失。在进样过程中，要严格按清洗程序操作，以减小前次样品残留对本次检测的影响。

【思考题】

1. 电导检测器为什么可作为离子色谱分析的检测器？

2. 为什么离子色谱仪要求实验用水要求电阻率大于18.2MΩ·cm？

（王　梅）

第十八章　高效毛细管电泳

第一节　基础知识

一、仪器基本结构与原理

毛细管电泳（CE）又称高效毛细管电泳（HPCE），是在高压直流电场的作用下，以电渗流（EOF）为驱动力，以熔融石英毛细管为分离通道，依据样品中各组分之间淌度和分配行为上的差异而进行高效、快速分离的液相分析技术。

HPCE仪器结构简单，主要由进样系统、高压直流电源和电极、熔融石英毛细管、检测系统、数据处理系统五部分组成。结构示意图如图18-1所示：石英毛细管的两端同时插入两个分离缓冲溶液瓶中，两个分离缓冲溶液瓶中均放置一个使高压电源和毛细管之间产生电接触的电极。进行分析时，先将运行缓冲液充满毛细管柱，然后移开进样端的缓冲溶液瓶，换上样品瓶，以一定方式进样后，换回缓冲溶液瓶，施加分离电压。在高压电场作用下，样品中的各组分在毛细管中按其淌度和（或）分配行为的不同产生差速迁移而达到分离，并依次经过毛细管另一端上的检测窗口，进行柱上检测。检测器产生的电信号经放大器放大后被输入到数据记录与处理系统，得到电信号-时间曲线，即流出曲线或电泳图，根据电泳图可以进行定性和定量分析。

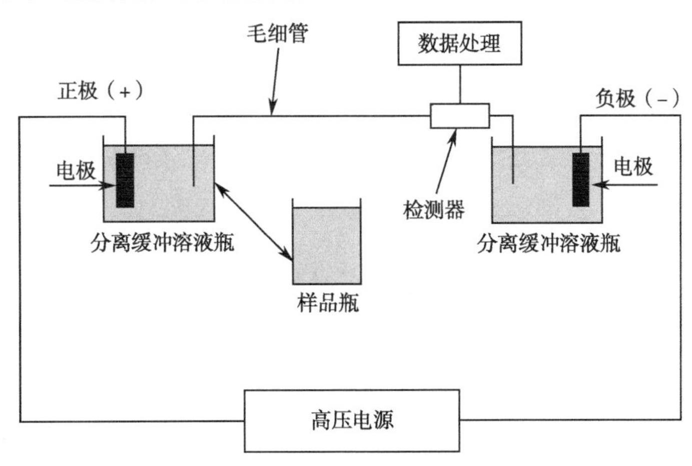

图18-1　HPCE装置示意图

紫外检测器和二极管阵列（PDA）检测器是HPCE中最常用的检测器，其次还有通用型的电导（CD）检测器；选择性好、灵敏度高的荧光（FL）检测器；激光诱导荧光（LIF）检测器；安培（EC）检测器；以及可获得化合物结构信息的质谱（MS）检测器，可以满足不同样品的分析需求。

与传统高效液相色谱（HPLC）技术相比，HPCE 具有以下的特点：①分离模式多，主要有：毛细管区带电泳（CZE）、毛细管凝胶电泳（CGE）、胶束动电毛细管色谱（MEKC）、胶束微乳毛细管电色谱（MEEKC）、毛细管等电聚焦电泳（CIEF）、亲和毛细管电泳（ACE）、非水毛细管电泳（NACE）、毛细管电色谱（CEC）；②适用范围广，从小的无机离子到整个细胞均可使用 HPCE 进行分析；③分离效率高，HPCE 的理论塔板数可达 10^6 ~ 10^7/m，即使是对映异构体也很容易实现基线分离；④操作简单、维护与运行成本低。

二、仪器使用注意事项

1. 毛细管的制作和安装

（1）制作毛细管检测窗口时，窗口的宽度以 2 ~ 3mm 为宜，一般情况下推荐用打火机烧制窗口，然后用浸有 95% 乙醇的脱脂棉将表面的黑色残留物擦拭干净。请勿用手触摸已擦拭干净的窗口，若不慎碰触，需用浸有 95% 乙醇的脱脂棉擦干净。

（2）切割毛细管时，不能用刀片把毛细管压断，也不可以来回划割毛细管。正确方法是刀片与桌面有一个 45°左右角度，朝一个方向一次性划过切割即可。必要时毛细管末端以超细砂纸磨平。安装完毕后，毛细管两端必须保持在同一水平高度。

（3）新安装的毛细管，在清洗开始的 1 ~ 3 分钟内观察毛细管的出口端是否有液滴流出，以确保毛细管未堵塞或未被折断。若未观察到液滴流出，需取出安装毛细管的卡盒，查看毛细管是否有断裂，若未断裂，可以用水反向高压冲洗以解决此问题；若发生堵塞或断裂，应重新更换毛细管，并重复上述操作，直至在毛细管出口端观察到有液滴出现。

2. 样品液面高度和样品瓶的清洗　缓冲溶液瓶中分离缓冲溶液的液面高度不能超过缓冲溶液瓶瓶颈。为确保盛装分离缓冲溶液的瓶内液面高度一致，应使用移液器移取分离缓冲溶液。缓冲溶液瓶口和瓶颈内部不得沾有液体，否则可能会导致漏电现象发生。缓冲溶液瓶盖及样品瓶盖洗净后要自然晾干。用于装废液的样品瓶要及时清理，不可过满。

3. 如有样品瓶或实验物品在实验过程中不慎落入仪器内，请在关闭主机电源后及时将落入物取出。实验过程中出现的任何问题，请及时与指导老师联系，排除故障后继续实验。

4. 实验结束后，未涂层的熔融石英毛细管要用水清洗 5 ~ 10 分钟，防止分离缓冲溶液在毛细管内析出结晶从而堵塞毛细管。将所有的缓冲溶液瓶及样品瓶取出清洗干净。长时间不用时，将毛细管在空气或氮气流下吹干后保存。按要求正确关机，清理实验台面，填写仪器使用记录。

第二节　实验内容

实验一　毛细管电泳仪性能测试实验（毛细管区带电泳-直接紫外法检测苯甲酸及山梨酸）

【目的与要求】

1. 掌握毛细管区带电泳-直接紫外法检测苯甲酸和山梨酸的原理。
2. 熟悉毛细管电泳仪的基本操作和性能测试方法。
3. 了解毛细管电泳仪的基本结构。

【实验原理】

一般情况下，毛细管区带电泳是正极端进样，负极端检测。对于未涂层熔融石英毛细管，电渗流（EOF）通常从正极端流向负极端。苯甲酸的 $pK_a=4.20$，山梨酸的 $pK_a=4.77$，在碱性分离缓冲溶液中，两者均带负电，向正极端迁移，与 EOF 方向相反。由于在碱性分离缓冲液中，EOF 速度大于苯甲酸及山梨酸电泳的速度，故带负电的苯甲酸和山梨酸能够被 EOF 驱动至负极端的检测窗口而被检测。苯甲酸和山梨酸的最大吸收波长分别为 220nm 和 251nm，为实现两者的同时分离与测定，采用直接紫外法在 214nm 进行检测。

毛细管电泳仪性能试验指标主要包括基线噪声、基线漂移、定性重复性、定量重复性、柱效、分离度等，其中，基线噪声、基线漂移、定性重复性及定量重复性是衡量仪器稳定性的指标，毛细管电泳仪检定规程规定仪器性能指标值见表 18-1。

表 18-1 JJG 964-2001 毛细管电泳仪检定规程规定仪器性能指标值

性能指标	基线噪声	基线漂移	定性重复性	定量重复性
	≤0.0005 AU	≤0.002 AU/h	≤1.5%	≤3.0%

柱效（N）是衡量分离技术获得又窄又锐的色谱峰或电泳峰能力的重要指标，分离度（R_s）是反映 N 和选择性的指标，被称为总分离效能指标。R_s 越大，毛细管的分离效率越高；相邻两组分分离效果越好，获得的电泳峰越窄、越锐。

【仪器与试剂】

1. 仪器与器皿　毛细管电泳仪，配置紫外或二极管阵列检测器；天平：感量 0.001g、0.0001g；漩涡混合器；带刻度 15ml 离心管、50ml 塑料离心管、10ml 容量瓶、5ml 容量瓶、1.5ml 塑料离心管。

2. 试剂和样品　十水合四硼酸钠（$Na_2B_4O_7 \cdot 10H_2O$）（分析纯）；乙腈（CH_3CN）（色谱纯）；氢氧化钠（NaOH）（优级纯）；苯甲酸（$C_7H_6O_2$）和山梨酸（$C_6H_8O_2$）标准物质（纯度≥98%）；水为 GB/T 6682—2008 规定的一级水；酱油样品（市售）。

（1）分离缓冲液（20mmol/L $Na_2B_4O_7$）：准确称取 0.076g 十水合四硼酸钠（$Na_2B_4O_7 \cdot 10H_2O$）置于 15ml 带刻度离心管中，加水溶解、定容至 10ml，混匀。

（2）氢氧化钠溶液（1mol/L）：称取 2g 氢氧化钠（NaOH），置于带刻度 50ml 塑料离心管中，用水溶解、稀释、定容至 50ml，混匀。注意，若用玻璃容器配制氢氧化钠溶液，需将配制好的溶液转移至塑料容器中。

（3）苯甲酸和山梨酸标准混合储备溶液（10g/L）：准确称取苯甲酸（$C_7H_6O_2$）、山梨酸（$C_6H_8O_2$）标准物质各 100mg，分别置于同一个 10ml 容量瓶中，使用乙腈（CH_3CN）溶解、稀释、定容至 10ml，4℃冰箱保存。

（4）苯甲酸和山梨酸标准应用液的配制：将苯甲酸（$C_7H_6O_2$）和山梨酸（$C_6H_8O_2$）标准混合储备液用乙腈（CH_3CN）逐级稀释，配制成苯甲酸和山梨酸标准混合液，质量浓度分别为 31.25、62.5、125、250、500、1000mg/L，然后使用移液器移取 20μl 每个质量浓度的标准溶液，再加入 380μl 水，分别稀释成 1.56、3.125、6.25、12.5、25、50mg/L 的应用液（含 5% 乙腈），4℃冰箱保存。

【实验步骤】

1. 安装及活化毛细管

（1）安装毛细管，使用未涂层熔融石英毛细管（内径：50μm；长度：40.2cm，有效长度 30cm）。

（2）将1mol/L氢氧化钠溶液和水分别装入样品瓶中，将分离缓冲液分别装入3个样品瓶中，其中一个样品瓶专用于冲洗毛细管。

（3）开机后，在20.0psi的压力下，依次用1mol/L氢氧化钠溶液冲洗20.0分钟、水冲洗5.0分钟、分离缓冲液冲洗5.0分钟，以充分活化毛细管。

2. 仪器运行程序

（1）1mol/L氢氧化钠冲洗：冲洗压力：20.0psi；冲洗时间：2.0分钟。

（2）水冲洗：冲洗压力：20.0psi；冲洗时间：2.0分钟。

（3）分离缓冲溶液冲洗：冲洗压力：20.0psi；冲洗时间：2.0分钟。

（4）进样时间：10.0秒；进样压力：0.5psi。

（5）分离时间：3.5分钟；分离电压：28.0kV（正电压）。

（6）检测波长：214nm。

3. 测定

（1）样品前处理：移取酱油0.7ml于1.5ml塑料离心管中并称重，记录酱油质量数（m，g），加入0.7ml乙腈，涡旋1分钟，静置分层。取上层溶液，用水稀释20倍，溶液中乙腈含量为5%，以保证苯甲酸及山梨酸的溶解性。

（2）定性分析：按仪器运行程序，将苯甲酸及山梨酸标准应用液注入毛细管电泳仪，根据迁移时间及光谱图定性或加标确认定性。

（3）定量分析：待苯甲酸及山梨酸迁移时间稳定后，方可进行定量分析。采用校正峰面积外标标准曲线定量测定。以标准溶液的质量浓度为横坐标，对应的校正峰面积为纵坐标，制作标准曲线，计算线性回归方程及相关系数（r），以样品的校正峰面积及标准曲线比较定量。

（4）平行试验：按以上步骤，对同一样品平行测定三次。

4. 基线噪声和基线漂移测定　使用分离缓冲液进样，稳定30分钟后，采集60分钟的基线数据。

5. 定性重复性和定量重复性测定　按仪器运行程序，将6.25mg/L苯甲酸及6.25mg/L山梨酸混合标准溶液连续进样7次，计算迁移时间及校正峰面积的重现性。

【数据处理】

1. 酱油中苯甲酸或山梨酸含量按公式（18-1）计算：

$$X=(c\times v)\times f/(1000\times m) \tag{18-1}$$

式中：X——样品中苯甲酸或山梨酸的含量，g/kg；

c——仪器测得样液中苯甲酸或山梨酸质量浓度，mg/L；

v——乙腈溶剂体积，ml，本实验中为0.7ml；

m——样品质量，g；

f——稀释倍数。

计算结果保留三位有效数字。

2. 基线噪声和基线漂移测定　根据基线60分钟数据，测量并计算基线噪声和基线漂移。

3. 定性重复性和定量重复性测定　根据6.25mg/L苯甲酸及6.25mg/L山梨酸标准溶液7次的数据，计算迁移时间和校正峰面积的相对标准偏差（$RSD\%$）。

4. 理论塔板数N按公式（18-2）计算：

$$N=16\left(\frac{t_R}{W}\right)^2 \tag{18-2}$$

式中，t_R——迁移时间，min或s；

W——峰底宽度，min 或 s；

5. 分离度 R_s 按公式（18-3）计算：

$$R_s = \frac{2(t_{R2} - t_{R1})}{(W_1 + W_2)} \tag{18-3}$$

式中，t_{R1}——山梨酸的迁移时间，min 或 s；

t_{R2}——苯甲酸的迁移时间，min 或 s；

W_1——山梨酸的峰底宽度，min 或 s；

W_2——苯甲酸的峰底宽度，min 或 s。

【参考电泳图】图 18-2，图 18-3

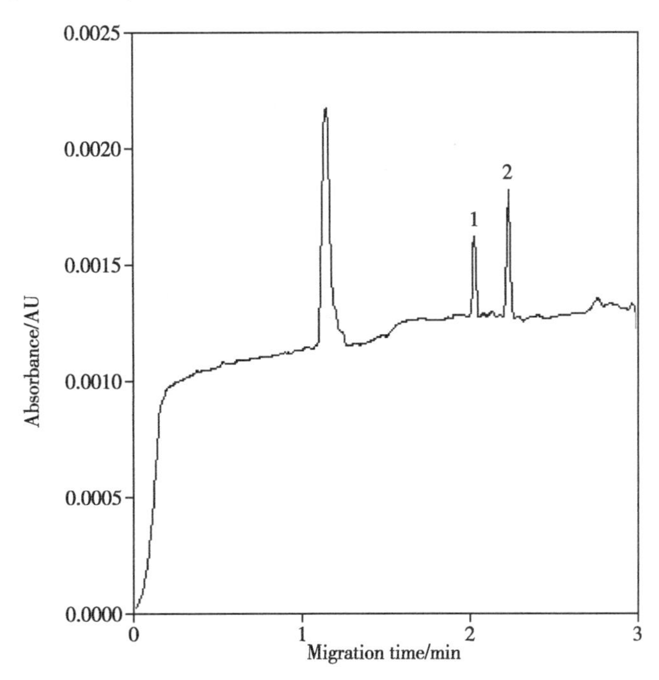

图 18-2　山梨酸、苯甲酸标准电泳图

1. 山梨酸；2. 苯甲酸

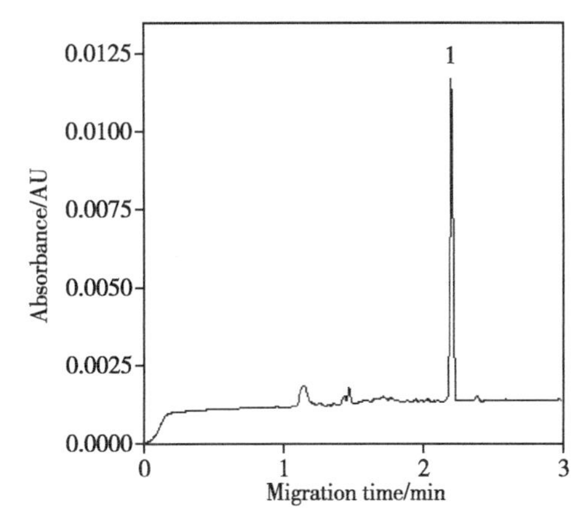

图 18-3　酱油样品电泳图

1. 苯甲酸

【注意事项】

1. 山梨酸及苯甲酸标准溶液的迁移时间稳定后方可进行定性、定量操作。

2. 为确保苯甲酸及山梨酸的溶解性，标准及样品溶液中乙腈含量为5%。

【思考题】

1. 酱油中添加的防腐剂对羟基苯甲酸乙酯能用此方法进行分析吗?

2. 分别计算熔融石英毛细管分离苯甲酸及山梨酸的柱效 N 和分离度 R_s。

实验二 毛细管区带电泳-直接紫外法检测巯基乙酸

【实验目的】

1. 掌握毛细管电泳法检测巯基乙酸的基本原理。

2. 熟悉毛细管电泳仪的基本操作。

3. 了解毛细管电泳仪的基本结构。

【实验原理】

毛细管区带电泳中，一般情况下正极端进样，负极端检测。对于未涂层石英毛细管，电渗流（EOF）一般从正极端流向负极端。巯基乙酸的 $pK_a=6.80$，在碱性分离缓冲液中带负电，带负电的巯基乙酸的迁移方向与EOF的方向相反，使其很难在较合理的时间内（30分钟）迁移至检测窗口。加入EOF反向剂，将电极反向后，EOF的方向改变，故带负电的巯基乙酸与EOF的迁移方向一致，能够被EOF驱动至负极端的检测窗口而被检测。

【仪器与试剂】

1. 仪器与器皿　毛细管电泳仪，配置紫外或二极管阵列检测器；电子天平：感量0.001g、0.0001g；涡旋混合器；离心机：转速不低于5 000r/min；带刻度15ml离心管、50ml塑料离心管、10ml容量瓶、5ml容量瓶、1.5ml塑料离心管。

2. 试剂和样品　氢氧化钠（NaOH）（优级纯）；十二水合磷酸钠（$Na_3PO_4 \cdot 12H_2O$）（分析纯）；十六烷基三甲基溴化铵（CTAB，纯度≥99%）；三水合巯基乙酸钙标准品（$CaO_2S \cdot 3H_2O$，纯度≥98%）；水为GB/T 6682-2008规定的一级水；烫发剂或脱毛膏（市售）。

（1）十六烷基三甲基溴化铵储备液（10mmol/L）：准确称取0.036g十六烷基三甲基溴化铵（CTAB）置于15ml带刻度离心管中，加水溶解、稀释、定容至10ml，混匀。

（2）分离缓冲溶液（300mmol/L Na_3PO_4 +0.5mmol/L CTAB）：准确称取1.140g十二水合磷酸钠（$Na_3PO_4 \cdot 12H_2O$）置于15ml带刻度离心管中，加入0.5ml CTAB储备液，用水溶解、稀释、定容至10ml。

（3）样品提取溶液（30mmol/L Na_3PO_4 +0.05mmol/L CTAB）：将分离缓冲溶液用水稀释10倍。

（4）氢氧化钠溶液（1mol/L）：称取2g氢氧化钠（NaOH），置于带刻度50ml塑料离心管中，用水溶解、稀释、定容至50ml，混匀。注意，若用玻璃容器配制氢氧化钠溶液，需将配制好的溶液转移至塑料容器中。

（5）巯基乙酸标准储备溶液（1000mg/L）：准确称取20mg三水合巯基乙酸钙（$CaO_2S \cdot 3H_2O$）标准品（折算成巯基乙酸含量，则乘以换算系数0.5）于10ml容量瓶中，用水溶解、稀释、定容至10ml。转移巯基乙酸标准储备溶液至塑料瓶中，用锡箔纸包

裹后于4℃冰箱保存。

（6）巯基乙酸标准应用液的配制：将巯基乙酸标准储备溶液用样品提取溶液逐级稀释，配制成质量浓度分别为12.5、25、50、100、200和400mg/L的应用液。

【实验步骤】

1. 安装及活化毛细管

（1）安装毛细管，使用未涂层石英毛细管（内径：50μm；长度：40.2cm；有效长度30cm）。

（2）将1mol/L氢氧化钠溶液和水分别装入样品瓶中，将分离缓冲液分别装入3个样品瓶中。

（3）开机后，在20.0psi的压力下，依次用1mol/L氢氧化钠溶液冲洗20.0分钟，用水冲洗5.0分钟，用分离缓冲液冲洗5.0分钟，以充分活化毛细管。

2. 仪器运行程序

（1）氢氧化钠冲洗：冲洗压力：20.0psi；冲洗时间：2.0分钟；

（2）水清洗：冲洗压力：20.0psi；冲洗时间：2.0分钟；

（3）分离缓冲液清洗：冲洗压力：20.0psi；冲洗时间：2.0分钟；

（4）进样时间：10.0秒，进样压力0.5psi；

（5）分离时间：8.00分钟；分离电压：-5.0kV（反向电压）；

（6）检测波长：236nm。

3. 测定

（1）样品处理：根据实际样品中巯基乙酸的含量，移取一定体积的样品，或称取一定质量的样品，用适当体积的样品提取溶液提取，水基样品可直接进样分析，油基样品在5000r/min离心10分钟，取上清液进样。

（2）定性分析：按仪器运行程序，将巯基乙酸标准应用液注入毛细管电泳仪，根据迁移时间及光谱图定性或加标确认定性。

（3）定量分析：待巯基乙酸迁移时间稳定后，方可进行定量分析。采用校正峰面积外标标准曲线定量测定。以标准溶液的质量浓度为横坐标，对应的校正峰面积为纵坐标，制作标准曲线，计算线性回归方程及相关系数（r），以样品的校正峰面积及标准曲线比较定量。

（4）平行试验：按以上步骤，对同一样品平行测定三次。

【数据处理】

油基样品中巯基乙酸的含量按公式（18-4）计算：

$$w=\rho\times V/(10^{6}\times m)\times 100\% \tag{18-4}$$

式中：w——样品中巯基乙酸百分含量，%，

ρ——仪器测得的样品中巯基乙酸质量浓度，mg/L，

V——样品定容体积，ml，

m——称样量，g。

水基样品中巯基乙酸的含量按公式（18-5）计算：

$$w=\rho\times V/(10^{6}\times v)\times 100\% \tag{18-5}$$

式中：w——样品中巯基乙酸百分含量，%，

ρ——仪器测得的样品中巯基乙酸质量浓度，mg/L，

V——样品定容体积，ml，

v——取样体积，ml。

计算结果保留两位或三位有效数字。

【参考电泳图】图 18-4，图 18-5

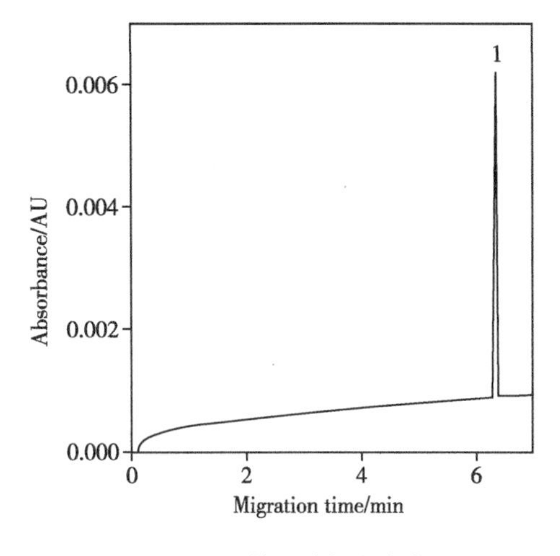

图 18-4　巯基乙酸标准电泳图

1. 巯基乙酸

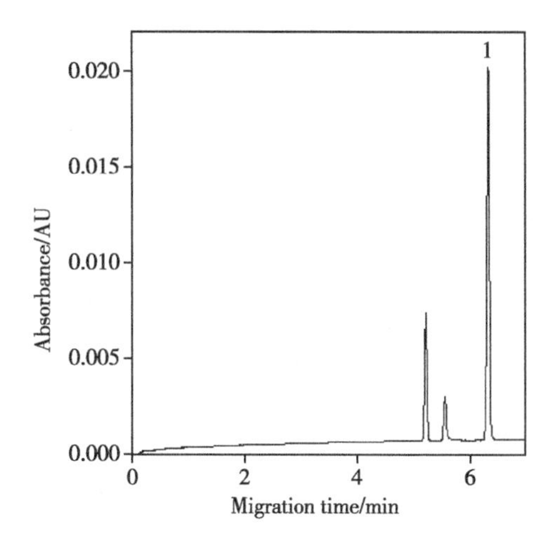

图 18-5　染发剂样品电泳图

1. 巯基乙酸

【注意事项】

巯基乙酸标准溶液的迁移时间稳定后方可制作标准曲线。

【思考题】

1. 为什么将样品溶于稀释 10 倍的分离缓冲溶液中？
2. 本实验中十六烷基三甲基溴化铵的作用是什么？

实验三　毛细管区带电泳-间接紫外法检测甜蜜素

【目的与要求】

1. 掌握毛细管区带电泳-间接紫外法检测甜蜜素的基本原理。
2. 熟悉食品样品中甜蜜素的测定方法。
3. 了解毛细管电泳仪的基本结构。

【实验原理】

甜蜜素又称环已基氨基磺酸钠，在碱性溶液中以阴离子形式稳定存在。甜蜜素没有紫外特征吸收，故采用间接紫外法进行测定。通常将有紫外吸收的物质（探针）加到分离缓冲液中，当无紫外吸收的待测物质通过检测器时，分离缓冲液的紫外吸收下降，而产生待测物的倒峰，通过仪器的工作站软件，将倒峰转为正峰。将十六烷基三甲基溴化铵（CTAB）加入到分离缓冲溶液中使电渗流反向，甜蜜素在中性物质前出峰，分析时间可大为缩短。

【仪器与试剂】

1. 仪器与器皿　毛细管电泳仪，配置紫外或二极管阵列检测器；电子天平：感量 0. 001g、0. 0001g；涡旋混合器；带刻度 15ml 离心管、50ml 塑料离心管、10ml 容量瓶、5ml 容量瓶、1. 5ml 塑料离心管。

2. 试剂和样品　苯甲酸钠（$C_7H_5NaO_2$）（分析纯）；氢氧化钠（NaOH）（优级纯）；碳酸钠（Na_2CO_3）（分析纯）；十六烷基三甲基溴化铵（CTAB，纯度≥99%）；甜蜜素（环己基氨基磺酸钠 $C_6H_{12}NO_3SNa$）标准品（纯度≥99%）；水为 GB/T 6682-2008 规定的一级水；酸梅汤样品（市售）。

（1）苯甲酸钠储备液（10mmol/L）：准确称取 0.014g 苯甲酸钠（$C_7H_5NaO_2$）置于 15ml 带刻度离心管中，用水溶解、稀释、定容至 10ml，混匀。

（2）碳酸钠储备液（200mmol/L）：准确称取 0.212g 碳酸钠（Na_2CO_3）置于 15ml 带刻度离心管中，用水溶解、稀释、定容至 10ml，混匀。

（3）CTAB 储备液（10mmol/L）：准确称取 0.036g CTAB 置于 15ml 带刻度离心管中，用水溶解、稀释、定容至 10ml，混匀。

（4）分离缓冲溶液（2mmol/L $C_7H_5NaO_2$ + 10mmol/L Na_2CO_3 + 0.5mmol/L CTAB）：准确移取 2ml 苯甲酸钠（$C_7H_5NaO_2$）储备液、0.5ml 碳酸钠（Na_2CO_3）储备液、0.5ml CTAB 储备液置于 15ml 带刻度离心管中，用水稀释、定容至 10ml，混匀。

（5）氢氧化钠溶液（1mol/L）：称取 2g 氢氧化钠（NaOH），置于带刻度 50ml 塑料离心管中，用水溶解、稀释、定容至 50ml，混匀。注意，若用玻璃容器配制氢氧化钠溶液，则配制完成后需转移至塑料容器中。

（6）甜蜜素标准储备溶液（1000mg/L）：准确称取 10mg 甜蜜素（$C_6H_{12}NO_3SNa$）标准品于 10ml 容量瓶中，用水溶解、稀释定容 10ml。

（7）甜蜜素标准应用液的配制：将甜蜜素（$C_6H_{12}NO_3SNa$）标准储备液用水逐级稀释成 1.25、2.5、5、10、20、40 及 80mg/L 标准应用液。

【实验步骤】

1. 安装及活化毛细管

（1）安装毛细管，使用未涂层石英毛细管（内径：75μm；长度：80cm；有效长度 70cm）。

（2）将 1mol/L 氢氧化钠溶液和水分别装入样品瓶中，将分离缓冲液分别装入 3 个样品瓶中。

（3）开机后，在 20.0psi 的压力下，依次用 1mol/L 氢氧化钠溶液冲洗 20.0 分钟，用水冲洗 5.0 分钟，用分离缓冲液冲洗 5.0 分钟，以充分活化毛细管。

2. 仪器运行程序

（1）氢氧化钠冲洗：冲洗压力：20.0psi；冲洗时间：2.0 分钟。

（2）水清洗：冲洗压力：20.0psi；冲洗时间：2.0 分钟。

（3）分离缓冲液清洗：冲洗压力：20.0psi；冲洗时间：2.0 分钟。

（4）进样时间：18.0 秒，进样压力 0.5psi。

（5）分离时间：6.00 分钟；分离电压：－30.0kV（反向电压）。

（6）检测波长：200nm。

3. 测定

（1）样品处理：将酸梅汤样品用水稀释适当倍数后可直接进样分析。

（2）定性分析：按仪器运行程序，将甜蜜素标准应用液注入毛细管电泳仪，根据迁移时间及加标确认定性。

（3）定量分析：待甜蜜素迁移时间稳定后，方可进行定量分析。采用校正峰面积外标标准曲线定量测定。以标准溶液的质量浓度为横坐标，对应的校正峰面积为纵坐标，制作标准曲线，计算线性回归方程及相关系数（r），以样品的校正峰面积及标准曲线比较定量。

（4）平行试验：按以上步骤，对同一样品平行测定三次。

【数据处理】

试样中甜蜜素的含量按下面公式计算获得：

$$X = 0.89 \times c \times v/m \tag{18-6}$$

式中：X——试样中甜蜜素含量（以环己基氨基磺酸计），g/kg

c——仪器测得的样液中甜蜜素质量浓度，mg/L

v——定容体积，L

m——称样量，g

计算结果保留两位有效数字。

【参考电泳图】图 18-6，图 18-7

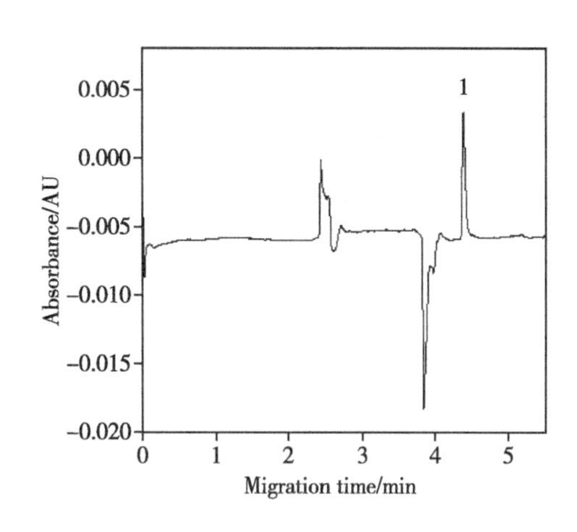

图 18-6　甜蜜素标准电泳图

1. 甜蜜素

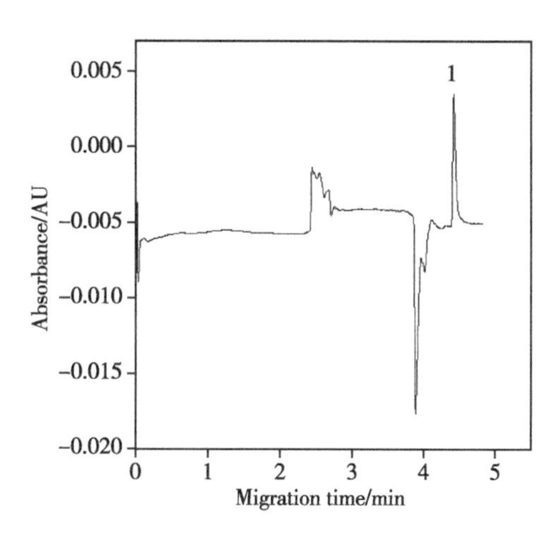

图 18-7　酸梅汤样品电泳图

1. 甜蜜素

【注意事项】

甜蜜素标准溶液的迁移时间稳定后方可制作标准曲线。

【思考题】

1. 毛细管电泳直接紫外法和间接紫外法的区别是什么？
2. 本实验中十六烷基三甲基溴化铵的作用是什么？

实验四　毛细管电泳-直接激光诱导荧光法检测酸性橙Ⅱ

【实验目的】

1. 掌握毛细管电泳-激光诱导荧光法检测酸性橙Ⅱ的基本原理。
2. 熟悉毛细管电泳仪的基本操作。
3. 了解毛细管电泳仪的基本结构。

【实验原理】

酸性橙Ⅱ属于化工染料，为非食用色素，禁止添加在食品中，因人食用后可能会引起食物中毒，长期食用甚至会致癌。酸性橙Ⅱ易溶于水，在水溶液中，非常容易解离，在碱

性分离缓冲溶液中，带负电，向正极端迁移，与电渗流（EOF）方向相反。由于在碱性分离缓冲液中，EOF速度大于酸性橙Ⅱ电泳的速度，故带负电的酸性橙Ⅱ能够被EOF驱动至负极端的检测窗口而被检测。酸性橙Ⅱ在水溶液中有荧光，用激光诱导荧光检测器进行检测。

【仪器与试剂】

1. 仪器和器皿　毛细管电泳仪，配置激光诱导荧光（LIF）检测器；天平：感量0.001g、0.0001g；涡旋混合器；带刻度15ml离心管、带刻度50ml塑料离心管、10ml容量瓶、5ml容量瓶、1.5ml塑料离心管。

2. 试剂和样品　硼酸（H_3BO_3）（分析纯）；碳酸钠（Na_2CO_3）（分析纯）；氢氧化钠（NaOH）（优级纯）；十二烷基硫酸钠（SDS）（纯度≥99%）；酸性橙Ⅱ（$C_{16}H_{11}N_2NaO_4S$）标准物质（纯度≥94%）；水为GB/T 6682-2008规定的一级水。

（1）碳酸钠储备液（200mmol/L）：准确称取0.212g碳酸钠（Na_2CO_3）置于15ml带刻度离心管中，用水溶解、稀释、定容至10ml，混匀。

（2）硼酸储备液（200mmol/L）：准确称取0.124g硼酸（H_3BO_3）置于15ml带刻度离心管中，用水溶解、稀释、定容至10ml，混匀。

（3）SDS储备液（200mmol/L）：准确称取0.577g SDS置于15ml带刻度离心管中，用水溶解、稀释定容至10ml，混匀。

（4）分离缓冲溶液（16mmol/L Na_2CO_3 + 100mmol/L SDS + 8mmol/L H_3BO_3）：准确移取0.8ml碳酸钠（Na_2CO_3）储备液、0.4ml硼酸（H_3BO_3）储备液、5ml SDS储备液置于15ml带刻度离心管中，用水稀释、定容至10ml，混匀。

（5）氢氧化钠溶液（1mol/L）：称取2g氢氧化钠（NaOH），置于带刻度50ml塑料离心管中，用水溶解、稀释、定容至50ml，混匀。注意，若用玻璃容器配制氢氧化钠溶液，需将配好的溶液转移至塑料容器中。

（6）酸性橙Ⅱ（1000mg/L）标准储备溶液：准确称取10mg酸性橙Ⅱ（$C_{16}H_{11}N_2NaO_4S$）标准品于10ml容量瓶中，用水溶解、稀释定容至10ml。

（7）配制酸性橙Ⅱ标准应用液：将酸性橙Ⅱ（$C_{16}H_{11}N_2NaO_4S$）标准储备液用水逐级稀释成6.25、12.5、25、50、100mg/L标准应用液。

【实验步骤】

1. 安装及活化毛细管

（1）安装毛细管，使用未涂层石英毛细管（内径：50μm；长度：30.2cm；有效长度20cm）；

（2）将1mol/L氢氧化钠溶液和水分别装入样品瓶中；将分离缓冲液分别装入3个样品瓶中。

（3）开机后，在20.0psi的压力下，依次用1mol/L氢氧化钠溶液冲洗20.0分钟，用水冲洗5.0分钟，用分离缓冲液冲洗5.0分钟，以充分活化毛细管。

2. 仪器运行程序

（1）1mol/L氢氧化钠冲洗：冲洗压力：20.0psi；冲洗时间：2.0分钟。

（2）水冲洗：冲洗压力：20.0psi；冲洗时间：2.0分钟。

（3）分离缓冲溶液冲洗：冲洗压力：20.0psi；冲洗时间：2.0分钟。

（4）进样时间：5.0秒；进样压力：0.5psi。

（5）分离时间：5分钟；分离电压：15.0kV（正电压）。

（6）荧光检测器：激发波长：488nm；发射波长：520nm。

3. 测定

（1）定性分析：按仪器运行程序，将酸性橙Ⅱ标准应用液注入毛细管电泳仪，根据迁移时间及加标确认定性。

（2）定量分析：待酸性橙Ⅱ迁移时间稳定后，方可进行定量分析。采用校正峰面积外标标准曲线定量测定。以标准溶液的质量浓度为横坐标，对应的校正峰面积为纵坐标，制作标准曲线，计算线性回归方程及相关系数（r），以样品的校正峰面积及标准曲线比较定量。

【参考电泳图】图18-8

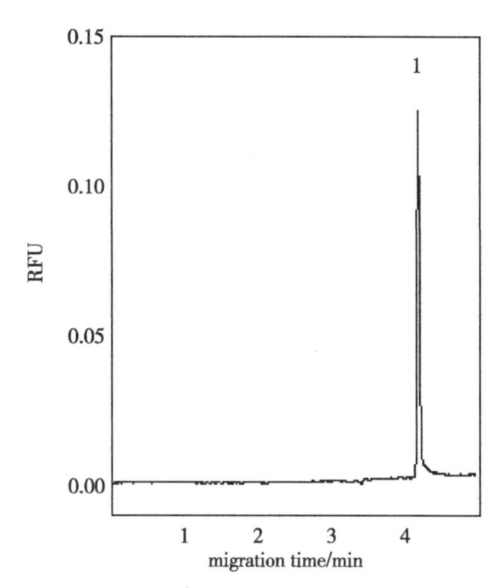

图18-8　酸性橙Ⅱ标准电泳图

1. 酸性橙Ⅱ

【注意事项】

酸性橙Ⅱ的迁移时间稳定后方可做标准曲线。

【思考题】

本实验中十二烷基硫酸钠的作用是什么？

（李　疆）

第十九章　气相色谱-质谱联用法

第一节　基础知识

一、仪器结构与原理

气相色谱法（GC）是一种速度快、灵敏度高且应用广泛的分离分析方法。气相色谱的流动相为惰性气体，固定相为固体吸附剂或固定液，其分离原理是基于样品中的组分在气固两相或气液两相间吸附或分配上的差异。质谱法（MS）是一种测量离子质荷比（质量-电荷比）的分析方法，其基本原理是使将气态待测组分导入离子源，通过离子化技术将进入的气态物质分子转化成气态离子，在电场作用下离子进入质量分析器，在磁场力的作用下按照离子的质荷比进行分离，不同离子依据质荷比大小依次进入检测器，从而获得质谱图，并确定其质量。通过对质谱图的分析处理，可以得到样品的定性定量结果。气相色谱-质谱联用分析法（GC-MS）是将气相色谱仪分离后的组分导入质谱仪进行进一步的分析鉴定，得到样品的定性和定量结果。

气相色谱-质谱联用仪，简称气-质联用仪，是将气相色谱仪和质谱仪通过特定的连接接口装置实施在线（on line）连接，有效地发挥联用仪器各自分析特色，实现优势互补，从而得到更高质量保证的分析结果。气相色谱仪的组成见第十五章，质谱联用仪主要由离子源、真空系统、质量分析器、检测器和计算机控制与数据处理系统（工作站）等部分组成。气相色谱-质谱联用仪所使用的载气一般为高纯氦气，色谱柱一般使用非极性毛细管色谱柱；质谱的离子源主要使用电子轰击源（EI））和化学电离源（CI）。

二、仪器使用注意事项

1. 气相色谱部分　一般选用高纯氦气作为载气，需要开启真空补偿模式以保证流速计算准确；色谱柱一般使用低流失固定相以降低杂峰干扰；新色谱柱在使用前需要老化，老化时应避免接入质谱仪。

2. 质谱部分　质谱内部元件正常工作氛围为真空条件，开机以后只有当真空度达到要求（一般为60mTorr以下）后才能进行质谱操作；仪器使用前应当进行调谐操作，确定仪器状态是否正常；进行实验之前，应当检测仪器是否漏气，空气中的氧气可能损坏离子源灯丝；仪器关闭前应当降低离子源、进样口和柱温箱温度并卸载真空，应当避免由于意外、停电等情况造成的突然关机；频繁开关机容易损坏分子涡轮泵，只有在长时间（1周以上）不使用的情况下才关闭质谱仪。

第二节　实验内容

实验一　气相色谱-质谱联用仪主要性能检定

【实验目的】

1. 掌握气相色谱-质谱联用仪的工作原理。
2. 熟悉气相色谱-质谱联用仪的基本操作。
3. 了解气相色谱-质谱联用仪的性能参数及测定方法。

【实验原理】

经过气相色谱分离后的单一组分有机化合物样品，由导入系统进入离子源，通过离子化技术将进入的气态物质分子转化成气态离子，即失去外层价电子而形成分子离子、分子离子的某些化学键有规律断裂而形成碎片离子；在电场作用下，获得一定加速度的离子进入质量分析器，在磁场力的作用下按照离子的质荷比进行分离；不同质荷比离子依据质荷比大小依次进入检测器而产生随离子流强度变化而变化的电信号；所有的电信号经处理而得到离子流相对强度（或离子的相对丰度）对离子质荷比的质谱图。通过解析，可获得有机化合物的分子式和结构的信息。

为保证气相色谱-质谱联用仪性能处于正常状态，根据JJF 1164-2006《台式气相色谱-质谱联用仪校准规范》，着重从质量准确性、分辨率、信噪比、测量重复性几个方面对仪器进行评价和校准。各参数的主要技术指标要求见表19-1。

表19-1　气相色谱-质谱联用仪主要技术指标

技术指标		要求
质量范围		不低于600u
质量准确性		±0.3u
分辨率（R）		$W_{1/2}<1u$
信噪比	EI	100pg八氟萘，m/z 272处，S/N≥10:1（峰峰值）
	正CI	10.0ng苯甲酮，m/z 183处，S/N≥10:1（峰峰值）
	负CI	100pg八氟萘，m/z 272处，S/N≥100:1（峰峰值）
测量重复性		RSD≤10%
谱库检索		10ng硬脂酸，相似度≥75%

【仪器与试剂】

1. 仪器与器皿　气相色谱-质谱联用仪；1～10μl微量注射器。

2. 试剂　100pg/μl八氟萘-异辛烷溶液标准物质；10ng/μl苯甲酮-异辛烷溶液标准物质；10ng/μl六氯苯-异辛烷溶液标准物质；10ng/μl硬脂酸甲酯-异辛烷测试溶液；液相色谱级或同等级别异辛烷或正己烷。

【实验步骤】

1. 开机　先开启氦气瓶开关，将分压表调至0.8MP，打开气相色谱仪开关，再打开质谱仪开关。

2. 泄漏检验　真空度达到10^{-4}Torr时，点击［Peak Monitor View］，进行泄漏检验。确认m/z 18、m/z 28、m/z 32、m/z 69的比例关系及确认是否漏气：通常m/z 18 > m/z 28，表示不漏气；如果m/z 28的强度同时大于m/z 18，m/z 69的两倍，表明漏气。

3. 仪器调谐　设立自动调谐参数，进行自动调谐。调谐包括自动调谐和手动调谐两类方式，自动调谐中包括自动调谐、标准谱图调谐、快速调谐等方式。如果分析结果将进行谱库检索，一般先进行自动调谐，然后进行标准谱图调谐以保证谱库检索的可靠性。

4. 建立仪器的方法文件　仪器的方法文件主要用来设定仪器各部件的工作状态，主要设置气相色谱条件和质谱条件。

（1）色谱参数：色谱柱：DB-5MS（30m×0.25mm×0.25μm），或其他类似色谱柱；进样口温度：250℃；传输线温度：250℃；进样方式：不分流进样；进样量：1μl；载气：高纯氦气；流速：1.0ml/min。

升温程序：测定八氟萘和苯甲酮时，初始70℃保持2分钟，10℃/min升温至220℃，保持5分钟；测定六氯苯和硬脂酸甲酯时，初始150℃，10℃/min升温至250℃，保持5分钟。

（2）质谱参数：El源：离子化能量：70eV；扫描范围：信噪比测试，m/z = 200～300；质量准确性测试，m/z = 20～350；重复性测试，m/z = 200～300；溶剂延迟：3分钟（或视具体情况而定）；其他参数，如电子倍增器或光电倍增器工作电压，均以自动或手动调谐时确定的值作为校准参数。

CI源：反应气：根据厂家推荐方法选择载气种类和流量；扫描范围：负CI源信噪比测试，m/z = 200～300；正CI源信噪比测试，m/z = 100～230；重复性测试，根据测试对象确定；溶剂延迟，3分钟（或视具体情况而定）；离子源和四极杆温度根据厂家推荐值设定；其他参数，如电子倍增器或光电倍增器工作电压，均以自动或手动调谐时确定的值作为校准参数。

5. 仪器进行评价和校准

（1）分辨率（resolution）：分辨两个相邻质谱峰的能力，对于台式GC-MS以某质谱峰在峰高50%处的峰宽度（半峰宽）表示，记为$W_{1/2}$，单位u。

仪器稳定后，执行Autotune命令进行自动调谐，直至调谐通过，打印调谐报告，得到半峰宽$W_{1/2}$。

注：调谐通常使用的样品为全氟三丁胺（FC-43）；也可以手动调谐。

（2）质量范围：以全氟三丁胺为调谐样品进行调谐，质量数设定达到600以上，观察是否出现质量数600以上（含600）的质谱峰。

（3）信噪比：信噪比系指待测样品信号强度与基线噪声的比值，记为S/N。其中，基线噪声系指基线峰底与峰谷之间的宽度。

1）EI源：仪器调谐通过后，按前述条件，注入100pg/μl八氟萘-异辛烷溶液1.0μl，提取m/z = 272离子，再现质量色谱图。根据公式（19-1）计算S/N。

$$S/N = H_{272}/H_{噪声} \tag{19-1}$$

式中：H_{272}——提取离子（m/z）的峰高；

$H_{噪声}$——基线噪声。

2）正CI源：参照前述条件，注入10.0ng/μl苯甲酮异辛烷溶液1.0μl，提取m/z = 183离子，再现质量色谱图，根据公式（19-1）计算S/N。

3）负CI源：参照前述条件，注入100pg/μl八氟萘-异辛烷溶液1.0μl，提取m/z = 272离子，再现质量色谱图。根据公式（19-1）计算S/N。

（4）质量准确性：仪器调谐过后，按照调谐的条件，注入10ng/μl硬脂酸甲酯-异辛烷测试溶液1.0μl。记录m/z=74、143、199、255和298等硬脂酸甲酯主要离子的实测质量数，有效数值保留到小数点后两位，理论值见表19-2：根据公式（19-2）计算质量准确性。

$$\Delta M=\overline{M}_{i测量}-M_{i理论} \tag{19-2}$$

式中：$\overline{M}_{i测量}$——第i个离子三次测量平均值，u；

$M_{i理论}$——第i个离子理论值，u。

表19-2　硬脂酸甲酯主要离子峰理论值

离子（m/z）	理论值
74	74.04
87	87.04
129	129.09
143	143.11
199	199.17
255	255.23
267	267.27
298	298.29

（5）测量重复性：根据前述仪器条件，注入1.0μl质量浓度为10.0ng/μl的六氯苯-异辛烷溶液，连续进样6次，记录总离子流色谱图，提取六氯苯特征离子m/z=284，再现质量色谱图，按质量色谱峰进行面积积分，根据公式（19-3）计算RSD。

$$RSD=\sqrt{\frac{\sum_{i=1}^{6}(x_i-\bar{x})^2}{6-1}}\times\frac{1}{\bar{x}}\times100\% \tag{19-3}$$

式中：RSD——相对标准偏差，%；

x_i——六氯苯第i次测量峰面积或保留时间；

$\bar{x}$——六氯苯6次测量峰面积的算术平均值；

i——测量序号。

注：对于CI源，可采用相应的测试灵敏度的标准物质进行重复性测量。

6. 谱库检索　根据质量准确性测试总离子流色谱图，得到硬脂酸甲酯质谱图，扣除本底后，在系统提示的谱库内对硬脂酸甲酯进行检索。

7. 结果要求　仪器接受考察的各项主要技术指标，应当符合表19-1要求。

【注意事项】

1. 仪器室内不得有强烈的机械振动和电磁干扰，不得存放与实验无关的易燃、易爆和强腐蚀性气体或试剂。

2. 实验室温度：15~27℃。相对湿度：不高于75%。

3. 进行性能测试前，必须进行调谐，并保证仪器处于正常工作状态。

【思考题】

1. 气相色谱-质谱仪由哪几个部分组成？

2. 检查气相色谱-质谱联用仪的上述性能有何实际意义？

3. 质谱调谐使用的全氟三丁胺（FC-43）的质谱图主要由哪些质谱峰构成？

4. 质谱的分辨率以及色谱的分离度分别代表什么意义，二者有什么区别和联系？

实验二　气相色谱-质谱联用法谱库检索

【实验目的】

1. 掌握气相色谱-质谱联用仪的定性分析方法。
2. 熟悉全程扫描方式收集数据的方法。
3. 了解利用质谱图推测化合物结构的基本过程。

【实验原理】

标准质谱图是指已知纯有机化合物在标准电离方式电子轰击源 EI 70eV 电子束轰击下，电离得到的质谱图。在气相色谱-质谱联用仪中，进行组分定性的常用方法是标准谱库检索。即利用计算机将待分析组分（纯化合物）的质谱图与计算机内保存的已知化合物的标准质谱图按一定程序进行比较，将匹配度（相似度）最高的若干个化合物的名称、分子量、分子式、识别代号及匹配率等数据列出供用户参考。值得注意的是，匹配率最高的并不一定是最终确定的分析结果。

目前比较常用的质谱谱库包括美国国家科学技术研究所的 NIST 库、NIST/EPA（美国环保局）/NIH（美国卫生研究院）库和 Wiley 库，这些谱库收录的标准质谱图均在 10 万张以上。

全扫描（Scan）在一次分析中为用户同时提供可进行谱库检索的全扫描质谱图，在一定质量范围内自动重复扫描所获得的质谱和数据，可以不同形式再现，其中以一个或多个离子强度随时间变化的谱图，称为质量色谱图。

【仪器与试剂】

1. 仪器与器皿　气相色谱-质谱联用仪；10μl 微量注射器；10ml 容量瓶；微量移液器。

2. 试剂　正己烷，待定性物质。

【实验步骤】

1. 开机　先开启氦气瓶开关，将分压表调至 0.8MP，打开气相色谱仪开关，再打开质谱仪开关。

2. 泄漏检验　真空度达到 10^{-4}Torr 时，点击［Peak Monitor View］，进行泄漏检验。确认 m/z 18、m/z 28、m/z 32、m/z 69 的关系及确认是否漏气：通常 m/z 18 > m/z 28，表示不漏气；如果 m/z 28 的强度同时大于 m/z 18，m/z 69 的两倍，表明漏气。

3. 仪器调谐　调谐包括自动调谐和手动调谐两类方式，自动调谐中包括自动调谐、标准谱图调谐、快速调谐等方式。如果分析结果将进行谱库检索，一般先进行自动调谐，然后进行标准谱图调谐以保证谱库检索的可靠性。

4. 建立仪器的方法文件　仪器的方法文件主要用来设定仪器各部件的工作状态，主要设置气相色谱条件和质谱条件。

5. 建立样品分析序列　样品序列文件是指将要进行分析样品的数量、种类、名称、进样量等信息。

6. 对未知样品的分析　开始运行序列时，仪器首先调用方法文件，当各部件的状态达到预设参数并持续一段时间后，仪器进入 Ready 状态，方可开始进样。

7. 数据分析　根据获得的未知物质谱图，从标准图谱库中检索相对应的化合物，以鉴定未知化合物。

【注意事项】

1. 本实验可以选择各种有机溶剂作为定性样品。
2. 进行谱库检索时，应当保证仪器状态良好，并在近期进行过调谐。
3. 当色谱峰无法完全分离时，可以选择色谱峰已经分离部分进行谱库检索。
4. 当基线噪音较高时，可以通过扣除基线的方法提高检索匹配度。

【思考题】

1. 质谱调谐的主要目的是什么?
2. 用质谱法确定化合物结构的方法有哪些?
3. 如何提高谱库检索的准确率?
4. 如何在扫描模式下获得的数据中显示待测物的质谱图和色谱图?

实验三　气相色谱-质谱联用法测定有机磷农药

【实验目的】

1. 掌握气相色谱-质谱联用仪分析有机磷农药的方法。
2. 熟悉使用选择离子扫描模式进行定量分析的方法。
3. 了解使用待测样品定性离子丰度比进行定性的方法。

【实验原理】

全扫描模式（Scan）是扫描整个被测化合物的分子离子和碎片离子的质量，得到化合物的完整的质谱图，可以用来进行谱库检索，一般用于定性分析。参考欧盟关于质谱定性要求，当对于一个待测物进行定性时，使用待测样品定性离子的丰度比与标准品比较。定性离子丰度在50%以上的，要求偏差在20%以内；丰度在50%以下时，要求偏差在50%以内。

选择离子扫描模式（SIM）是对痕量离子检测的常用模式，只获得特定质荷比离子的强度信息，灵敏度更高，多用来定量分析。采用气相色谱-质谱联用仪对有机磷农药进行检测，方法简便，可以获得较好的检测效果。

【仪器与试剂】

1. 气相色谱-质谱联用仪；自动进样器；10～200μl 微量移液器。

2. 丙酮（分析纯）；模拟样品；二嗪磷和毒死蜱标准储备液（纯度均≥99%，100μg/ml）。

【实验步骤】

1. 农药标准系列溶液配制　临用前用微量移液器准确量取二嗪磷和毒死蜱标准储备液各20、40、60、80、100μl，分别加入10ml容量瓶中，用丙酮稀释至刻度，配成0.2、0.4、0.6、0.8、1.0μg/ml的混合标准系列溶液，4℃冰箱贮藏。

2. 仪器条件

（1）色谱条件：色谱柱：DB-5弹性石英毛细管柱（30m×0.25mm×0.25μm）或其他类似商用毛细管柱；柱温：程序升温，起始温度100℃，保持2分钟，以20℃/min升至180℃，再以10℃/min升至250℃；进样口温度：250℃；载气：氦气（纯度≥99.999%），流速：1ml/min；不分流进样。

（2）质谱条件：EI离子源：70eV；扫描测定范围：50～400u；离子源温度：200℃；接口温度：250℃；溶剂延迟：5分钟。

3. 仪器启动与条件设定　按所用仪器的操作规程开启质谱仪的真空系统，等待仪器的真空度达到指定要求后，设定气相色谱和质谱条件。待仪器稳定，开始进样分析。

4. 总离子流色谱图和标准质谱图（Scan 模式）　用自动进样器准确吸取 1.0μl 二嗪磷和毒死蜱的混合标准溶液（10μg/ml），注入气相色谱-质谱仪，使各组分完全分离，得到总离子流色谱图（TIC）以及二嗪磷和毒死蜱的标准质谱图；获得二嗪磷和毒死蜱对应的保留时间，并将标准质谱图分别进行质谱数据库检索（表 19-3）。

表 19-3　二嗪磷和毒死蜱的主要质量碎片离子

组分	定性离子及其丰度比（m/z）	定量离子（m/z）
二嗪磷	137∶179∶152（100∶90∶66）	137
毒死蜱	97∶197∶199（100∶64∶62）	97

5. 标准曲线　在 SIM 模式下，用自动进样器分别准确吸取 1.0μl 二嗪磷和毒死蜱的混合标准系列溶液，注入气相色谱-质谱联用仪，使各组分完全分离，得到相应系列的二嗪磷和毒死蜱的选择离子流色谱图（SIM），以定量离子的色谱峰面积对标准溶液的浓度作图，分别建立标准曲线。

6. 模拟样品分析　在 SIM 模式下，用自动进样器准确吸取 1.0μl 待测样品溶液，注入气相色谱-质谱联用仪，在 SIM 模式下得到选择离子流色谱图；将获得的特征碎片离子（定性离子）及其丰度比与标准物质比较，进行阳性确证；获得相应的定量离子的色谱峰峰面积，从标准曲线上查得相应组分的含量。

7. 谱图解析

（1）观察总离子流色谱图（TIC）确定保留时间。

（2）找到二嗪磷的标准质谱图及特征碎片离子。

（3）找到毒死蜱的标准质谱图及特征碎片离子。

【思考题】

1. 进行 GC-MS 定量分析时，为何要选择几个碎片离子进行 SIM 分析？
2. SIM 模式和 Scan 模式有何区别？常用于什么情况？
3. 气相色谱-质谱法分析农药残留有何优缺点？
4. 毛细管气相色谱使用的不分流模式和填充柱使用的不分流模式有何差别？

（乔善磊）

第二十章 液相色谱-质谱联用法

第一节 基础知识

一、仪器结构与原理

液相色谱-质谱联用仪（LC-MS），是将液相色谱仪和质谱仪通过特定的连接接口装置实施在线（on line）连接，有效地发挥联用仪器各自分析特色，实现优势互补，从而得到更高质量保证的分析结果。液相色谱和质谱联用最重要的突破在于色谱和质谱的接口部分，也称为离子源。离子源的功能是使样品分子转化为离子，将离子聚焦，并加速进入质量分析器。API是指在大气压条件下的质谱离子化技术的总称，包括电喷雾离子化（ESI）和大气压化学离子化（APCI）等技术，是目前商品化液质联用仪主要的离子源类型，合称为大气压离子化（API）。

LC-MS是利用样品中各组分在色谱柱中的流动相和固定相间的分配及吸附系数的不同，由流动相把样品带入色谱柱中进行分离后，经接口装置（离子源）去除溶剂并使样品离子化，使其成为带有一定电荷、质量数的离子，这些不同的离子碎片在不同场中［电场和（或）磁场］的运动行为不同，各种类型的质量分析器利用该原理把带电离子按质荷比（m/z）分开，得到按质量顺序排列的质谱图。通过对质谱图的分析处理，可以得到样品的定性、定量分析结果。

二、仪器使用注意事项

1. 液相色谱部分　使用与质谱匹配的流动相，避免在100%水或100%有机溶剂状态下采集质谱数据。如有必要，可以在水中加入甲酸或氨水作为质子的供体或受体；使用电喷雾源（ESI）时，液相色谱的流速一般为0.01～0.2ml/min；使用大气压化学电离源（APCI）时，液相色谱的流速一般为0.2～1.0ml/min；不挥发的缓冲盐将在大气压离子源接口上沉积，造成质谱响应的快速下降，因此色谱的缓冲系统应当使用挥发性盐如甲酸铵、乙酸铵；三氟乙酸、四丁基铵盐等离子对试剂均为表面活性剂，具有很强的占据液滴表面电荷的能力，将造成待测物离子化效率大大降低，因此，应当尽量避免使用。

2. 质谱部分　质谱内部元件正常工作氛围为真空条件，开机以后需要达到仪器要求的真空度后进行工作；质谱与色谱的接口部分应当定期进行清洗。

第二节　实验内容

实验一　液相色谱-质谱联用仪主要性能检定

【实验目的】

1. 掌握液相色谱-质谱联用仪的功能原理。
2. 熟悉液相色谱-质谱联用仪的基本组成。
3. 了解液相色谱-质谱联用仪性能参数及测定方法。

【实验原理】

为了保证液相色谱-质谱联用仪（LC-MS）性能处于正常状态，依据 JJF 1317—2011《液相色谱-质谱联用仪校准规范》，着重从质量准确性、分辨率、灵敏度、测量重复性几个方面对仪器进行评价和校准。LC-APIMS 各项技术指标见表 20-1。

表 20-1　LC-APIMS 主要技术指标

<table>
<tr><th colspan="3">技术指标</th><th>要求</th></tr>
<tr><td colspan="3">质量范围</td><td>上限不低于 1500u</td></tr>
<tr><td colspan="3">质量准确性（ΔM）</td><td>±0.5u</td></tr>
<tr><td colspan="3">分辨率（R）</td><td>≤1u</td></tr>
<tr><td rowspan="4">灵敏度</td><td rowspan="2">Q*</td><td>ESI/APCI 正离子</td><td>10pg 利血平，m/z 609 处 S/N≥100:1（峰峰值）</td></tr>
<tr><td>ESI/APCI 负离子</td><td>10pg 氯霉素，m/z 321 处 S/N≥40:1（峰峰值）</td></tr>
<tr><td rowspan="2">QQQ*
QIT*</td><td>ESI/APCI 正离子</td><td>10pg 利血平，m/z 609（母核），m/z 195（碎片），S/N≥150:1（峰峰值）</td></tr>
<tr><td>ESI/APCI 负离子</td><td>10pg 氯霉素，m/z 321（母核），m/z 152（碎片），S/N≥100:1（峰峰值）</td></tr>
<tr><td colspan="3">定量重复性</td><td>RSD≤6%</td></tr>
<tr><td colspan="3">定性重复性</td><td>RSD≤2%</td></tr>
</table>

*注：Q 表示四极杆质谱；QQQ 表示三重四极杆串联质谱；QIT 表示四极杆质谱串联离子阱质谱

【仪器与试剂】

1. 仪器与器皿　液相色谱-质谱联用仪、10μl 微量注射器（分度为 0.1μl）。

2. 试剂　10.0pg/μl 利血平的乙腈溶液，10.0pg/μl 氯霉素的乙腈溶液，碘化钠，碘化铯，异丙醇，乙腈（MS），水（二次去离子水）。

【实验步骤】

1. 溶液配制　碘化铯钠-异丙醇水溶液：2μg/μl 碘化钠，50ng/μl 碘化铯溶于 50+50 异丙醇-水溶液中。

2. 质量范围　质量范围系指质谱仪能检测的最低和最高质量。由于液相色谱能够分析分子量大的高沸点化合物，因此液相色谱-质谱联用仪的质量范围一般宽于气相色谱-质谱联用仪。

将碘化铯钠调谐溶液由质谱进样口注入，并调入该类型的质量校准文件进行调谐和校准。使用标准质荷比范围（m/z 为 50~2200），选择 Scan 模式，以碘化铯钠溶液为调谐液进行全范围扫描，质量数达到 1500 以上，观察是否出现质量数 1500 以上（含 m/z 为 1500）的质谱峰。

3. 质量准确性　仪器调谐完成后，按照调谐的条件，注入碘化铯钠调谐液，记录表 20-2 中的主要离子的实测质量数，根据公式（20-1）计算质量准确性。

$$\Delta M = \overline{M}_{\text{i测量}} - M_{\text{i理论}} \tag{20-1}$$

式中：

$\overline{M}_{\text{i测量}}$——第 i 个离子三次测量平均值，u；

$M_{\text{i理论}}$——第 i 个离子理论值，u。

表 20-2　碘化铯钠（NaI·CSI）离子质量（m/z）

正离子源校准 离子质量数（m/z）	正离子源校准 离子质量数（m/z）
118.09	112.99
322.05	431.98
622.03	601.98
922.01	1033.99
1521.91	1633.95
2121.93	2233.91
2721.89	2833.87

4. 分辨率　仪器调谐过后，按照调谐的条件，注入调谐液，考察表 20-2 中 3~5 个主要离子峰的分辨率（该峰形成的峰谷大于峰高的 10%）。并根据式（20-2）计算仪器的分辨率：

$$R = W_{1/2} \tag{20-2}$$

式中：R——分辨率，FWHM；

$W_{1/2}$——离子峰峰高 50% 处的峰宽度（简称半峰宽）。

5. 灵敏度　以自动或手动调谐时确定的最佳值作为检定参数。

（1）ESI 正离子：以 C_{18}（2.1mm × 150mm × 5μm）或相当者为色谱分离柱，采用 70+30 乙腈-水溶液为流动相，控制流速为 200μl/min，注入 10μl 质量浓度为 1pg/μl 的利血平溶液，选择选择离子检测模式（SIM），提取利血平的特征离子 m/z = 609，根据公式（20-3）计算质量色谱图中 m/z 609 的信噪比。

$$S/N = H_{609}/H_{\text{噪声}} \tag{20-3}$$

式中：H_{609}——提取离子（m/z = 609）的峰高；

$H_{\text{噪声}}$——基线噪音，取该峰附近 10 分钟内的基线噪声的平均值。

注：检定 LC-MS-MS 时，以 C_{18}（2.1mm × 150mm，5μm）或相当者为色谱分离柱，采用 70+30 乙腈-水溶液为流动相，以 200μl/min 的流速注入 10μl 质量浓度为 1pg/μl 的利血平溶液，选择多反应选择检测（MRM）模式，提取利血平特征离子 m/z 609 的碎片离子 m/z 195 的质量色谱图，根据公式（20-3）计算 S/N。

（2）ESI 负离子：以 C_{18}（2.1mm × 150mm × 5μm）或相当者为色谱分离柱，采用 70 + 30 乙腈-水溶液为流动相，以 200μl/min 的流速，注入 10μl 质量浓度为 0.5pg/μl 的氯霉素溶液，选择 SIM 模式，提取氯霉素特征离子 m/z = 321，再现质量色谱图，根据公式（20-3）计算 S/N。

注：检定 LC-MS-MS 时以 C_{18}（2.1mm × 150mm × 5μm）或相当者为色谱分离柱，采用 70 + 30 乙腈-水溶液为流动相，以 200μl/min 的流速，注入 5μl 质量浓度为 0.5pg/μl 的氯霉素溶液，选择 MRM 模式，提取利血平特征离子 m/z 321 的碎片离子 m/z 152 的质量色谱图，根据公式（20-3）计算 S/N。

（3）APCI 正离子：以 C_{18}（2.1mm × 150mm × 5μm）或相当者为色谱分离柱，采用 70 + 30 乙腈-水溶液为流动相，以 1ml/min 的流速，注入 10μl 质量浓度为 1pg/μl 的利血平溶液，选择 SIM 模式，提取利血平的特征离子 m/z = 609 的质量色谱图，根据公式（20-3）计算 S/N。

注：检定 LC-MS-MS 时注入 5μl 质量浓度为 1pg/μl 的利血平溶液，选择 MRM 模式，提取利血平特征离子 *m/z* 609 的碎片离子 m/z 195 的质量色谱图，根据公式（20-3）计算 S/N。

（4）APCI 负离子：以 C_{18}（2.1mm × 150mm × 5μm）或相当者为色谱分离柱，采用 70 + 30 乙腈-水溶液为流动相，以 1ml/min 的流速，注入 10μl 质量浓度为 1pg/μl 的氯霉素溶液，选择 SIM 模式，提取氯霉素特征离子 *m/z* = 321，再现质量色谱图，根据公式（20-3）计算 S/N。

注：检定 LC-MS-MS 时以 C_{18}（2.1mm × 150mm × 5μm）或相当者为色谱分离柱，采用 70 + 30 乙腈-水溶液为流动相，以 2ml/min 的流速，注入 5μl 质量浓度为 1pg/μl 的利血平溶液，选择 MRM 模式，提取利血平特征离子 m/z 609 的碎片离子 m/z 195 的质量色谱图，根据公式（20-3）计算 S/N。

6. 整机定量及定性重复性　ESI 正离子参照（1）中条件，注入 10μl 质量浓度为 1pg/μl 的利血平溶液，连续进样六次，记录总离子流色谱图中利血平的峰面积和保留时间，根据公式（20-4），以峰面积的相对标准偏差计算定量重复性，以保留时间的相对标准偏差计算定性重复性：

$$RSD = \sqrt{\frac{\sum_{i=1}^{6}(x_i - \bar{x})^2}{6-1}} \times \frac{1}{\bar{x}} \times 100\% \tag{20-4}$$

式中：RSD——相对标准偏差，%；

x_i——利血平第 i 次测量峰面积或保留时间；

$\bar{x}$——利血平 6 次测量峰面积或保留时间的算术平均值；

i——测量序号。

注：①ESI 负离子源参照（2）中条件，注入 10μl 质量浓度为 0.5pg/μl 的氯霉素溶液，连续 6 次，按总离子流色谱图中氯霉素的峰面积进行积分，根据公式（20-4）计算 RSD；②APCI 离子源重现性检定的其他色谱/质谱条件参照第 5 项（3）、（4）中条件。

7. 不确定度评定　液相色谱-质谱联用仪校准的各项指标中，主要对信噪比进行不确定度评价，不确定度主要来自：①n 次测量相对标准偏差，A 类，记为：u_1；②所采用标准物质的不确定度，B 类，记为：u_2。因此，得到合成标准不确定度 u_c：

$$u_c = \sqrt{u_1^2 + u_2^2} \tag{20-5}$$

将合成标准不确定度乘以包含因子 k（$k=2$）得到扩展不确定度 $U_{扩展}$：

$$U_{扩展} = ku_c \tag{20-6}$$

【注意事项】

仪器室内不得有强烈的机械振动和电磁干扰，不得存放与实验无关的易燃、易爆和强腐蚀性气体或试剂。实验室温度：20～30℃；相对湿度：≤70%。

【思考题】

1. LC-MS 常见的接口有哪些？
2. LC-MS 实验需要进行哪些方面的校准工作？
3. LC-MS 实验需要优化哪些参数？

实验二　液相色谱-串联质谱法测定溶液中利血平

【实验目的】

1. 掌握液相色谱-串联质谱法基本原理。
2. 熟悉液相色谱-串联质谱条件优化的一般过程。
3. 了解选择离子监测（SIM）和多反应检测（MRM）的区别。

【实验原理】

液相色谱-质谱联用仪兼有色谱的分离能力和质谱强大的定性能力，在痕量分析、定性分析等领域有广泛的应用。液相色谱-质谱联用仪一般使用电喷雾离子源（ESI）或大气压化学电离源（APCI），不形成分子离子峰，而是形成待测物和 H^+、Na^+、K^+ 的加合离子。利血平的精确质量数为 608.3，与质子结合后形成 $[M+H]^+$ 离子，其质荷比为 609.3。因此，选用 609.3 作为母离子，在碰撞室发生碰撞诱导解离后，形成质荷比为 195.0 的子离子，检测 609.3 - >195.0 这一对母离子和子离子，就可以实现对利血平的串联质谱分析。

【仪器与试剂】

1. 仪器与器皿　高效液相色谱-串联质谱仪（LC-MS-MS）分析天平；10ml 容量瓶
2. 试剂　利血平（AR）；甲酸（MS）；乙腈（LC-MS）；水（超纯水）

【实验步骤】

1. 试剂的配制　利血平储备液（1mg/ml）：准确称取利血平 10.0mg，置于 10ml 容量瓶中，加入乙腈溶解，定容，摇匀。使用前需使用 50 + 50 乙腈-水溶液稀释至 0.5μg/ml 及 1.0ng/ml。

2. 质谱条件优化

（1）母离子选择和优化：取 0.5μg/ml 溶液注入 LC-MS-MS，以扫描模式（MS1 Scan）方式采集数据并进行分析，寻找可以作为母离子的离子，记录并通过改变锥孔电压（Cone Voltage）得到优化的实验条件。

（2）子离子选择和优化：取 0.5μg/ml 溶液注入 LC-MS-MS，以子离子扫描（Daughter Scan）方式采集数据并进行分析，寻找可以作为子离子的离子，并通过改变碰撞电压（collision energy）得到优化的实验条件。

3. SIM 和 MRM 方式比较　取利血平（1ng/ml）注入液相色谱—质谱联用仪，分别以 SIM 和 MRM 方式采集数据，记录并比较两种方式的峰面积和信噪比，说明信噪比差异产生的原因。

【注意事项】

1. 利血平为常用的判断液质联用工作状态是否正常的试剂，使用时应当控制使用浓度，避免交叉污染。

2. 锥孔电压一般在 20～80V 每隔 5V 进行优化；然后在最优点附近每隔 2V 进一步优化。

3. 碰撞电压一般在 10～60eV 每隔 5eV 进行优化，然后在最优点附近每隔 2eV 进一步优化。

【思考题】

1. 利血平在本实验中形成的质谱峰称为准分子离子峰，液相色谱-质谱联用中常见的准分子离子峰有哪些？

2. 简要说明 SIM 方式和 MRM 方式测定的原理。

3. MRM 方式和 SIM 方式比较，哪种方式的信号强度高？哪种方式的灵敏度高？造成差异的原因是什么？

实验三　高效液相色谱-串联质谱法测定孔雀石绿

【实验目的】

1. 掌握高效液相色谱-串联质谱的基本结构和操作方法。

2. 熟悉高效液相色谱-串联质谱法测定孔雀石绿的方法。

3. 了解高效液相色谱-串联质谱谱图的解析方法。

【实验原理】

高效液相色谱-质谱联用分析方法是一种对复杂混合物进行分离并定性、定量及组分结构分析的现代化分析方法，有效地结合了高效液相色谱法对高沸点化合物的分离能力与质谱检测器高灵敏度、高分辨率的优势，并充分发挥质谱串联功能获得大量结构信息，是化学、药学、食品学及生命科学等领域进行基础研究和临床应用重要的分析检测工具。多重反应监测（MRM）是串联质谱（MS/MS）常用的监测模式，其中 MS1 采用选择离子模式（SIM）选择某一质量的母离子，碰撞单元产生碎片离子，MS2 同样采用 SIM 方式来监测母离子产生的几个特定子离子。MRM 极大地提高了检测灵敏度，是三重串联四级杆质谱仪最常使用的方式。

对于孔雀石绿而言，碰撞能量为 40V 时，发生裂解反应，丢失 1 个甲基离子得到了 m/z 313 离子，或者丢失 1 个 N，N-2 甲基苯胺得到了 m/z 208 离子。

【仪器与试剂】

1. 仪器与器皿　高效液相色谱-串联质谱仪（LC-MS-MS）；分析天平；10ml 容量瓶；移液管；烧杯。

2. 试剂　孔雀石绿（AR > 98%）；甲酸（MS）；乙腈（LC-MS）；甲醇（LC-MS）；水（超纯水）。

【实验步骤】

1. 标准溶液配制

（1）准确称取适量的孔雀石绿，用乙腈分别配制成 100mg/L 的标准贮备液，－18℃避光保存。使用前，使用 1＋1 乙腈-水溶液将标准储备液稀释为 1mg/L 的标准应用液。

（2）使用50+50乙腈-乙酸铵缓冲液将1mg/L的标准应用液配制成浓度分别为1、5、10、25、50μg/L的孔雀石绿的系列标准溶液。

2. 仪器条件

（1）色谱条件：色谱柱：Inersil ODS-3（2.1mm×150mm×5μm）。流动相组成：A为10mmol/L乙酸铵水溶液（用乙酸调节pH 4.5），B为乙腈。流速：0.3ml/min，柱温40℃。

（2）质谱条件：串联四极杆质谱仪，配置了ESI离子源。在ESI（+）模式下，采集数据，设定质谱参数如下：毛细管电压：4000V，干燥气流速：11L/min，雾化气：35psi，干燥气温度：350℃，碎裂能量：100，Skimmer 15，OctDc1（Skim2）45V，八级杆RF 500V，碰撞气为高纯氮气，Q1和Q3的分辨率均为单位质量分辨。MRM模式下的参数见表20-3。

表20-3 MRM模式下的质谱参数

Compound	Precursor	Product	Dwell t/ms	Fragmentor V/V	Collision Energy V/V
孔雀石绿	329.3	313.3	40	100	40
	329.3	208.2	40	100	40

3. 仪器操作

（1）按照仪器要求提前打开仪器，保证在上机实验时仪器真空状态正常。

（2）参照实验步骤2设定仪器参数。

（3）全扫描模式：找出孔雀石绿的分子离子m/z，即一级质谱的母离子。

（4）子离子扫描模式：找出孔雀石绿的特征碎片离子；灵敏度最高的碎片离子可以作为MRM模式的定量离子，次级灵敏的碎片离子可以作为辅助定性离子。

（5）选择反应监测模式：利用前面扫描模式找到的母离子和子离子，用MRM扫描模式做标准样品，记录积分峰面积作标准曲线图，计算2个样品中孔雀石绿的含量。

【数据处理】

自行设计表格，记录工作条件，记录孔雀石绿的母离子、特征子离子及其对应扫描模式参数的设定；用MRM模式进行标准曲线测定，检测样品中孔雀石绿的含量。

【思考题】

1. 液相色谱联用串联质谱法有什么优点？
2. 简述三重四极杆质谱有哪几种常用工作模式，基本原理是什么？
3. 分析孔雀石绿为什么要选择两个子离子进行分析？

（乔善磊）

第二十一章　电感耦合等离子-体质谱法

第一节　基础知识

一、仪器结构与原理

电感耦合等离子体质谱仪（ICP-MS）主要由离子源、质量分析器和检测器三部分组成，此外还配有数据处理系统、真空系统、供电控制系统等。

被测元素通过一定形式进入高频等离子体中，在高温下电离成离子，产生的离子经过离子光学透镜聚焦后进入四极杆质量分析器按照荷质比分离，既可以按照荷质比进行定性分析，也可以按照特定荷质比的离子数目进行定量分析。

二、仪器使用注意事项

1. 仪器操作

（1）开机之前，应当检查冷却水流量是否正常，冷却气压力是否正常，仪器的排风系统是否正常。

（2）分析开始前一般要作仪器记忆效应检验。

（3）测 Hg 时应当特别注意标准曲线浓度的最高点不得高于 10ng/ml，待测样品浓度也应当低于此值。Hg 有很强的吸附性，可以导致离子源、四极杆、检测器的污染。

（4）含有机物较多样品需要使用特殊的进样口或稀释后进行分析，否则由于有机物碳化容易堵塞锥口。

（5）氟化氢（HF）可以腐蚀进样口中的石英部件，含有 HF 的样品需要使用耐受 HF 的进样装置，如果使用一般进样装置，需要除去 HF 后进样。

2. 试样制备

（1）对工作状态正常的 ICP-MS 而言，采用提高进样量、加大样品量来改善检测限是严重错误的，结果是污染仪器、缩短寿命和数据不可靠。正确做法是消除污染步骤和采用干净的试剂和容器。

（2）样品应偏酸性不能偏碱性，HF 不能大于 20%（V/V），HCl 和 HNO_3 不能大于 50%（V/V）。

（3）禁止用玻璃（石英）容量瓶或器皿装含 HF 样品溶液。一般样品也不推荐用玻璃容量瓶定容，样品污染的可能性很大。推荐采用一次性塑料样品瓶称重稀释样品而不用容量瓶定容。

第二节　实验内容

实验一　电感耦合等离子体质谱仪主要性能检定

【实验目的】

1. 掌握电感耦合等离子体质谱仪的功能原理和基本操作。
2. 熟悉电感耦合等离子体质谱仪的基本组成。
3. 了解电感耦合等离子体质谱仪的性能参数及测定方法。

【实验原理】

电感耦合等离子体质谱仪（ICP-MS）所用离子源是电感应耦合等离子体（ICP），其主体是一个由三层石英套管组成的炬管，炬管上端绕有负载线圈，三层管从里到外分别通载气，辅助气和冷却气，负载线圈由高频电源耦合供电，产生垂直于线圈平面的磁场。如果通过高频装置使氩气电离，则氩离子和电子在电磁场作用下又会与其他氩原子碰撞产生更多的离子和电子，形成涡流。强大的电流瞬间使氩气形成温度高达10000K的等离子焰炬。样品由载气带入等离子体焰炬会发生蒸发、分解、激发和电离。在负载线圈上面约10mm处，焰炬温度大约为8000K，在如此高温下，电离能低于7eV的元素完全电离，电离能低于10.5eV的元素电离度大于20%。由于大部分重要的元素电离能低于10.5eV，因此具有很高的灵敏度，少数电离能较高的元素，如C、O、Cl、Br等也能检测，只是灵敏度较低。

为保证ICP-MS性能处于正常状态，根据JJF 1159-2006《四极杆电感耦合等离子体质谱仪校准规范》，着重从质量准确性、分辨率、信噪比、测量重复性等几个方面对仪器进行评价和校准。各参数的主要技术指标要求见表21-1。

表21-1　四极杆电感耦合等离子体质谱仪校准项目和技术指标

序号	校准项目	技术指标
1	背景噪声	9amu，≤5cps；115amu，≤5cps；209amu，≤5cps
2	检出限（ng/L）	Be≤30，In≤10，Bi≤10
3	灵敏度/Mcps/(mg/L)	Be≥5，In≥30，Bi≥20
4	丰度灵敏度	$IM-1/IM\leq 1\times 10^{-6}$，$IM+1/IM\leq 5\times 10^{-7}$
5	氧化物离子产率（%）	$^{156}CeO^{+}/^{140}Ce^{+}\leq 3.0\%$
6	双电荷离子产率（%）	$^{69}Ba^{2+}/^{138}Ba^{+}\leq 3.0\%$
7	质量稳定性（amu/8h）	9（Be）±0.05;115（In）±0.05;209（bi）±0.05
8	分辨率（amu）	≤0.8
9	冲洗时间（s）	≤60（115In离子计数下降至原信号强度的10^{-4}倍）
10	同位素丰度比测量精度（%）	$^{206}Pb/^{208}Pb\leq 0.2\%$，$^{107}Ag/^{109}Ag\leq 0.2\%$
11	短期稳定性（%）	≤3.0%
12	长期稳定性（%）	≤5.0%

【仪器与试剂】

1. 仪器与器皿　电感耦合等离子体质谱仪（ICP-MS）；分析天平。
2. 试剂　铈（Ce）标准物质或钡（Ba）标准物质；铅（Pb）标准物质或银（Ag）

标准物质；铍（Be）标准物质或锂（Li）标准物质；铟（In）标准物质或钇（Y）标准物质；铋（Bi）标准物质；铯（Cs）标准物质；18MΩ·cm 高纯水；高纯硝酸溶液。

【实验步骤】

1. 背景噪声校准　背景噪声是指未引入某元素离子时，质谱检测系统产生的该元素离子信号响应。以2%高纯硝酸溶液进样，测量质量数9、115、209处的离子计数，分别测量20个数据，取其平均值。

2. 检出限校准　以18MΩ·cm 高纯水进样，测量质量数9、115、209处的离子计数，积分时间0.1s，分别测量11个数据，用测量结果的标准偏差 S_A 的3倍除以Be、In、Bi的灵敏度S，结果即为各元素的检出限。检出限计算公式：

$$C_L = \frac{3S_A}{S} \quad (21\text{-}1)$$

3. 灵敏度校准　灵敏度指单位浓度的元素在质谱仪检测器上得到的信号响应（计数），单位 Mcps/(mg/L)。

以 1×10^{-2}mg/L Be、In、Bi 混合溶液进样，测量质量数9、115、209处的离子计数，积分时间0.1秒，分别测量20个数据，取其平均值，分别扣除背景噪音后，再除以其准确浓度值，即为各个元素的灵敏度S，Mcps/(mg/L)。

4. 丰度灵敏度校准　丰度灵敏度表征某一质量为M的强离子峰在相邻质量M+1（或M−1）位置上的前峰或拖尾峰对相邻峰的影响，无量纲。丰度灵敏度用下式表示：

$$\delta = I_{M+1}/I_M \text{或} \delta = I_{M-1}/I_M \quad (21\text{-}2)$$

式中：δ——丰度灵敏度，无量纲；

I_M——质量为M强离子峰的信号强度，单位 cps；

I_{M-1}——质量为M的离子峰在质量M−1位置上的拖尾信号强度，单位 cps；

I_{M+1}——质量为M的离子在质量M+1位置上的拖尾信号强度，单位 cps。

分别以2%高纯硝酸溶液进样，测量质量数132，133，134处的离子计数 B^{132}，B^{133}，B^{134}，积分时间1秒，分别测量10次；以 1×10^{-2}mg/L Cs溶液进样，测量质量数133处的离子计数S133，积分时间1秒，测量10次；以20mg/L Cs溶液进样，测量质量数132，134处的离子计数S132，S134，积分时间1秒，分别测量10个数据；计算丰度灵敏度：

低质量数端：

$$\delta_{低} = \frac{I_{132}}{I_{133}} \quad (21\text{-}3)$$

高质量数端

$$\delta_{高} = \frac{I_{134}}{I_{133}} \quad (21\text{-}4)$$

5. 氧化物离子产率校准　氧化物离子产率系指某元素原子在等离子体中电离时生成氧化物离子与该元素的单电荷离子的比，以 MO^+/M^+ 表示。

以 1×10^{-2}mg/LCs 单标溶液进样，测定质量数156和140处的离子计数，计算氧化物比 $156CeO^+/140Ce^+$，测量50个数据，取平均值。

6. 双电荷离子产率校准　双电荷离子产率系指某元素原子在等离子体中电离时产生的双电荷离子与单电荷离子的比，以 M^{2+}/M^+ 表示。

以 1×10^{-2}mg/LBa 单标溶液进样，测定质量数69和138处的离子计数，计算双单电荷比$^{69}Ba^{2+}/^{138}Ba^{+}$，测量50个数据，取平均值。

7. 质量稳定性校准　质量稳定性表示在较长时间内某元素的质谱峰中心偏移的程度。

以1×10^{-2}mg/LBe，In，Bi混合溶液进样，打印质量数9、115、209的图谱，8小时后重复该进样和测量步骤，并计算峰中心偏移的程度。

8. 分辨率校准　分辨率指分辨相邻两个离子质量的能力（R）。若两个相邻的峰形成的峰谷为峰高的10%，则称这两个峰能被分辨。

1×10^{-2}mg/LBe，In，Bi混合溶液进样。打印质量数9、115、209的谱图，并计算50%峰高处的峰宽度。

9. 冲洗时间校准　冲洗时间是指用稀酸将仪器中某元素的信号强度冲洗降低到原信号强度的10^{-4}倍所需要的时间，单位s。

以5×10^{-2}mg/LIn溶液进样2分钟，之后再以5%硝酸溶液冲洗，同时检测^{115}In的离子计数，记录从进5%硝酸溶液开始到In信号强度降低到原信号强度的10^{-4}倍所需要的时间。

10. 放射性核素丰度比校准　放射性核素丰度比系指放射性核素丰度是某元素所具有的各种放射性核素在该元素中所占有的原子份额。放射性核素丰度表示方法有：①原子分数：某种稳定性放射性核素所具有的摩尔原子数与该元素总的摩尔原子数之比；②原子百分数：以百分数表示的原子分数。放射性核素丰度比是指某元素的一种放射性核素与该元素的另一种放射性核素的丰度的比值。

分别以1×10^{-2}mg/L Pb溶液和1×10^{-2}mg/LAg溶液进样，用跳峰法测量$^{206}Pb/^{208}Pb$和$^{107}Ag/^{109}Ag$，各测10个数据，计算测量结果的相对标准偏差RSD（%）。

11. 短期稳定性校准　短期稳定性系指质谱仪在较短时间内连续测量同一样品的结果的稳定程度。一般以20分钟内所测结果的相对标准偏差表示。

以1×10^{-2}mg/LBe，In，Bi混合溶液进样，测量质量数9，115，209处的离子计数，在20分钟内，每2分钟取一个数据，每个数据扫描10次，共计10个数据，计算其相对标准偏差RSD（%），即为仪器的短期稳定性。

$$RSD=\sqrt{\frac{\sum_{i=1}^{n}(x_i-\bar{x})^2}{n-1}}\times\frac{1}{\bar{x}}\times100\% \tag{21-5}$$

式中：RSD——相对标准偏差，%；

x_i——第i次测量数据；

$\bar{x}$——n次测量数据的算术平均值；

n——测量次数

i——测量序号。

12. 长期稳定性校准　长期稳定性系指质谱仪在较长时间内连续测量同一样品的结果的稳定程度。一般以2小时内所测结果的相对标准差表示。

以1×10^{-2}mg/L Be、In、Bi混合溶液进样，测量质量数9、115、209处的离子计数，在不少于2小时内，重复测定不少于10个数据，计算其相对标准偏差RSD（%），即为仪器的长期稳定性。长期稳定性的计算与短期稳定性相同。

【注意事项】

仪器室内不得有强烈的机械振动和电磁干扰，不得存放与实验无关的易燃、易爆和强腐蚀性气体或试剂；实验室温度应在20～30℃之间；相对湿度≤70%。

【思考题】

1. ICP-MS 由哪几个部分组成？
2. 检查 ICP-MS 的上述性能，有何实际意义？
3. 氧化物离子和双电荷离子的存在对测定有何影响？

实验二　电感耦合等离子体质谱法同时测定痕量金属元素

【实验目的】

1. 掌握电感耦合等离子体质谱仪测定痕量金属元素的原理。
2. 熟悉电感耦合等离子体质谱仪操作流程。
3. 了解饮用水中各元素含量限度要求。

【实验原理】

生活饮用水安全关系到民众的日常起居，因此越来越多的法规对饮用水分析提出了更高的要求。2006 年国内出台了新的生活饮用水卫生标准，新的标准在分析项目上较 1985 年版卫生标准更加严格，规定的 21 个无机物指标及限值如表 21-2 所示。电感耦合等离子体质谱仪（ICP-MS）可以同时快速的测定上述所有元素。本实验针对生活饮用水国标 GB 5749—2006《生活饮用水卫生标准》中的无机分析指标，使用 ICP-MS 同时测定多种元素含量。

表 21-2　生活饮用水卫生标准

标号	元素	限值（μg/L）			
		GB 5749-2006	WHO 标准	美国 EPA	欧盟标准 98/83/EC
1	As 砷	10	10	10	10
2	Cd 镉	5	3	5	5
3	Cr 铬	50	-	-	-
4	Pb 铅	10	10	15	10
5	Hg 汞	1	1		1
6	Se 硒	10	10	50	10
7	Al 铝	200	-	200	200
8	Fe 铁	300	-	-	200
9	Mn 锰	100	500	50	50
10	Cu 铜	1000	2000	1300	2000
11	Zn 锌	1000	-	5000	-
12	Sb 锑	5	5	6	5
13	Ba 钡	700	700	2000	-
14	Be 铍	2	-	4	-
15	B 硼	500	500	-	1000
16	Mo 钼	70	70	-	-
17	Ni 镍	20	20	-	20
18	Ag 银	50	-	100	-
19	Tl 铊	0.1	-	2	-
20	Na 钠	200 000	-	-	200 000
21	U 铀	-	2	30	-

由于ICP-MS具有很宽的线性范围，即便标准曲线到了mg/L的级别，仍然有很好的线性拟合系数，可以同时满足高、低含量样品的测试。因此采用ICP-MS方法对生活饮用水进行无机元素分析时，可以满足目前的国标GB 5749-2006的测试要求。

采用KED模式（氦气碰撞）测试样品，氦气碰撞模式可以对绝大多数元素获得更低的检出限以及更加准确的结果，对于高含量元素，可以获得更加稳定的结果。但是KED模式对低质量数，例如^{9}Be、^{11}B等灵敏度具有很大的损失，对仪器的灵敏度有一定要求。

【仪器与试剂】

1. 仪器和器皿　电感耦合等离子体质谱仪（ICP-MS）；超纯水机；分析天平；微量移液器（20～100μl、200～1000μl），高密度聚乙烯（HPDE）瓶（50ml、100ml）。

2. 试剂　表21-2中元素标准溶液（实验时可以选部分元素测定）；高纯硝酸（trace metal grade）；高纯Ar气或液Ar（要求纯度为99.9995%）；超纯水。

【实验步骤】

1. 标准曲线的配制　元素储备液：采用1% HNO_3溶液逐级稀释混合标准溶液，其中Na元素工作曲线各点的含量分别为0、0.50、5.0、10.0、25.0、50.0、100.0mg/L，除Hg以外的其余元素工作曲线含量分别为0、0.10、0.50、1.0、5.0、10.0、50、100、200μg/L；单独配制Hg标准曲线，以1%的HCl配制成0、0.10、0.50、1.0、2.0、5.0μg/L。

2. 样品处理　测试样品应当澄清透明，直接加入1%的硝酸酸化，直接上机测试。选择的样品可以是自来水、桶装水或瓶装水。

3. 仪器操作

（1）仪器条件：进样系统包括标准的Peltier冷却石英漩流雾室、PFA同心雾化器和可拆卸石英矩管（2.5mm内径，石英中心管）。标准的镍采样锥和截取锥。仪器使用纯氦作为碰撞气体，以单一动能歧视（KED）碰撞池模式运行。等离子体功率：1550W；喷雾室温度：2.0℃；蠕动泵转速：40rpm；冷却气流速：14L/min；辅助气流速：0.8L/min；雾化气流速：1.00L/min，KED电压：3V。

（2）仪器开机：打开排风口（0.6mbar左右）、氩气（减压阀6bar）、循环水。打开仪器主机左侧电源开关，在仪器控制软件中打开真空界面“Vacuum System”选择“On”，等到“Turbo Pump Speed”大于800Hz，再进行下面的操作。

（3）观察真空状态：在“Vacuum”栏中“Penning Pressure”一般应低于5×10^{-7} mbar，“Pirani Pressure”低于1×10^{2}mbar。

（4）点燃等离子体：在软件中点燃等离子，等待软件界面“LogView”中显示“Operate”状态，同时仪器面板上“System”中的蓝灯停止闪烁，仪器可进入下一步操作。

（5）调谐：泵入1ppb调谐液（含Li、Co、In、U、Ce等元素），选择下图中“Source Autotune”，然后进入自动调谐状态。

（6）编辑分析方法文件：在“Analysis”界面可以编辑实验方法。首先在“Name”中输入实验名称，在“Location”中输入存储位置，点击“Create”以创建新的实验方法，并设置所要测试的元素及内标。

（7）样品测试：建立样品序列，将标准系列依照从低到高的顺序设定序列，同时加入测定样品，根据序列设定，依次注入ICP-MS进样口。

（8）数据分析：使用仪器自带的数据工作站，拟合标准曲线，计算样品浓度。

（9）关闭仪器：仪器使用稀硝酸冲洗10分钟后，使用超纯水清洗10分钟，依次关闭蠕动泵、等离子体，待温度下降后关闭真空，关闭仪器电源，最后关闭冷却气和水泵。

【注意事项】

1. ICP-MS应提前一天开机，保证在第二天实验时达到良好的真空状态。
2. 可以根据需要，选择部分元素开展实验。

【思考题】

1. 什么是KED模式，有何优势？
2. 配制汞的标准曲线有何注意事项？

实验三　电感耦合等离子体质谱法测定全血中元素

【实验目的】

1. 掌握电感耦合等离子体质谱仪的功能原理和基本操作。
2. 熟悉电感耦合等离子体质谱仪分析含有机成分样品的分析方法。
3. 了解电感耦合等离子体质谱仪样品处理原则。

【实验原理】

氧、碳、氢、氮约占人体质量的95%，钙（Ca）、磷（P）、钾（K）、硫（S）、钠（Na）、氯（Cl）、镁（Mg）约占4%。在生命必需的元素中，金属元素共有14种，其中K、Na、Ca、Mg的含量占人体内金属元素总量的99%以上，习惯上把含量高于0.01%的元素，称为常量元素，低于此值的元素，称为微量元素，微量元素主要有铁（Fe）、锌（Zn）、铜（Cu）、锰（Mn）、铬（Cr）、硒（Se）、钼（Mo）、钴（Co）、氟（F）等。重金属元素一般是指在标准状况下单质密度大于4500kg/立方米的金属元素，区别于轻金属元素（如铝、镁），体内常见的重金属元素有镉（Cd）、汞（Hg）、银（Ag）、铜（Cu）、钡（Ba）、铅（Pb）等。

本实验采用电感耦合等离子体质谱仪（ICP-MS）对血中的Pb（铅）、镉（Cd）、汞（Hg）、铬（Cr）、砷（As）、镍（Ni）、硒（Se）、铊（Tl）、锑（Sb）元素进行分析。由于全血中含有较多的有机物，直接进样可能堵塞喷头，而样品无机化处理虽然可以避免喷头堵塞，但消解步骤繁琐，可能带来污染。将全血样品稀释20倍后直接进样，能够在不进行无机化处理的条件下有效避免喷头堵塞。

由于血液样品和标准品溶液在黏度、电离平衡、传输效率等方面存在一定程度的差别，需使用内标物进行校正。ICP-MS实验中所采用的内标元素可以根据所测元素质量数不同选择其邻近的元素，同时，内标元素与被测元素应当有尽可能接近的电离能。

本方法可以使用商业化的质控全血样品进行方法学验证，由于质控基体与血液样品基体相同，通过质控样品检测值，可以判断实验方法的可行性，可免去做复杂的加标回收实验。

【仪器与试剂】

1. 仪器与器皿　电感耦合等离子体质谱仪（ICP-MS）；分析天平；微量移液器（20～100μl、200～1000μl）；5ml塑料试管。

2. 试剂　Pb、Cd、Hg、Cr、As、Ni、Se、Tl、Sb多元素储备液；Triton X-100；Li、Sc、Ge、In、Y、Tb、Bi内标；高纯硝酸（Trace Metal Grade）；高纯Ar气或液Ar（要求纯度为99.9995%）；超纯水；0.1% Triton X-100+0.1% HNO_3稀释液。

【实验步骤】

1. 溶液配制

（1）工作曲线溶液：配制多元素标准溶液，浓度分别为0.05、0.1、0.2、0.4、0.8、1.6、3.2ng/ml。

（2）内标溶液：使用0.1% Triton X-100 +0.1% HNO_3 稀释液配制内标溶液；上机内标浓度分别为：Li（200ng/ml），Sc、Ge（100ng/ml），In、Y、Tb 和 Bi（10ng/ml），通过三通在线加入内标。

2. 样品前处理　取0.15ml全血样品用稀释液以称重法稀释20倍。

3. 仪器操作

（1）仪器条件：进样系统包括标准的 Peltier 冷却石英漩流雾室、PFA 同心雾化器和可拆卸石英矩管（2.5mm 内径，石英中心管）标准的镍采样锥和截取锥。仪器使用标准模式运行。等离子体功率：1550W；喷雾室温度：2.0℃；蠕动泵转速：40rpm；冷却气流速：14L/min；辅助气流速：0.8L/min；雾化气流速：1.00L/min。

（2）按照实验二中步骤开机、设定仪器条件参数、进行样品分析。

（3）数据分析：各待测元素分别使用各自的内标计算标准曲线并以内标法定量，^{207}Pb（^{209}Bi）、^{112}Cd（^{103}Rh、^{115}In）、^{200}Hg（^{209}Bi）、^{52}Cr（^{45}Sc、^{72}Ge）、^{75}As（^{89}Y、^{72}Ge）、^{58}Ni（^{45}Sc、^{72}Ge）、^{79}Se（^{72}Ge、^{89}Y）、^{204}Tl（^{209}Bi）、^{121}Sb（^{103}Rh、^{115}In），根据样品分析情况，可以做适当调整。

（4）关闭仪器：仪器使用稀硝酸冲洗10分钟后，使用超纯水清洗10分钟，依次关闭蠕动泵、等离子体，待温度下降后关闭真空，关闭仪器电源，最后关闭冷却气和水泵。

【注意事项】

1. 使用ICP-MS分析样品时，不能有悬浮颗粒，应当离心去除悬浮颗粒后进样，否则容易导致喷雾器堵塞。

2. 分析全血等复杂基质样本时，应当注意每隔300个样品需要清洗喷雾室、进样锥。如果灵敏度变差，可以尝试清洗样品锥和截取锥。

3. 分析结束后，注意妥善清洗喷雾器后再关闭仪器，防止管路或喷头堵塞。

【思考题】

1. 进行ICP-MS测定时的常见干扰有哪些，如何避免？

2. 为什么要用0.1% Triton X-100 +0.1% HNO_3 稀释样品？

3. ICP-MS对测试样品有哪些要求？

4. ICP-MS加入内标有何作用？分析时应如何选择内标？

（乔善磊）

第二十二章　综合设计性实验

第一节　目的和基本要求

一、实验目的

开设综合设计性实验的目的是培养学生对所学知识的归纳总结能力，以及分析问题和解决问题的综合能力。通过不限定方法的实际问题的解决，给学生提供一个展示及检验自我能力的平台。要求学生在全面领会所学知识的同时，通过文献查阅，运用所学理论知识与实验技术，选择分析方法、设计实验步骤和内容（如样品前处理方法、色谱柱选择、不同检测器的运用、定性和定量方法的选择等）、优化实验条件、确定最佳测试方案，根据所建方法的灵敏度、检出限、精密度、准确度以及费用与效益对其所设计的实验方法进行综合分析和评价。有条件的学校可以鼓励学生使用多种方法完成实验，开阔学生的思路，在实验过程中比较不同实验方法的优缺点。

二、基本要求

实验前，教师讲授设计的思路和资料检索方法，学生综合复习相关的理论知识并根据实验目的和具体要求查阅资料，自主设计实验方案，与教师讨论修改实验方案，直至确定实验方案。实验过程中，首先自己准备实验所需试剂，调整好分析仪器状态，积极动手，仔细观察实验现象并进行如实记录。遇到问题时，首先查阅资料，同学之间进行讨论并尝试自行解决。解决不了时，请指导教师协助解决。对于没有达到预期目标的实验结果，及时分析原因，寻找解决方案。条件许可时，可重复实验。实验结束后，将实验用品整理、清洁后，回归原位。如果发现器皿和设备损坏或缺少，应立即向指导教师报告真实情况，并予以登记备案。认真整理实验记录和资料，对实验结果进行分析讨论，尤其应重视那些“非预期”的实验结果，并尝试做出解释。认真撰写实验报告，按时送交指导教师评阅。教师不以实验阳性结果的有无或成果的多寡作为评判实验成败的依据，只要有创意，实验思路明晰，操作无误，无阳性结果但分析到位，则也有可能被认定是优秀的实验报告。

第二节　实验内容

实验一　饮料中多种食品添加剂和维生素的检测

【实验目的】

1. 熟悉综合性实验的设计方法。

2. 学会运用所学的知识解决实际问题。

3. 了解饮料中各种食品添加剂和维生素的添加标准。

【方法提要】

可以选择饮料中的一种或多种食品添加剂和维生素进行实验，实验建议包括以下内容：

1. 资料查询通过数据库检索，查找待分析物质的国家标准方法，或文献中报道的分析方法，对文献资料进行总结分析；

2. 拟定实验方案在对文献资料进行总结分析的基础上，通过实验小组讨论拟定实验方案；

3. 可行性分析从实验室条件，实验费用等实际情况出发，对所拟定的实验方案进行可行性分析，与指导教师讨论，最终确定实验方案。

4. 实验准备根据实验内容和要求选择试剂（如基准物质、优级纯试剂、分析纯试剂、色谱纯试剂及光谱纯试剂等），根据试剂的用途选择配制方法（如一般配制、精密配制、特殊配制等）。

5. 实验操作首先优化测试条件（包括仪器条件和样品预处理条件），在选择的最佳测试条件下进行工作曲线线性、检出限、精密度、准确度等测试实验。在选择的最佳测试条件下进行样品分析。

6. 数据处理通过绘图或计算得出实验结果。

7. 方法评价根据计算结果对实验方法进行评价。内容包括方法的优点、缺点以及实用性。

8. 撰写实验报告要求按论文格式进行撰写，内容包括前言、材料与方法、结果与讨论、结论等部分。

【注意事项】

1. 选择实验方法时，首先与指导教师沟通，根据实验室条件来选择。

2. 仪器使用完做好实验记录。

3. 部分食品添加剂使用卫生标准见表22-1。

表22-1　部分食品添加剂使用卫生标准（GB 2760-2007）

添加剂（g/kg）	参考值	添加剂（g/kg）	参考值
安赛蜜	0.3	苋菜红	0.05
糖精钠	0.15	胭脂红	0.05
苯甲酸	0.2	新红	0.05
山梨酸	-	亮蓝	0.05
丁基羟基茴香	0.2	VB_1（mg/100g）	1～2.2
二丁基羟基甲	0.2	VB_2（mg/100g）	1～2.2
柠檬黄	0.1	VB_{12}（mg/100g）	1～2.2
日落黄	0.05	VB_6（mg/100g）	0.4～1.6

【思考题】

1. 如果被测成分含量较低应对样品进行浓缩，可采取哪些浓缩方法？

2. 样品的前处理方法有哪些？如何选择？

实验二　化妆品中重金属含量测定

【目的与要求】

1. 掌握实验方案设计方法和实验条件的优化原则。

2. 熟悉重金属不同检测方法的优缺点。

【方法提要】

总结所学习的重金属的分析方法，通过对比实验，比较不同方法的优缺点。培养学生根据实际需要选择分析方法的能力。

1. 根据实验目的选择分析方法　不同的重金属理化性质不同，需要选择不同的分析仪器。

2. 根据实验要求选择分析方法　样品量少或重金属含量低的组分，需要选择灵敏度更高的仪器。

3. 完成实验　参照“实验一”准备实验、设计实验方案、优化测试条件、分析待测样品、完成实验报告。

【注意事项】

1. 本实验涉及强酸的使用，必须严格按操作规范进行操作。

2. 实验所用玻璃器皿必须经过强酸浸泡后才能使用，以防被污染而影响测定结果。

【思考题】

1. 不同分析方法的检出限计算方法有何不同?

2. 简述测试工作曲线线性范围、检出限、精密度、准确度等指标的意义。

注：化妆品中铅、汞和砷的限量分别为40、1、10mg/kg。

实验三　仪器分析实验的实际应用

【实验目的】

1. 掌握不同分析仪器的特点与应用。

2. 熟悉分析仪器的基本实验技术和操作技能。

3. 学会自行设计实验方案。

【方法提要】

学生自行选取分析样品或参照以下案例，根据实验目的和实验室条件，通过资料查询，制订实验方案，独立完成样品的分析，撰写实验报告。

【注意事项】

1. 选择实验方法时，首先与指导教师沟通，根据实验室条件来选择。

2. 在使用分析仪器进行实验时，一定要严格遵守实验室规定，按照仪器操作规范完成实验。

【思考题】

1. 方法学评价的意义是什么?

2. 如何实现对实际样品的定性和定量分析?

第三节　典型案例

一、二噁英事件

1999年3月，在比利时突然出现肉鸡生长异常，蛋鸡少下蛋的现象。一些养鸡户要求保险公司赔偿。保险公司也觉得蹊跷，于是请了一家研究机构化验鸡肉样品，结果发现鸡脂肪中的二噁英超出最高允许量的140倍，而且鸡蛋中的二噁英含量也已严重超标，这一“毒鸡事件”还牵连了猪肉、牛肉、牛奶等数以百计的食品，一时间，一场食品安全危机在全比利时，甚至在全球上演。而这起事件的源头，就是鸡的饲料被二噁英严重污染。

二噁英及其类似物主要来源于含氯工业产品的杂质，垃圾焚烧，纸张漂白及汽车尾气排放等。有调查显示，垃圾焚烧从业人员血中的二噁英含量为806pg TEQ/L，是正常人群水平的40倍左右。食物是人体内二噁英的主要来源。经胎盘和哺乳可以造成胎儿和婴幼儿的二噁英暴露。大量动物实验和人类流行病学研究的结果表明，二噁英对人体的健康影响是全方位的，它已被确认为具有致癌性、神经毒性、生殖毒性、发育毒性和致畸性、心血管毒性、免疫毒性，并能直接引发氯痤疮和肝脏疾病，同时也是一种内分泌干扰物。根据世界卫生组织的建议，为确保人类健康，个体的二噁英日容许摄入量为1-4pg/kg，而长远目标是降至1pg/kg以下。

请问这么低的浓度我们该如何准确地检测呢？

二、苏丹红事件

2005年2月18日英国食品标准署就食用含有添加苏丹红色素的食品向消费者发出警告，并在其网站上公布了30家企业生产的可能含有苏丹红Ⅰ号的359个品牌的食品。随后，中国也开展了大规模“围剿苏丹红”的行动，查获了亨氏辣椒酱、肯德基新奥尔良烤翅等一批“涉红”食品。

为了保证食品安全，维护消费者权益，国家质检总局立即发出紧急通知，要求生产企业召回受苏丹红污染的食品，对使用苏丹红的食品生产企业进行查处。同时，国家标准委组织有关部门参考国外标准，研究相应的检测方法，对其进行反复验证和比对，经北京、广东、上海等18个省级产品质量检测机构的实际应用，其准确性得到进一步验证。在此基础上，国家质检总局和国家标准委于2005年3月29日批准发布《食品中苏丹红染料的检测方法——高效液相色谱法》国家标准，该标准自发布之日起实施。该标准规定了苏丹红系列染料的测定方法，适用于食品中苏丹红染料的检测，使用普通的高效液相色谱仪就能够准确完成。标准的制定充分考虑我国的实际情况，采用正相吸附和固相萃取原理。一次性去除样品中辣椒色素和番茄色素对食品中苏丹红检测结果的影响，解决了国外检测标准适用范围窄、设备昂贵、操作复杂、成本高等不足。

同学们可以参照国家标准对感兴趣的食品中的苏丹红含量进行测定。

三、多溴联苯和多溴联苯醚

多氯联苯包括209种单体，其中12种共平面单体的毒性与二噁英相似，被称为二噁英类多氯联苯。作为变压器、电容器等的润滑剂，多氯联苯于20世纪70年代已经被停止生产和使用，环境中的多氯联苯主要来源于受其污染的废弃物的泄漏和挥发。多溴联苯醚是一类溴代阻燃剂，广泛用于塑料、纺织、电子等行业。商业用的多溴联苯醚主要包括五溴联苯醚、八溴联苯醚和十溴联苯醚。多溴联苯醚与二噁英和多溴联苯相比具有相似的化学性质和毒性，被认为是一类新型的持久性有机污染物。由于具有“致癌、致畸和致突变”三致作用，在环境中难降解，亲脂性高，可生物富集并产生放大效应等毒性效应，建立快捷、方便、精确的检测方法已成为当前的研究热点。

如何应用已掌握的知识建立多溴联苯和多溴联苯醚的分析方法？

第四节　常用教材、手册和电子资源

一、教材

(1) 朱明华，胡坪. 仪器分析［M］. 第4版，北京，高等教育出版社，2008

(2) 方惠群，于俊生，史坚. 仪器分析［M］. 北京，科学出版社，2002

(3) 武汉大学化学与分子科学学院实验中心. 仪器分析实验［M］. 武汉，武汉大学出版社，2005

(4) 陈培榕，李景虹，邓勃. 现代仪器分析实验与技术［M］. 北京，清华大学出版社，2006

(5) 吴性良，朱万森. 仪器分析实验［M］. 第2版，上海，复旦大学出版社，2008

(6) 张剑荣，余晓冬，屠一锋，等. 国家级精品课程配套教材：仪器分析实验［M］. 第2版，北京，科学出版社，2008

二、手册

(1) 兰氏化学手册（J. A. Dean）［M］. 北京，科学出版社

(2) 刘振海，山立子. 分析化学手册［M］. 北京，化学工业出版社，2000

(3) 杭州大学化学系分析化学教研室编. 分析化学手册［M］. 第2版，北京，化学工业出版社，2003

三、电子资源

1. 中国期刊全文数据库（CJFD）　中国期刊全文数据库是中国知识基础设施工程（CNKI工程）的重要组成部分，是世界上最大的连续动态更新的中国期刊全文数据库，CJFD的产品形式包括《中国期刊全文数据库（WEB）版》、《中国学术期刊（光盘版）》等，CNKI的中心网站实现了每日更新，到目前为止收录了国内公开出版的8000多种核心期刊与专业特色期刊的全文，收录全文文献近4000多万篇，涵盖了理工、农业、医药卫生、文史哲等各个学科，其中医药卫生专辑收录医学期刊1181种，内容涵盖医学、药学、卫生、保健、生物医学等。CJFD收录源数据库形式的全文文献，提供“一站式”文献信

息检索服务，设有包括全文检索在内的众多检索入口，集题录、文摘、全文信息于一体，输出的全文信息完全数字化。

通过中国知网主页（http://www. cnki. net）、镜像站点如中科院电子图书馆或高校图书馆如首都医科大学图书馆等登录。购买了使用权的校园网等单位用户可直接登录。所查询并下载的全文文献可用全文浏览器如 CAJviewer、Acrobat Reader（PDF）等软件阅读。

2. ElsevierScienceDirect 全文电子期刊　荷兰的 Elsevier Science 出版公司是国际最重要的科学信息出版商之一，提供生命科学、化学、物理学等多个学科的核心期刊和网上专业信息服务。出版上千种学术期刊。提供大型网络科学数据库和专家数据库及其他业务。该公司的 ScienceDirect On Site（SDOS）系统提供基于 Web 的电子期刊全文数据库。该数据库收录 1995 年以来的超过 2500 种学术期刊和超过 1 千万篇以 PDF 格式保存的全文。Elsevier 出版的全文期刊是高水平的学术期刊，大多为 SCI 收录期刊，包括著名的生物医学杂志 Cell，The Lancet 等。目前 Elsevier 出版集团在清华大学图书馆（http://elsevier. lib. tsinghua. edu. cn/）和上海交通大学图书馆（http://elsevier. lib. sjtu. edu. cn/）分别设置了两个镜像站，国内有多所高校和科研单位购买了该数据库的使用权。ScienceDirect 检索系统的特点是采用 Web 技术建立用户界面，超文本链接使用方便、反应速度快，检索入口多，在不同的检索页面中都能方便地切换到所需要的检索方式，几乎所有的页面的右上方均设置了 Home（首页）、Browse（浏览）、Quick Search（简单检索）、Advanced Search（高级检索）的链接点，用户随时可以通过单击其中之一的方式链接到相应的页面，从而实现不同检索途径（或检索表）之间的切换。

Elsevier 有浏览和检索两种途径。浏览途径提供按字母排序的期刊一览表。和按期刊分类的期刊目录一览表，分别组成期刊索引页和期刊浏览页界面。按字母浏览时，先点击刊名首字母，再按刊名的字顺找到所要检索的期刊名，点击刊名则可逐卷逐期地浏览所需的期刊；按学科浏览时，现在按学科分类的 23 个类目找到相应学科，再按刊名的字母顺序选择所需的刊名。选中刊名后，单击刊名。进入该刊卷期列表，进而逐期浏览。

检索途径包括快速检索（Quick Search）和拓展检索（Expanded Search）。拓展检索又分为高级检索（Advanced）和专家检索（Expert）。快速检索的界面出现在 ScienceDirect 数据库的多个位置，方便用户进入该界面进行检索。检索步骤如下：①在 Quick Search 下边输入框内输入一个或几个能表达某些概念的单词；②选择字段："All Fields（所有字段）"、"Author（作者）"、"Title（文章标题）"等；③单击 Go 按钮进行检索。高级检索比简单检索提供更多的检索限制范围，增加了检索框和可用于字段之间组配的逻辑运算符；增加了学科类目的限制；以及对检索结果进行筛选和排序的功能，使检索结果更为精确。

3. 中华医学会数字化期刊　《中华医学会数字化期刊系统》是由中华医学会独家授权北京万方数据股份有限公司制作的专题期刊数据库。系统是以中华医学会授权提供的 115 本刊为主体，结合万方数据专业的文献检索平台的一套全文医学专题数据库，是目前唯一提供中华医学会 115 本期刊的数据库系统。这 115 种期刊涵盖了临床医学、基础医学、预防医学等各医学学科，均是在本领域具有较高学术地位的杂志。在文献检索方面，中华医学会数字化期刊系统提供了专业化的词表导引功能，资源加工采用全面应用中文版 MeSH 词表，满足了用户浏览与检索的专业需求。还提供了功能完善的检索功能和丰富的检索入口与途径。共有 15 个检索入口，系统提供的快速、基本、高级、定篇、刊物、个性化的定题检索等多种检索功能能满足各种检索需求，按相关度、按时间等排序功能，便于快速定位所需内容。检索方式与 CNKI 检索方式类似。

（黄沛力）

附　录

附录一　弱酸在水溶液中的解离常数（25℃）

弱酸	级数	K_a	pK_a
$HASO_2$		6.0×10^{-10}	9.22
H_3ASO_4	1	6.3×10^{-3}	2.20
	2	1.0×10^{-7}	7.00
	3	3.2×10^{-12}	11.50
H_3BO_3		5.8×10^{-10}	9.24
$H_2B_4O_7$	1	1.0×10^{-4}	4.0
	2	1.0×10^{-9}	9.0
HCN		6.2×10^{-10}	9.21
H_2CO_3	1	4.2×10^{-7}	6.38
	2	5.5×10^{-11}	10.25
H_2CrO_4	1	0.105	0.98
	2	3.2×10^{-7}	6.50
HF		6.6×10^{-4}	3.18
HNO_2		5.0×10^{-4}	3.29
H_2O_2		2.2×10^{-12}	11.65
H_3PO_4	1	7.6×10^{-3}	2.12
	2	6.3×10^{-8}	7.20
	3	4.4×10^{-13}	12.38
H_2S（氢硫酸）	1	1.3×10^{-7}	6.88
	2	7.1×10^{-15}	14.15
H_2SO_3	1	1.3×10^{-2}	1.90
	2	6.3×10^{-8}	7.20
H_2SO_4	2	1.1×10^{-2}	1.92
H_2SiO_3	1	1.7×10^{-10}	9.77
	2	1.6×10^{-12}	11.8
HCOOH（甲酸）		1.8×10^{-4}	3.75
$H_2C_2O_4$（草酸）	1	5.4×10^{-2}	1.27
	2	5.4×10^{-5}	4.27

续表

弱酸	级数	K_a	pK_a
CH_3COOH（乙酸）		1.8×10^{-5}	4.75
$CH_2ClCOOH$（一氯乙酸）		1.4×10^{-3}	2.86
$CHCl_2COOH$（二氯乙酸）		5.0×10^{-2}	1.30
CCl_3COOH（三氯乙酸）		0.23	0.64
$C_3H_6O_2$（丙酸）		1.4×10^{-5}	4.87
$C_3H_6O_3$（乳酸、丙醇酸）		1.4×10^{-4}	3.86
$C_3H_4O_4$（丙二酸）	1	1.4×10^{-3}	2.86
	2	2.0×10^{-6}	5.70
$C_4H_6O_6$（酒石酸）	1	9.1×10^{-4}	3.04
	2	4.3×10^{-5}	4.37
C_6H_5OH（苯酚）		1.0×10^{-10}	9.99
C_6H_5COOH（苯甲酸）		6.5×10^{-5}	4.21
$C_6H_8O_6$（抗坏血酸）	1	5.0×10^{-5}	4.30
	2	1.5×10^{-12}	11.82
$C_6H_8O_7$（柠檬酸）	1	7.4×10^{-4}	3.13
	2	1.7×10^{-5}	4.76
	3	4.0×10^{-7}	6.40

附录二　弱碱在水溶液中的解离常数（18～25℃）

弱碱	级数	K_b	pK_b
NH_3		1.8×10^{-5}	4.75
NH_2-NH_2（联氨）	1	3.0×10^{-6}	5.52
	2	7.6×10^{-15}	14.12
NH_2OH（羟氨）		9.1×10^{-9}	8.04
$NH_2CH_2CH_2NH_2$（乙二胺）	1	8.5×10^{-5}	4.07
	2	7.1×10^{-8}	7.15
CH_3NH_2（甲胺）		4.2×10^{-4}	3.38
$(CH_3)_2NH$（二甲胺）		1.2×10^{-4}	3.93
$(C_2H_5)_2NH$（二乙胺）		1.3×10^{-3}	2.89
$(HOC_2H_4)_3N$（三乙醇胺）		5.8×10^{-7}	6.24
$(CH_2)_6N_4$（六次甲基四胺）		1.4×10^{-9}	8.85
C_5H_5N（吡啶）		1.7×10^{-9}	8.77
$C_6H_5NH_2$（苯胺）		4.0×10^{-10}	9.40

附录三　标准电极电位表（18～25℃）

半反应	E°(V)	半反应	E°(V)
$Li^+ + e^- \rightleftharpoons Li$	−3.045	$Cu^{2+} + 2e^- \rightleftharpoons Cu$	0.340
$K^+ + e^- \rightleftharpoons K$	−2.924	$VO^{2+} + 2H^+ + e^- \rightleftharpoons V^{3+} + H_2O$	0.36

续表

半反应	E°(V)
$Ba^{2+} + 2e^- \rightleftharpoons Ba$	-2.90
$Sn^{2+} + 2e^- \rightleftharpoons Sr$	-2.89
$Ca^{2+} + 2e^- \rightleftharpoons Ca$	-2.76
$Na^+ + e^- \rightleftharpoons Na$	-2.711
$Mg^{2+} + 2e^- \rightleftharpoons Mg$	-2.375
$Al^{3+} + 3e^- \rightleftharpoons Al$	-1.706
$ZnO_2^{2-} + 2H_2O + 2e \rightleftharpoons Zn + 4OH^-$	-1.216
$Mn^{2+} + 2e \rightleftharpoons Mn$	-1.18
$Sn(OH)_6^{2-} + 2e \rightleftharpoons HSnO_2^- + 3OH^- + H_2O$	-0.96
$SO_4^{2-} + H_2O + 2e^- \rightleftharpoons SO_3^{2-} + 2OH^-$	-0.92
$TiO_2 + 4H^+ + 4e \rightleftharpoons Ti + 2H_2O$	-0.89
$2H_2O + 2e^- \rightleftharpoons H_2 + 2OH^-$	-0.828
$HSnO_2^- + H_2O + 2e^- \rightleftharpoons Sn + 3OH^-$	-0.79
$Zn^{2+} + 2e^- \rightleftharpoons Zn$	-0.763
$Cr^{3+} + 3e^- \rightleftharpoons Cr$	-0.74
$AsO_4^{3-} + 2H_2O + 2e^- \rightleftharpoons AsO_2^- + 4OH^-$	-0.71
$S + 2e^- \rightleftharpoons S^{2-}$	-0.508
$2CO_2 + 2H^+ + 2e^- \rightleftharpoons H_2C_2O_4$	-0.49
$Cr^{3+} + e^- \rightleftharpoons Cr^{2+}$	-0.41
$Fe^{2+} + 2e^- \rightleftharpoons Fe$	-0.409
$Cd^{2+} + 2e^- \rightleftharpoons Cd$	-0.403
$Cu_2O + H_2O + 2e^- \rightleftharpoons 2Cu + 2OH^-$	-0.361
$Co^{2+} + 2e^- \rightleftharpoons Co$	-0.28
$Ni^{2+} + 2e^- \rightleftharpoons Ni$	-0.246
$AgI + e^- \rightleftharpoons Ag + I^-$	-0.15
$Sn^{2+} + 2e^- \rightleftharpoons Sn$	-0.136
$Pb^{2+} + 2e^- \rightleftharpoons Pb$	-0.126
$CrO_4^{2-} + 4H_2O + 3e^- \rightleftharpoons Cr(OH)_3 + 5OH^-$	-0.12
$Ag_2S + 2H^+ + 2e^- \rightleftharpoons 2Ag + H_2S$	-0.036
$Fe^{3+} + 3e^- \rightleftharpoons Fe$	-0.036
$2H^+ + 2e^- \rightleftharpoons H_2$	0.000
$NO_3^- + H_2O + 2e^- \rightleftharpoons NO_2^- + 2OH^-$	0.01
$TiO^{2+} + 2H^+ + e^- \rightleftharpoons Ti^{3+} + H_2O$	0.10
$S_4O_6^{2-} + 2e^- \rightleftharpoons 2S_2O_3^{2-}$	0.09
$AgBr + e^- \rightleftharpoons Ag + Br^-$	0.10
$S + 2H^+ + 2e^- \rightleftharpoons H_2S$(水溶液)	0.141
$Sn^{4+} + 2e^- \rightleftharpoons Sn^{2+}$	0.15
$Cu^{2+} + e^- \rightleftharpoons Cu^+$	0.158
$BiOCl + 2H^+ + 3e^- \rightleftharpoons Bi + Cl^- + H_2O$	0.158
$SO_4^{2-} + 4H^+ + 2e^- \rightleftharpoons H_2SO_3 + H_2O$	0.20
$AgCl + e^- \rightleftharpoons Ag + Cl^-$	0.22
$IO_3^- + 3H_2O + 6e^- \rightleftharpoons I^- + 6OH^-$	0.26
$Hg_2Cl_2 + 2e^- \rightleftharpoons 2Hg + 2Cl^-$	0.282
$Fe(CN)_6^{3+} + e^- \rightleftharpoons Fe(CN)_6^{4-}$	0.36
$2H_2SO_3 + 2H^+ + 4e^- \rightleftharpoons S_2O_3^{2-} + 3H_2O$	0.40
$Cu^+ + e^- \rightleftharpoons Cu$	0.522
$I_3^- + 2e^- \rightleftharpoons 3I^-$	0.534
$I_2 + 2e^- \rightleftharpoons 2I^-$	0.535
$IO_3^- + 2H_2O + 4e^- \rightleftharpoons IO^- + 4OH^-$	0.56
$MnO_4^- + e^- \rightleftharpoons MnO_4^{2-}$	0.56
$H_3AsO_4 + 2H^+ + 2e^- \rightleftharpoons HAsO_2 + 2H_2O$	0.56
$MnO_4^- + 2H_2O + 3e^- \rightleftharpoons MnO_2 + 4OH^-$	0.58
$O_2 + 2H^+ + 2e^- \rightleftharpoons H_2O_2$	0.682
$Fe^{3+} + e^- \rightleftharpoons Fe^{2+}$	0.77
$Hg_2^{2+} + 2e^- \rightleftharpoons 2Hg$	0.796
$Ag^+ + e^- \rightleftharpoons Ag$	0.799
$Hg^{2+} + 2e^- \rightleftharpoons Hg$	0.851
$2Hg^{2+} + 2e^- \rightleftharpoons Hg_2^{2+}$	0.907
$NO_3^- + 3H^- + 2e^- \rightleftharpoons HNO_2 + 2H_2O$	0.94
$NO_3^- + 4H^+ + 3e^- \rightleftharpoons NO + 2H_2O$	0.96
$HNO_2 + H^+ + e^- \rightleftharpoons NO + H_2O$	0.99
$VO_2^+ + 2H^+ + e^- \rightleftharpoons VO^{2+} + H_2O$	1.00
$N_2O_4 + 4H^+ + 4e^- \rightleftharpoons 2NO + 2H_2O$	1.03
$Br_2 + 2e^- \rightleftharpoons 2Br^-$	1.08
$IO_3^- + 6H^+ + 6e^- \rightleftharpoons I^- + 3H_2O$	1.035
$IO_3^- + 6H^+ + 5e^- \rightleftharpoons 1/2I_2 + 3H_2O$	1.195
$MnO_2 + 4H^+ + 2e^- \rightleftharpoons Mn^{2+} + 2H_2O$	1.23
$O_2 + 4H^+ + 4e^- \rightleftharpoons 2H_2O$	1.23
$Au^{3+} + 2e^- \rightleftharpoons Au^+$	1.29
$Cr_2O_7^{2-} + 14H^+ + 6e^- \rightleftharpoons 2Cr^3 + 7H_2O$	1.33
$Cl_2 + 2e^- \rightleftharpoons 2Cl^-$	1.358
$BrO_3^- + 6H^+ + 6e^- \rightleftharpoons Br^- + 3H_2O$	1.44
$Ce^{4+} + e^- \rightleftharpoons Ce^{3+}$	1.448
$ClO_3^- + 6H^+ + 6e^- \rightleftharpoons Cl^- + 3H_2O$	1.45
$PbO_2 + 4H^+ + 2e^- \rightleftharpoons Pb^{2+} + 2H_2O$	1.46
$MnO_4^- + 8H^+ + 5e^- \rightleftharpoons Mn^{2+} + 4H_2O$	1.491
$Mn^{3+} + e^- \rightleftharpoons Mn^{2+}$	1.51
$BrO_3^- + 6H^+ + 5e^- \rightleftharpoons 1/2Br_2 + 3H_2O$	1.52
$HClO + H^+ + e^- \rightleftharpoons 1/2Cl_2 + H_2O$	1.63
$MnO_4^- + 4H^+ + 3e^- \rightleftharpoons MnO_2 + 2H_2O$	1.679
$H_2O_2 + 2H^+ + 2e^- \rightleftharpoons 2H_2O$	1.776
$Co^{3+} + e^- \rightleftharpoons Co^{2+}$	1.842
$S_2O_8^{2-} + 2e^- \rightleftharpoons 2SO_4^{2-}$	2.00
$O_3 + 2H^+ + 2e^- \rightleftharpoons O_2 + H_2O$	2.07
$F_2 + 2e^- \rightleftharpoons 2F^-$	2.87

附录四　不同纯度水的电阻率

水的类型	电阻率（25℃）Ω·cm
自来水	~1900
一次蒸馏水（玻璃）	$\sim 3.5 \times 10^5$
二次蒸馏水（石英）	$\sim 1.5 \times 10^6$
混合床离子交换水	$\sim 1.25 \times 10^7$
28次蒸馏水（石英）	$\sim 1.6 \times 10^7$
绝对水（理论上最大的电阻率）	1.83×10^7

附录五　常用溶液的配制

1. 常用酸碱溶液的密度和浓度

试剂名称	密度	含量%	浓度 mol/L
盐酸	1.18~1.19	36~38	11.6~12.4
硝酸	1.39~1.40	65.0~68.0	14.4~15.2
硫酸	1.83~1.84	95~98	17.8~18.4
磷酸	1.69	85	14.6
高氯酸	1.68	70.0~72.0	11.7~12.0
冰醋酸	1.05	99.8（优级纯）	17.4
		99.0（分析纯、化学纯）	
氢氟酸	1.13	40	22.5
氢溴酸	1.49	47.0	8.6
氨水	0.88~0.90	25.0~28.0	13.3~14.8

2. 常用酸碱溶液的配制

(1) 酸溶液的配制

名称	化学式	浓度或质量浓度（约数）	配制方法
硝酸	HNO_3	16mol/L	（相对密度为1.42的硝酸）
		6mol/L	取16mol·L^{-1} HNO_3 375ml，然后加水稀释成1L
		3mol/L	取16mol·L^{-1} HNO_3 188ml，然后加水稀释成1L
盐酸	HCl	12mol/L	（相对密度为1.19的HCl）
		8mol/L	取12mol/LHCl 666.7ml，加水稀释成1L
		6mol/L	将12mol/LHCl与等体积的蒸馏水混合
		3mol/L	取12mol/LHCl 250ml，然后加水稀释成1L
硫酸	H_2SO_4	18mol/L	（相对密度为1.84的H_2SO_4）
		3mol/L	将167ml的18mol/LH_2SO_4慢慢加到835ml的水中
		1mol/L	将56ml的18mol/LH_2SO_4慢慢加到944ml的水中
乙酸	HAc	17mol/L	（相对密度为1.05的冰乙酸）
		6mol/L	取17mol/LHAc 353ml，然后加水稀释成1L
		3mol/L	取17mol/LHAc 177ml，然后加水稀释成1L
酒石酸	$H_2C_4H_4O_6$	饱和	将酒石酸溶于水中，使之饱和
草酸	$H_2C_2O_4$	10g/L	称取$H_2C_2O_4 \cdot 2H_2O$ 1g溶于少量水中，加水稀释至100ml

（2）碱溶液的配制

名称	化学式	浓度或质量浓度（约数）	配制方法
氢氧化钠	NaOH	6mol/L	将240g NaOH溶于水中，稀释至1L
氨水	NH_3	15mol/L	（密度为0.9的氨水）
		6mol/L	取15mol/L氨水400ml，稀释至1L
氢氧化钡	$Ba(OH)_2$	0.2mol/L（饱和）	63g $Ba(OH)_2 \cdot 8H_2O$溶于1L水中
氢氧化钾	KOH	6mol/L	将336g KOH溶于水中，稀释至1L

3. 常用缓冲溶液的配制

缓冲溶液组成	PK_a	缓冲液pH	缓冲溶液配制方法
氨基乙酸-HCl	2.35（pK_{a_1}）	2.3	取氨基乙酸150克溶于500ml水中后，加浓HCl 80ml，水稀释至1L
H_3PO_4-枸橼酸盐		2.5	取$Na_2HPO_4 \cdot 12H_2O$ 113g溶于200ml水后，加枸橼酸387克，溶解，过滤后，稀释至1L
一氯乙酸-NaOH	2.86	2.8	取200g一氯乙酸溶于200ml水中，加NaOH 40g溶解后，稀释至1L
邻苯二甲酸氢钾-HCl	2.95	2.9	取500g邻苯二甲酸氢钾溶于500ml水中，加浓HCl 80ml，稀释至1L
甲酸-NaOH	2.76	3.7	取95g甲酸和NaOH 40g于500ml水中，溶解，稀释至1L
NH_4Ac-HAc		4.5	取NH_4Ac 77g溶于200ml水中，加冰HAc 59ml稀释至1L
NaAc-HAc	4.74	4.7	取无水NaAc 83g溶于水中，加冰HAc 60ml稀释至1L
NaAc-HAc	4.74	5.0	取无水NaAc 160g溶于水中，加冰HAc 60ml稀释至1L
NH_4Ac-HAc		5.0	取无水NH_4 Ac 250g溶于水中，加冰HAc 60ml稀释至1L
六次甲基四胺-HCl	5.15	5.4	取六次甲基四胺40g溶于200ml水中，加浓HCl 10ml，稀释至1L
NH_4Ac-HAc		6.0	取NH_4Ac 600g溶于水中，加冰HAc 20ml，稀释至1L
NaAc-H_3PO_4盐		8.0	取无水NaAc 50g和N_2HPO_4-$12H_2O$ 50g，溶于水中，稀释至1L
Tris·HCl（三羟甲基氨甲烷）$CNH_2 \equiv (HOCH_2)_3$	8.21	8.2	取25Tris试剂溶于水中，加浓HCl 8ml，稀释至1L
NH_3-NH_4Cl	9.26	9.2	取NH_4Cl 54G溶于水中，加浓氨水63ml，稀释至1L

续表

缓冲溶液组成	PK_a	缓冲液 pH	缓冲溶液配制方法
NH_3-NH_4Cl	9.26	9.5	取 NH_4Cl 54g 溶于水中，加浓氨水 63ml，稀释至 1L
NH_3-NH_4Cl	9.26	10.0	取 NH_4Cl 54g 溶于水中，加浓氨水 3502ml，稀释至 1L

注：(1) 缓冲液配制后可用试纸检查。如 pH 值不对，可用共轭酸或碱调节。
pH 值欲调节精确时，可用 pH 计调节。
(2) 若需增加或减少缓冲液的缓冲容量时，可相应增加或减少共轭酸碱对物质的量，再调节之一。

4. 常用标准溶液的配制

标准溶液	配制方法
0.1000mol/L 邻苯二甲酸氢钾溶液（基准溶液）	精确称取经过 105～120℃干燥 1h 的 $KHC_8H_4O_4$ 20.422g，溶于煮沸去除 CO_2 的蒸馏水中，在容量瓶中稀释到 1L。
0.1000mol/L 重铬酸钾溶液（基准溶液）	精确称取经过 120～150℃干燥 1h 的 $K_2Cr_2O_7$ 29.419g，溶于蒸馏水中，在容量瓶中稀释到 1L。
0.1000mol/L 碳酸钠溶液（基准溶液）	精确称取经过 270～300℃干燥的 Na_2CO_3 5.300g，溶于煮沸去除 CO_2 的蒸馏水中，在容量瓶中稀释到 1L。
0.1mol/L 盐酸溶液（需要标定的溶液）	取 9ml HCl（比重 1.19）加入到蒸馏水中，在容量瓶中定容至 1L。 标定方法（碳酸钠标定）： 称取干燥过的无水碳酸钠 0.1000～0.1200g，置于 250ml 锥形瓶中，加入新煮沸冷却后蒸馏水 50ml，加 3～4 滴甲基橙指示剂，用配制好的盐酸溶液滴定至溶液呈橙色，保持 30s 不褪色为终点。 计算：$C_{HCl}(mol/L) = 2m \times 1000/(53.00 \times V_{HCl})$ 式中：C_{HCl} 为盐酸标准溶液的浓度；V_{HCl} 为消耗盐酸标准溶液的体积，ml；m 为称量碳酸钠的质量，g。
0.1mol/L 氢氧化钠溶液（需要标定的溶液）	称取 4g NaOH 溶于蒸馏水中，在容量瓶中稀释到 1L。 标定方法一（滴定 HCl）： 取 0.1000mol/L 盐酸溶液 25.00ml（V_{HCl}）于 250ml 锥形瓶中，加入 3～4 滴甲基橙指示剂，用配制好的氢氧化钠溶液滴定，滴定至溶液呈黄色为终点。 计算：$C_{NaOH}(mol/L) = 0.1000 \times 25.00/V_{NaOH}$ 标定方法二（滴定邻苯二甲酸氢钾）： 称取干燥过的邻苯二甲酸氢钾 0.48～0.52g，置于 250ml 锥形瓶中，加入 2 滴酚酞指示剂，用配制好的氢氧化钠溶液滴定至溶液呈淡红色为终点。 计算：$C_{NaOH}(mol/L) = m \times 1000/(M_{邻苯二甲酸氢钾} \times V_{NaOH})$ 式中：C_{NaOH} 为氢氧化钠标准溶液的浓度；V_{NaOH} 为消耗氢氧化钠标准溶液的体积，ml；m 为称量邻苯二甲酸氢钾的质量，g。

附录六 常用化合物相对分子量

化合物	相对分子质量	化合物	相对分子质量
AgBr	187.77	K_2CO_3	138.21
AgCl	143.32	K_2PtCl_6	486.00
AgI	234.77	K_2CrO_4	194.19
$AgNO_3$	169.87	$K_2Cr_2O_7$	294.18
Al_2O_3	101.96	KH_2PO_4	136.09
As_2O_3	197.82	$KHSO_4$	136.16
$BaCl_2 \cdot 2H_2O$	244.27	KI	166.00
BaO	153.33	KIO_3	214.00
$Ba(OH)_2 \cdot 8H_2O$	315.47	$KIO_3 \cdot HIO_3$	389.91
$BaSO_4$	233.39	$KMnO_4$	158.03
$CaCO_3$	100.09	KNO_2	85.10
CaO	56.08	KOH	56.11
$Ca(OH)_2$	74.10	$MgCO_3$	84.31
CO_2	44.01	$MgCl_2$	95.21
CuO	79.55	$MgSO_4 \cdot 7H_2O$	246.47
Cu_2O	143.09	$MgNH_4PO_4 \cdot 6H_2O$	245.41
$CuSO_4 \cdot 5H_2O$	249.68	MgO	40.30
FeO	71.85	$Mg(OH)_2$	58.32
Fe_2O_3	159.69	$Mg_2P_2O_7$	222.55
$FeSO_4 \cdot 7H_2O$	278.01	$Na_2B_4O_7 \cdot 10H_2O$	381.37
$FeSO_4 \cdot (NH_4)_2SO_4 \cdot 6H_2O$	392.13	NaBr	102.91
H_3BO_3	61.83	NaCl	58.44
HCl	36.46	Na_2CO_3	105.99
$HClO_4$	100.47	$NaHCO_3$	84.01
HNO_3	63.02	$Na_2HPO_4 \cdot 12H_2O$	358.14
H_2O	18.015	$NaNO_2$	69.00
H_2O_2	34.02	Na_2O	61.98
H_3PO_4	98.00	NaOH	40.00
H_2SO_4	98.07	$Na_2S_2O_3$	158.10
I_2	253.81	$Na_2S_2O_3 \cdot 5H_2O$	248.17
$KAL(SO_4)_2 \cdot 12H_2O$	474.38	NH_3	17.03
KBr	119.00	NH_4Cl	53.49
$KBrO_3$	167.00	NH_4OH	35.05
KCl	74.55	$(NH_4)_3PO_4 \cdot 12MoO_3$	1876.35
$KClO_4$	138.55	$(NH_4)_2SO_4$	132.13
KSCN	97.18	$PbCrO_4$	323.19
PbO_2	239.20	$KHC_4H_4O_6$(酒石酸氢钾)	188.18
$PbSO_4$	303.26	$KHC_8H_4O_4$(邻苯二甲酸氢钾)	204.22
ZnO	81.38	$Na_2C_2O_4$(草酸钠)	134.00
$HC_2H_3O_2$(醋酸)	60.05	$NaC_7H_5O_2$(苯甲酸钠)	144.11
$H_2C_2O_4 \cdot 2H_2O$(草酸)	126.07	$Na_3C_6H_5O_7 \cdot 2H_2O$(枸橼酸钠)	294.12

附录七 国际单位制（SI）及常用常数

（1）SI基本单位

基本物理量	单位名称	符号
长度	米	m
质量	千克（公斤）	kg
时间	秒	S
电流	安［培］	A
热力学温度	开［尔文］	K
发光强度	坎［德拉］	cd
物质的量	摩［尔］	mol

（2）SI导出单位

量的名称	SI导出单位			
	名称	符号	表呈式	
			用SI单位	用SI基本单位
频率	赫［兹］	Hz		S^{-1}
力，重力	牛［顿］	N		$m \cdot kg \cdot s^{-2}$
压力（压强），应力	帕［斯卡］	Pa	N/m^2	$m^{-1} \cdot kg \cdot s^{-2}$
能、功、势量	焦［耳］	J	$N \cdot m$	$m^2 \cdot kg \cdot s^{-2}$
功率、辐［射］通量	瓦［特］	W	J/S	$m^2 \cdot kg \cdot s^{-2}$
电量、电荷	库［仑］	C		$s \cdot A$
电位，电压、电动势	伏［特］	V	W/A	$m^2 \cdot kg \cdot s^{-3} \cdot A^{-1}$
电容	法［拉］	P	C/V	$m^{-2} \cdot kg^{-1} \cdot s^4 \cdot A^2$
电阻	欧［姆］	Ω	V/A	$m^2 \cdot kg \cdot s^{-3} \cdot A^{-2}$
电导	西［门子］	S	A/V	$m^{-2} \cdot kg^{-1} \cdot s^3 \cdot A^2$
磁通［量］	韦［伯］	Wb	$V \cdot S$	$m^2 \cdot kg \cdot s^{-2} \cdot A^{-1}$
磁通［量］密度磁感应强度	特斯拉	T	Wb/m^2	$kg \cdot s^{-2} \cdot A^{-1}$
电感	亨利	H	Wb/A	$m^2 \cdot kg \cdot s^{-2} \cdot A^{-2}$
摄氏温度	摄氏度	℃	—	K
光通量	流明	lm		$cd \cdot sr$
光照度	勒克斯	lX	lm/m^2	$m^{-2} \cdot cd \cdot sr$
［放射性］活度	贝可勒尔	Bq		S^{-1}
吸收剂量	戈瑞	Gy	J/kg	$m^2 \cdot s^{-2}$

注 ①圆括号中的名称，是它前面名词的同义词，下同。

②方括号中的字，在不致引起混淆的情况下，可以省略。

（3）SI 单位的倍数单位

因数	词头名称	符号		因数	词头名称	符号	
	原文（法）	中文	国际		原文（法）	中文	国际
10^{16}	艾可萨（exa）	（艾）	E	10^{-1}	分（de′ci）	分	d
10^{15}	拍它（peta）	（拍）	P	10^{-2}	厘（centi）	厘	c
10^{12}	太拉（tara）	（太）	T	10^{-3}	毫（milli）	毫	m
10^{9}	吉咖（giga）	（吉）	G	10^{-6}	微（micro）	微	μ
10^{6}	兆（mega）	兆	M	10^{-9}	纳诺（nano）	（纳）	n
10^{3}	千（kilo）	千	K	10^{-12}	皮可（pico）	（皮）	p
10^{2}	百（hecto）	百	h	10^{-15}	非姆托（femto）	（飞）	f
10^{1}	十（de′ca）	十	da	10^{-18}	阿托（atto）	（阿）	a

注　①除本表词头原文译注之外，引自国家标准“国际单位制及其应用”，GB 3100-82。

②词头名称中文部分加圆括号为国家标准待定参考名称。

附录八　化学元素周期表

元素周期表

图例：原子序数 — 92 U — 元素符号，红色指放射性元素；元素名称注*的是人造元素 — 铀；外围电子层排布，括号指可能的电子层排布 — $5f^36d^17s^2$；相对原子质量 — 238.0

非金属　金 属　过渡元素

周期＼族	Ⅰ A	Ⅱ A	Ⅲ B	Ⅳ B	Ⅴ B	Ⅵ B	Ⅶ B	Ⅷ	Ⅷ	Ⅷ	Ⅰ B	Ⅱ B	Ⅲ A	Ⅳ A	Ⅴ A	Ⅵ A	Ⅶ A	0	电子层	0族电子数
1	1 H 氢 $1s^1$ 1.008																	2 He 氦 $1s^2$ 4.003	K	2
2	3 Li 锂 $2s^1$ 6.941	4 Be 铍 $2s^2$ 9.012											5 B 硼 $2s^22p^1$ 10.81	6 C 碳 $2s^22p^2$ 12.01	7 N 氮 $2s^22p^3$ 14.01	8 O 氧 $2s^22p^4$ 16.00	9 F 氟 $2s^22p^5$ 19.00	10 Ne 氖 $2s^22p^6$ 20.18	L K	8 2
3	11 Na 钠 $3s^1$ 22.99	12 Mg 镁 $3s^2$ 24.31											13 Al 铝 $3s^23p$ 26.98	14 Si 硅 $3s^23p^2$ 28.09	15 P 磷 $3s^23p^3$ 30.97	16 S 硫 $3s^23p^4$ 32.07	17 Cl 氯 $3s^23p^5$ 35.45	18 Ar 氩 $3s^23p^6$ 39.95	M L K	8 8 2
4	19 K 钾 $4s^1$ 39.10	20 Ca 钙 $4s^2$ 40.08	21 Sc 钪 $3d^14s^2$ 44.96	22 Ti 钛 $3d^24s^2$ 47.87	23 V 钒 $3d^34s^2$ 50.94	24 Cr 铬 $3d^54s^1$ 52.00	25 Mn 锰 $3d^54s^2$ 54.94	26 Fe 铁 $3d^64s^2$ 55.85	27 Co 钴 $3d^74s^2$ 58.93	28 Ni 镍 $3d^84s^2$ 58.69	29 Cu 铜 $3d^{10}4s^1$ 63.55	30 Zn 锌 $3d^{10}4s^2$ 65.39	31 Ga 镓 $4s^24p^1$ 69.72	32 Ge 锗 $4s^24p^2$ 72.61	33 As 砷 $4s^24p^3$ 74.92	34 Se 硒 $4s^24p^4$ 78.96	35 Br 溴 $4s^24p^5$ 79.90	36 Kr 氪 $4s^24p^6$ 83.80	N M L K	8 18 8 2
5	37 Rb 铷 $5s^1$ 85.47	38 Sr 锶 $5s^2$ 87.62	39 Y 钇 $4d^15s^2$ 88.91	40 Zr 锆 $4d^25s^2$ 91.22	41 Nb 铌 $4d^45s^1$ 92.91	42 Mo 钼 $4d^55s^1$ 95.94	43 Tc 锝 $4d^55s^2$ [99]	44 Ru 钌 $4d^75s^1$ 101.1	45 Rh 铑 $4d^85s^1$ 102.9	46 Pd 钯 $4d^{10}$ 106.4	47 Ag 银 $4d^{10}5s^1$ 107.9	48 Cd 镉 $4d^{10}5s^2$ 112.4	49 In 铟 $5s^25p^1$ 114.8	50 Sn 锡 $5s^25p^2$ 118.7	51 Sb 锑 $5s^25p^3$ 121.8	52 Te 碲 $5s^25p^4$ 127.6	53 I 碘 $5s^25p^5$ 126.9	54 Xe 氙 $5s^25p^6$ 131.3	O N M L K	8 18 18 8 2
6	55 Cs 铯 $6s^1$ 132.9	56 Ba 钡 $6s^2$ 137.3	57–71 La–Lu 镧系	72 Hf 铪 $5d^26s^2$ 178.5	73 Ta 钽 $5d^36s^2$ 180.9	74 W 钨 $5d^46s^2$ 183.8	75 Re 铼 $5d^56s^2$ 186.2	76 Os 锇 $5d^66s^2$ 190.2	77 Ir 铱 $5d^76s^2$ 192.2	78 Pt 铂 $5d^96s^1$ 195.1	79 Au 金 $5d^{10}6s^1$ 197.0	80 Hg 汞 $5d^{10}6s^2$ 200.6	81 Tl 铊 $6s^26p^1$ 204.4	82 Pb 铅 $6s^26p^2$ 207.2	83 Bi 铋 $6s^26p^3$ 209.0	84 Po 钋 $6s^26p^4$ [209]	85 At 砹 $6s^26p^5$ [210]	86 Rn 氡 $6s^26p^6$ [222]	P O N M L K	8 18 32 18 8 2
7	87 Fr 钫 $7s^1$ [223]	88 Ra 镭 $7s^2$ 226.0	89–103 Ac–Lr 锕系	104 Rf 𬬻* $(6d^27s^2)$ [261]	105 Ha 𬭊* $(6d^37s^2)$ [262]	106 * $(6d^47s^2)$ [263]	107 * $(6d^57s^2)$ [262]	108 * $(6d^67s^2)$ [265]	109 * $(6d^77s^2)$ [266]											

镧系	57 La 镧 $5d^16s^2$ 138.9	58 Ce 铈 $4f^15d^16s^2$ 140.1	59 Pr 镨 $4f^36s^2$ 140.9	60 Nd 钕 $4f^46s^2$ 144.2	61 Pm 钷 $4f^56s^2$ [147]	62 Sm 钐 $4f^66s^2$ 150.4	63 Eu 铕 $4f^76s^2$ 152.0	64 Gd 钆 $4f^75d^16s^2$ 157.3	65 Tb 铽 $4f^96s^2$ 158.9	66 Dy 镝 $4f^{10}6s^2$ 162.5	67 Ho 钬 $4f^{11}6s^2$ 164.9	68 Er 铒 $4f^{12}6s^2$ 167.3	69 Tm 铥 $4f^{13}6s^2$ 168.9	70 Yb 镱 $4f^{14}6s^2$ 173.0	71 Lu 镥 $4f^{14}5d^16s^2$ 175.0
锕系	89 Ac 锕 $6d^17s^2$ 227.0	90 Th 钍 $6d^27s^2$ 232.0	91 Pa 镤 $5f^26d^17s^2$ 231.0	92 U 铀 $5f^36d^17s^2$ 238.0	93 Np 镎 $5f^46d^17s^2$ 237.0	94 Pu 钚 $5f^67s^2$ [244]	95 Am 镅* $5f^77s^2$ [243]	96 Cm 锔* $5f^76d^17s^2$ [247]	97 Bk 锫* $5f^97s^2$ [247]	98 Cf 锎* $5f^{10}7s^2$ [251]	99 Es 锿* $5f^{11}7s^2$ [252]	100 Fm 镄* $5f^{12}7s^2$ [257]	101 Md 钔* $(5f^{13}7s^2)$ [258]	102 No 锘* $(5f^{14}7s^2)$ [259]	103 Lr 铹* $(5f^{14}6d^17s^2)$ [260]

注：

1. 相对原子质量录自1995年国际原子量表，并全部取4位有效数字。

2. 相对原子质量加括号的为放射性元素的半衰期最长的同位素的质量数。

参考文献

1. 全国物理化学计量技术委员会. JJG 178-2007. 紫外-可见分光光度计检定规程 [s]. 北京：中国计量出版社，2007.
2. 康维钧. 卫生化学实验. 北京：人民卫生出版社，2012
3. 邹学贤，高希宝，赵云斌，康维钧等. 分析化学实验. 北京：人民卫生出版社，2006
4. 张剑荣，余晓冬，屠峰等. 仪器分析实验. 北京：科学出版社，2009
5. 全国物理化学计量技术委员会. JJG 537-2006. 荧光分光光度计检定规程 [s]. 北京：中国计量出版社，2006.
6. 全国物理化学计量技术委员会. JJG 939-2009. 原子荧光光度计 [s]. 北京：中国计量出版社，2009.
7. 中华人民共和国国家质量监督检验检疫总局，中国国家标准化管理委员. GB/T 5750.6-2006. 生活饮用水标准检验方法金属指标 [s]. 北京：中国标准出版社，2006.
8. 陈培榕，李景虹，邓勃. 现代仪器分析实验与技术. 北京：清华大学出版社，2006.
9. 国家质量监督检验检疫总局. JJG 768-2005 发射光谱仪检定规程. 北京：中国计量出版社，2005
10. 刘伟兵. 血、尿中金属毒物的电感耦合等离子发射光谱检测方法. 刑事技术，2005，(3)：13-16.
11. 郭爱民、杜晓燕. 卫生化学. 第7版. 北京：人民卫生出版社，2013.
12. 王元兰. 仪器分析实验. 北京：化学工业出版社，2014.
13. 柳仁民. 仪器分析实验. 北京：中国海洋大学出版社，2013.
14. 谷春秀编. 化学分析与仪器分析实验. 北京：化学工业出版社，2012.
15. 中国科学技术大学化学与材料科学学院实验中心编著. 仪器分析实验. 合肥：中国科学技术大学出版社，2011
16. 蔡艳荣. 仪器分析实验教程，北京：中国环境科学出版社，2010.
17. 国家标准物质研究中心. JJG 700-1999 气相色谱仪检定规程. 北京：中国计量出版社，1999
18. 曾泳淮. 分析化学（仪器分析部分）. 第3版. 北京：高等教育出版社，2010.
19. 王炳强，王英健. 仪器分析（色谱分析技术）. 北京：化学工业出版社，2011.
20. 池玉梅. 分析化学实验. 武汉：华中科技大学出版社，2010.
21. 何海彼，孙建强，周海安. 毛细管柱气相色谱法测定修正液中有害物质. 理化检验-化学分册，2008，44：1069-1070.
22. 王朝旭，樊立华. 预防医学实习指导. 北京：科学出版社，2012.
23. 王淑美. 仪器分析实验. 第9版. 北京：中国中医药出版社，2013.
24. 苏克曼，张济新. 仪器分析实验. 第2版. 北京：高等教育出版社，1994.
25. 尹华，张振秋. 仪器分析实验. 北京：人民卫生出版社，2013.
26. 高向阳. 新编仪器分析实验. 北京：科学出版社，2009.
27. 魏福祥. 现代仪器分析技术及应用. 北京：中国石化出版社，2011.
28. 国家质量监督检验检疫总局. JJG 705-2014 液相色谱仪. 北京：中国标准出版社，2014
29. 王竹天. 食品卫生检验方法（理化部分）注解（下）. 北京：中国标准出版社，2013.
30. 谢刚，王松雪，张艳. 超高效液相色谱法快速检测粮食中黄曲霉毒素的含量，分析化学，2013，41（2）：223～228.
31. 李好枝. 用电化学检测器的高效液相色谱法测定血清及尿中速尿的含量. 药学学报. 1991，26（12）：

923～927.
32. 中华人民共和国国家质量监督检验检疫总局，中国国家标准化管理委员会．GB/T 5750.5-2006 生活饮用水标准检验方法无机非金属指标［s］．北京：中国标准出版社，2006.
33. 陈义．毛细管电泳技术及应用，第2版，北京：化学工业出版社，2006.
34. 国家质量监督检验检疫总局．JJG 964-2001 毛细管电泳仪．北京：中国标准出版社，2001
35. 中华人民共和国国家质量监督检验检疫总局 中国国家标准化管理委员会．GB/T 6682-2008．分析实验室用水规格和试验方法［s］．北京：中国标准出版社．2008.
36. Na Xie，Xiaojing Ding，Xinyu Wang，et al．Determination of thioglycolic acid in cosmetics by capillary electrophoresis，*Journal of Pharmaceutical & Biomedical Analysis*，2014，88：509-512.
37. 陈桐，丁晓静，李一正，赵旭东，等．毛细管区带电泳-间接紫外法快速测定食品中甜蜜素．色谱，2014，32（6）：666-671.